经典名著小书包

姚青锋　主编

给孩子读的国外名著 ②

森林报

［苏］维·比安基◎著　　胡　笛◎译　　书香雅集◎绘

当代世界出版社
THE CONTEMPORARY WORLD PRESS

图书在版编目（CIP）数据

　　森林报 /（苏）维·比安基著；胡笛译 . -- 北京：
当代世界出版社 , 2021.7
　　（经典名著小书包 . 给孩子读的国外名著 . 2）
　　ISBN 978-7-5090-1581-0

　　Ⅰ.①森… Ⅱ.①维… ②胡… Ⅲ.①森林 - 少儿读
物 Ⅳ.① S7-49

　　中国版本图书馆 CIP 数据核字 (2020) 第 243513 号

给孩子读的国外名著.2（全5册）

书　　　名：森林报
出版发行：当代世界出版社
地　　　址：北京市东城区地安门东大街70-9号
网　　　址：http://www.worldpress.org.cn
编务电话：（010）83907528
发行电话：（010）83908410（传真）
　　　　　　13601274970
　　　　　　18611107149
　　　　　　13521909533
经　　　销：新华书店
印　　　刷：三河市德鑫印刷有限公司
开　　　本：700毫米×960毫米　　1/16
印　　　张：8
字　　　数：85千字
版　　　次：2021年7月第1版
印　　　次：2021年7月第1次
书　　　号：ISBN 978-7-5090-1581-0
定　　　价：148.00元（全5册）

打开世界的窗口

　　书籍是人类进步的阶梯。一本好书，可以影响人的一生。

　　历经一年多的紧张筹备，《经典名著小书包》系列图书终于与读者朋友见面了。主编从成千上万种优秀的文学作品中挑选出最适合小学生阅读的素材，反复推敲，细致研读，精心打磨，才有了现在这版丛书。

　　该系列图书是针对各年龄段小学生的阅读能力而量身定制的阅读规划，涵盖了古今中外的经典名著和国学经典，体裁有古诗词、童话、散文、小说等。这些作品里有大自然的青草气息、孩子间的纯粹友情、家庭里的感恩瞬间，以及历史上的奇闻趣事，语言活泼，绘画灵动，为青少年打开了认识世界的窗口。

　　青少年时期汲取的精神营养、塑造的价值观念决定着人的一生，而优秀的图书、美好的阅读可以引导孩子提高学习技能、增强思考能力、丰富精神世界、塑造丰满人格。正如我国著名作家赵丽宏所说："在黑夜里，书是烛火；在孤独中，书是朋友；在喧嚣中，书使人沉

静；在困惫时，书给人激情。读书使平淡的生活波涛起伏，读书也使灰暗的人生荧光四溢。有好书做伴，即使在狭小的空间，也能上天入地，振翅远翔，遨游古今。"

多读书，读好书。希望这套《经典名著小书包》系列图书能够给青少年朋友带来同样的感受，领略阅读之美，涂亮生命底色。

本书主编

2021年5月

目录
CONTENTS

春季第一月：冬眠苏醒

（3月21日—4月20日）

3月21日是春分之日，预示着森林的新年到了。这是一个值得庆贺的日子。

春分和其他时节不同，这一天，白天和夜晚的时间一样长。阳春三月，春回大地，万物复苏，温暖的阳光把寒气都驱走了，冰雪逐渐融化，雪水慢慢汇聚成河流。

变化最大的其实是雪。一开始雪有厚厚的一层，后来逐渐变得松软，表面就像蜂窝一样，慢慢还会变成灰色。这时就代表着我们距离冬天更远了。

与此同时，屋檐上的冰也化成了水珠，一滴又一滴地落在地上，有时候还会形成小水洼。麻雀也变得欢快起来，在园中自由地歌唱。

春天就像美丽的仙子来到这个世界，赶走了冬天，把人们从寒冷中解救出来。

俄国的风俗和我国不同。春分这天，俄国人会在清早的时候烤云雀。这里所说的云雀当然不是真的云雀，而是云雀形状的面包。面包上有"云雀"的嘴巴，还有眼睛——其实是两粒葡萄干。

这一天，俄国人还会把鸟笼打开，让鸟儿飞出来，自由地融入大自然。我们也称此日为"爱鸟月"的第一天。

最开心的莫过于孩子们了。他们把焦点全部放在了长着翅膀的小鸟身上。他们给鸟儿搭窝，给鸟儿准备食物。他们在学校讨论如何保护大自然，保护自由自在飞翔的鸟儿。

来自森林的第一封电报

现在登场的是白嘴鸦。它们揭开了春天的面纱，成群结队地在地面上欢快地玩耍。白嘴鸦在南方度过冬天，可是一到春天就要着急地飞回北方，因为北方才是它们的家乡。

在返乡过程中，它们会遇到各种各样的困难，比如突然降临的大雨、狂风。这些小家

伙实在太疲惫了，它们期待着早日回到家乡。

最先回去的那批白嘴鸦，肯定更强壮。快看，他们正在那里跳舞，自由自在地玩耍呢。

渐渐的，天空中的乌云慢慢散开。看到天空变得如此湛蓝，人们的心情也好了起来。

这个时候，无论是山雀、狍子，还是麋鹿、大黑熊，都陆续出来活动了。它们可能会藏在森林当中的任何一个角落。看见一个大熊洞，我们便轮流在那里守着，准备见证小黑熊的新生。

温度慢慢升高，雪水融化的速度也加快了，薄薄的冰层下面和森林的角落里都有积雪融化时滴答滴答的响声。可是到了夜晚，寒冷会再次把水凝固起来。

森林大事记

雪地里的兔宝宝

放眼望去，田野里满满的都是雪。毕竟昼夜温差大，哪怕白天时雪融化了一点，到了晚上还是会再次凝结起来。这时兔妈妈已经完成了任务，生下了好几个可爱的兔宝宝。兔宝宝出生一周后，身上就能穿上暖暖的毛衣；再过一周，它们就能小范围走动了。

兔宝宝们在那里乱蹦乱跳，原

来是要去吃奶。吃了一阵子，肚子饱了，就跑到树底下或灌木丛里玩起了捉迷藏。而这时，兔妈妈却不见了，可能是去哪里忙了吧！她的孩子们玩了一会儿，不吵不闹，乖乖地躺在地上。

虽然已经有了孩子，可兔妈妈仍旧比较贪玩。好几天过去了，它还在田野里乱逛，早就忘记自己还有宝宝呢。终于，兔妈妈想起了孩子们，回到了它们身边。

不对，这一看就不是兔妈妈，应该称之为"兔阿姨"。看见兔阿姨，兔宝宝们都露出了渴望的眼神，好像在说："阿姨，阿姨，我们饿得快不行了。"兔阿姨很善良，把兔宝宝们都喂饱了才开开心心地离开。

可兔妈妈还是没有回来。那她到底去哪儿了呢？原来她认错了自己的孩子，竟然跑到了另一个地方去喂别人家的宝宝了。

也许这是兔妈妈们早就约好的事情——不管去什么地方，只要发现有兔宝宝，就会给它们喂奶，所以完全不用担心自己的宝宝会饿肚子。

可能你会有疑问：小兔子得不到爸爸妈妈的照顾，该如何生活下去呢？其实完全不用担心，因为它们身上的皮毛已经足够浓密了，而且兔阿姨的奶也能为它们补充营养，吃上一顿，几天都不会饿的。

大概过了十七八天，兔宝宝们的牙齿长了出来，它们也能像兔妈妈一样出去寻找食物了。

第一批绽放的花

不知不觉中，第一批花朵也已经开放了。也许你平时看不见他们的身影。因为大地常覆盖着一层积雪，它们藏在了积雪下面。

森林里会有流水的声音，一些河沟里的水涨得更高了一些。仔细一看，光秃秃的树竟然也开出了花儿。这可能是今年的第一批花儿吧。

突然，我看到一条小尾巴从枝头上垂下。它的名字叫"柔荑花序"。从外表看来，它的样子跟普通植物的花序完全不一样，如果你不小心摇动了它的尾巴，花粉就会飘落下来，像漂亮的云彩。

我一直很奇怪：榛子树的树枝上为什么还长着一些奇怪的花？这些花两朵一团、三朵一簇，样子更加像蓓蕾，还有一些鲜红色的柱头。

树枝上没有树叶，风儿吹来，花的小尾巴便摇晃起来，花粉就会被吹散下来。过一段时间，榛子树的花慢慢凋谢，小尾巴也逐渐脱落。不过千万不要难过，因为我们会收获榛子，即每朵花留给我们的果实。

春天里的小妙招

弱肉强食是大自然的法则，森林里这样的情况更加常见。有些小动物比较温和一些，但就会生活在危险之中，时常遭遇大型动物的攻击。

到了冬季，大地完完全全被积雪覆盖，拥有白色皮毛的小动物不会被轻易发现，比如鹌鹑或兔子。

可是等到积雪逐渐消退，大地最真实的样子便显露了出来，狐狸、猫头鹰从很远的地方就可以看见兔子或鹌鹑。当然，因为它们经历了各种各样的危险，也懂得如何生存下去，所以一些小妙招便发明出来了。

有些动物会把白毛外衣脱掉，使用别的东西伪装，或者将白毛变成灰毛。鹌鹑身上的白羽毛不见了，重新长出了褐色羽毛，只有这样才不会轻易地被敌人发现。采用这种方法之后，小动物们比之前生活得更好了。

不仅这些小鸟换了新衣服，那些小型食肉动物也开始了新一轮的换装。冬天时，白鼬和伶鼬身上雪白，尾巴尖是黑色的，这样更易于隐藏

自己，从而轻易地偷袭小动物。而现在它们也换成了灰色的毛，白鼬的尾巴尖儿仍旧没有变色，因为地面上有些树叶或小树枝也是黑色的，特别是草地上，小黑点更多。

冬季的客人搬家喽

经常可以看到公路上有白色小鸟成群结队地飞来飞去，至于这些鸟都有着什么样的名字，我并不太了解，只是它们看起来长得像鹀（wú）鸟。其实这些鸟可以分成两类：一种叫铁爪鹀，一种叫雪鹀。这也是后来我才知道的。

这两种鸟类并不生活在这里，只是在这里过冬而已。它们的家乡是北冰洋的岛屿和海岸，但是冬季时那边实在太冷了，哪怕进入春天，还得过很长一段时间，土地才会慢慢解冻。

雪 崩

在森林里生活，所有的动物们都很害怕雪崩。

有一天，松鼠一家正像往常一样躺在窝里睡觉——它们将窝安在云杉树的树杈上。忽然间松鼠妈妈发觉有雪球滚落到了它们的窝

上，便立即跳了出来，可是那些刚刚出生的小松鼠还很柔弱，只能躺在窝里。

松鼠妈妈回过神后，赶忙搬开雪球。幸好雪球只是压住了窝顶，窝里一点儿没受损害，而宝宝们完全不知道发生了什么，有些宝宝甚至还在熟睡当中。宝宝们确实太小了，眼睛都没有完全睁开，一个个光溜溜的，看起来就像小老鼠。

神秘的绒毛

草墩下面长满了羊胡子草茎，微风吹过，草茎随风摇摆的样子十分漂亮。虽然是草茎，但其实也可以称其为花朵。

难道这些草茎是因去年秋天时没来得及飞走的种子而发芽的吗？或者是冬天躲在积雪之下熬过来的小草吗？但我觉得不像。因为它们实在太干净了。

我试图寻找答案，于是把一株草茎摘了下来。原来真的是花。它有着白色的茸毛，茸毛之间还有雄蕊和柱头——它能够开出花朵来。这些白色茸毛最主要的作用是保暖，因为夜间温度实在太低了。

四季常青的森林

在热带或地中海沿岸，我们能够看到一些四季常青的植物。其实在苏联一些北方地区，有些森林和灌木丛在一年四季里都呈绿色。

小松树毛茸茸的，已经在返青了。从远处看过去，绿油油的一大片。在树间穿梭，是一件非常惬意的事情。这里的一切都好像散发着光一样，不管是松树还是越桔的叶子、柔软的青苔，甚至连石楠的枝

条都长出了绿油油的叶芽，如鳞片一般。

最让人惊喜的莫过于在穿梭过程中偶然看见一朵朵浅紫色的花。它们是从去年保留下来的，一直到现在都没有凋谢。沼泽地附近还有一大片灌木。这种灌木叫作蜂斗叶，叶子是暗绿色的，边沿微微向上翘起。

来自森林的第二封电报

不过最惹人注目的不是叶子，而是花。花是粉色的，看上去无比有趣，简直就像一个又一个小铃铛，和越桔花比较相像。在初春时节找到漂亮的花朵，是件值得高兴的事情。这时候你如果采上一束花带回家，大家都会无比羡慕，以为你是从温室里摘来的，但谁都没想到

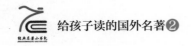

这些花竟然来自野外。

在洞口等了好久也不见大黑熊的影子。我在想，难道它已经被冻死了？没有等到熊也不要紧，云雀跟椋（liáng）鸟都飞过来了，叽叽喳喳地唱起了歌。

忽然间，洞口的雪晃动起来。从洞里爬出来的不像一只熊，更像一头小猪，它浑身长满了绒毛，肚皮呈黑色，头上还有两道灰白色条纹。

我们恍然大悟！原来守了这么久的洞并不是熊洞，而是獾（huān）子洞。现在獾子已经结束冬眠了，每天傍晚时分会出来寻找些食物，一些甲虫、蜗牛便会进入它的肚子。当然，有时候它还吃草根，甚至还会捉老鼠。

我们坚持不懈地继续寻找熊洞，几乎把整个森林走了一遍，终于看到了一个洞口，只不过黑熊还没有动静，仍旧沉睡着。慢慢地，雪逐渐融化，水已经溢出来了，甚至连琴鸡都开始恋爱了，啄冰的小鸟都飞来了。雪融化之后，道路非常泥泞，我们没办法步行，只能靠马车了。

都市新闻

在阁楼上

《森林报》的工作人员都特别喜欢小动物，为了观察动物们最真实的生活状态，他们每天早出晚归，在市中心的住宅区与野外之间来回穿梭。

他们最喜欢去阁楼上看。阁楼里面住着各种各样的鸟儿。鸟儿非常喜欢自己的房子，如果谁怕冷的话，烟囱旁边的位置就归它了。

寒鸦和麻雀不是那么听话。它们在全城各个地方来回飞，寻找绒毛、羽毛，搭建属于自己的屋子。而鸽子妈妈已经在准备孵蛋了。鸟儿们各自为自己的孩子建巢，只不过它们要找到好的位置，避免被调皮的男孩或躲在一旁的猫破坏掉。

麻雀的风波

忽然间，传来一阵吵闹声。我仔细观察，发现椋鸟家附近飞满了羽毛和稻草，原来是椋鸟回来了。刚回到家的它们发现自己的房子竟然被麻雀占领了，于是便把麻雀的羽毛褥子扔了出去。

麻雀原本还想在屋檐下嬉戏一番，却看见有工人正准备抹水泥，便叫着扑了过去。水泥工还是非常灵敏的，赶紧拿了个铲子挡住。可

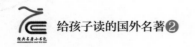

是麻雀一直不肯走，因为麻雀的窝正处于水泥工准备抹水泥的裂缝里，窝里还有刚生的麻雀蛋。

勇往直前的石蚕

冬天，河水已经冰封了起来，不过一些缝隙里时常有小昆虫探头探脑。它们想赶紧爬到对岸去，蜕去身上的厚皮，完全变成另外的样子——拥有纤细的身材和长长的翅膀。它们并不是蝴蝶，而是石蚕。虽然它们拥有长翅膀，可是却无法飞行，因为它们的身体还比较虚弱，需要接受更多阳光的照射。

石蚕们还要冒险过马路，有时一不小心就会被过路的人踩死，或遭到车轮的碾压。它们义无反顾地前进，牺牲了一批又一批。那些能够存活下来的石蚕便会在房檐下的墙壁上晒太阳，身体也变得更加强壮。

森林村的观察站

我国在地理学会的带领下，组织了一个专业委员会，专门开展物候学研究。物候学爱好者们会把自己观察到的成果发给委员会，包括鸟类迁徙，昆虫的出现或灭绝，甚至植物的花开花谢，等等。在全世界，拥有五十年以上历史的森林村观察站仅有三家。

小蚊子出现了

蚊子是人类比较讨厌的一种昆虫。天气越暖和，它们越欢快。不过我们不用害怕，它们这时候不咬人，只是聚集在一起，像是圆珠子一般在空中旋转飞舞。远远望去，蚊子聚集的地方都是小黑点，犹如人

脸上的雀斑一样显眼。

新的森林

　　一百多年以来，为了科学造林，很多土壤学家、森林学家，以及林业、农业方面的专家，一直在全国各地勘察，为了在草原地区造出森林，尝试种植了无数种树木。

　　他们专门挑选了300多种乔木和灌木。这些植物能够适应各种草原环境，哪怕是在顿涅茨草原也能够生长。不过造林需要一定的技巧，最好种些栎树和忍冬，再种一些橡树。

　　为了提高效率，工厂正在紧急研制新机器。机器生产出来，就可以在较短时间里种更多的树。直到现在，造林工程终于有了很大进展，总面积达到了几十万公顷。

款冬

款冬生长出来了，它们长在小丘上。和别的植物不一样，它的茎更加聚集，一簇又一簇地拥抱在一起，每一簇都是一个家庭。长得相对苗条的是年纪稍微长一些的；那些靠在旁边的稍微粗短一些的就是弟弟或妹妹；还有一些更加有趣，它们弯着腰，抱着脑袋，好像见了生人会害羞。

这些小脑袋都慢慢地成长起来，其中一些在去年秋天时就已经储存能量了。后来，小脑袋慢慢变成了小花，看起来像向日葵。不过严格地说，这些小脑袋还不是小花，只是花序紧密地凑在了一块儿。

过了一段时间，就会发现花儿慢慢凋零了，一些根茎长出了叶子，叶子使劲儿朝着有阳光的方向生长。其实它是在储存能量，为以后的生长做准备。

谁游过来了

森林村公园里有一个峡谷，峡谷里有很多小溪，工作人员专门在小溪上筑了道拦水坝。大家都很好奇：哪种动物会先游过来呢？

我们终于看到了一只小动物。远远望过去，很小一只，走近后才发现原来是只小老鼠。它并不像是主动游过来的，倒像是被水冲过来的。

这种老鼠并不是普通家鼠，它长着短尾巴和棕黄色细毛。啊，原来是田鼠，田鼠被冲过来时已经没有了生命。

没过一会儿，又来了一只小小的"甲虫"。它拼命挣扎，却怎么也游不出来。等捞起来一看，原来是只屎壳郎。看样子它也是在冬眠之后被迫来到了这里。

紧接着又来了一只动物，它的两条后腿一直不停地扑腾着。你猜这家伙到底是什么动物？没错，它就是小朋友都喜欢的青蛙。虽然有些积雪还没有融化，可它完全不管不顾，只要见到水塘就跳进来，然后又跳到岸上，来来回回地折腾，没过多久又跳进了灌木丛里。

还有最后一只小动物。它有着褐色的毛，跟刚才看见的那只田鼠比较相像，只是尾巴有些短。原来这是只水老鼠，可能它已经把储存好的粮食吃光了，现在得想办法找些食物填饱肚子了。

天空中有喇叭声

居民们正在睡梦中。天刚微亮，街上无比安静，突然间空中响起了喇叭声，因为是在早晨，喇叭声显得更加响亮。有个别早起的居民抬头望向天空，发现云层下面有一群白鸟，它们的脖子很长。仔细观察后才发现原来是野天鹅。

每年春天，野天鹅都会从城市上空飞过，还会留下些声响，就像喇叭声。现在，野天鹅们正着急地赶路。它们目的地也许是阿尔汉格尔斯科一带，也许是伯朝拉河两岸。

庆功会的入场券

大家还在等待着鸟类朋友，学校突然告诉我们要做一个作业，作业的内容是给小鸟们建巢。大家当然很乐意啦，纷纷行动起来。

学校里有很多的工具，如果有同学不会做鸟巢，可以先在木工厂里学习一下。我们做了很多鸟巢，并把它们放到了花园中，有些鸟儿看到时便会住在这里。鸟儿们也为我们提供了帮助——消灭了害虫，保护了樱桃树、苹果树。眼看着爱鸟节就要来了，我们又得为庆功会做些准备了。大家相约每

个人都要做个鸟巢，将其当作入场券。

涨水啦

冬天结束之后，云雀跟椋鸟都唱起了歌，积雪已经被太阳融化了，河水也慢慢地溢了出来，蔓延到了广阔的田野上。在这个时刻，如果能去田野里或大地上嬉戏一番，真是太惬意了。春天到来，微风吹过，野鸭子和大雁也相继出现，不过它们并不是最先出现的动物，蜥蜴才是。蜥蜴一直待在树墩底下，这下终于可以出来了。它悠闲地爬上了树墩，晒起了太阳。森林里每天都发生着各种有趣的事情，只是我有些记不住了。城里的水也比之前多了，甚至有些道路都被破坏掉了，大水也让动物们的生活变得困难了。

来自森林的第三封电报（急电）

找到一个新洞口，我们便轮流守着。终于，雪突然被拱了起来，一只大野兽把脑袋探了出来。原来是一只母熊，它后面还跟了两只小熊。我们没看清楚它们的长相，只见母熊好像没睡醒一样，还在打哈欠，然后慢慢地走向森林。过了一个冬天，母熊不如之前那么肥硕了。

它们在森林里面东走走西转转。毕竟度过了漫长的冬季，它们的肚子也应该饿了，无论见到什么都会吃，甚至连小兔子也成了它们的盘中餐。

农庄新闻

给麦苗充饥

大雪融化，一层矮矮的绿色小苗露出地面，只是他们现在还很弱小，因为大地还没有完全解冻，小苗也无法从土壤里汲取营养。对人类来说，这些小苗无比珍贵，因为是秋季时播种的小麦。

为了给它们补充营养，人们早就准备好了养料——鸟粪和化肥。飞机飞到麦田上空，把养料撒了下来，每棵小麦苗都能够享受到美味。过不了多久，它们腰杆就挺直了，精神也抖擞起来了。

狩　猎

在森林里狩猎，一定要遵守规定，只能在春天短暂的时光内狩猎。要是春天来得早一些，狩猎时间就得提前；春天来得晚的话，狩猎时间就得推迟。

春天时主要的猎物对象是雄野鸭、雄野鸡之类的飞禽，还有水鸟，但千万不能带猎狗去。

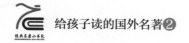

猎人的射击

猎人准备出发了，他们已经提前踩好了点。当天没有风，甚至还下起了细雨，好在天气不冷，这正是鹬（yù）鸟求偶的好时机。猎人找了一个合适的地方。这个地方有棵云杉，周围的树木长得都不是很高。大概再过15分钟，太阳应该就会落山了。趁着这个机会，赶紧抽一根烟。

猎人一边抽烟，一边观察附近的情况。他听见了鸟儿的声音。不一会儿，太阳开始休息了，鸟儿们都停止了歌唱。现在是猎人最紧张的时刻。

猎人竖着耳朵听，天空中有声音了，他迅速把枪扛到肩上，然后一动不动。咕咕，唧唧，听起来好像有两只鸟儿在森林上空飞翔。果然，两只勾嘴鹬正在追逐打架。

突然，后面那只勾嘴鹬飞进了灌木丛里，猎人百米冲刺般跑了过去。如果他稍微去晚些，鸟儿就会藏起来，那时再想找到它就很困难了。猎人非常有经验，他找到了，鸟儿的羽毛像枯草一样挂在了枝条上。

咕咕，唧唧，又传来了声音。猎人大概能够判断出鸟儿所在的位置，只是声音有些远，子弹怕是飞不过去，猎人只能全神贯注地听，可此时森林里突然变得十分安静。

过了几分钟，声音又传了出来，是从很远处的地方传来的。到底怎么做才可以把鸟儿引过来呢？突然，猎人想到了一个办法——他摘下帽子，扔向了空中。

另一只勾嘴鹬正在寻找伙伴，忽然看见一个黑色的东西，误以为是自己的伙伴，便朝着帽子的方向冲了过去。猎人非常兴奋，砰砰打了两枪，可是却没打中。又打了一枪，还是没中。

猎人决定先静下来，这时森林里传来一声猫头鹰的叫声。

天已经完全黑了。可此时，鸟叫声又响了起来，另一边也有这种声音。猎人迫不及待地打了两枪。这次收获不少，两只鸟儿都坠落了。

松鸡求偶

不知不觉已经到了深夜，猎人的肚子叫了起来，他找了个地方吃了些东西，又倒了些水喝。这时候虽然很冷，但不能生火，因为有火的地方就不会有松鸡。

松鸡的交配时间总是在黎明之前。此时，夜空的寂静因猫头鹰的嘶叫声而瞬间被打破。

松鸡休息了一会儿，东边的天空已经略微发白，猎人仿佛听见了咯咯嗒嗒的声音，那正是松鸡的叫声。猎人又仔细听了一下，然后悄悄地挪动着，走向有声音的地方。猎人眼睛注视着前方，手里端着枪，随时准备扣动扳机。可再仔细一听，声音竟然又没有了。

四周变得像刚才一样安静。可能是松鸡听见了动静，警觉起来。松鸡是很精明的，一旦有任何风吹草动，马上就会飞走。

看来是他想多了，因为下一秒松鸡的叫声又响了起来。猎人不敢动，静待原地，松鸡才慢慢放松了警惕。猎人迈起腿，松鸡立刻停止了叫声。猎人一只脚悬在半空，他不敢将脚落下，怕吓走猎物。

这时，松鸡也在听动静，停了一会儿后发现没有声响，又叫了起来。就这样重复了很多次，猎人终于靠近松鸡所在的位置。它就在前面的云杉树梢上，但似乎又在树干中部。

猎人不知道它的准确位置，因为它躲在榛叶丛里很难被发现。忽然，它动了一下，猎人看见了。它竟然停在一根树枝上，大概距猎人只有30步的距离。猎人举起枪来，松鸡坠落到了地上。它的个头实在太大了，差不多有五千克重，还是只雄的。

森林剧场

黑琴鸡角斗场

森林里一处空旷的草地被动物们当成了一个用来表演、戏耍的露天剧场，这里也是雄琴鸡为雌琴鸡决斗的角斗场。

早上，观众们纷纷赶来这个剧场看演出，演出的主角当然是那些雄琴鸡们。雌琴鸡是最积极的观众，它们早早地飞了过来，有的在地上吃着东西，有的在树枝上蹲坐着，悠闲地等待着表演。

快看，一只黑雄琴鸡已经迫不及待地想要表演了！它飞到了舞台上——这是一只非常漂亮的黑雄琴鸡，乌黑的翅膀上点缀着几条白色的纹路，它就是今日的主角。它的眼睛又黑又大，像一颗黑亮的纽扣。它不停地晃动着脑袋，仿佛在扫视观众席，观察配戏的演员都在哪里。

这块空旷的草地上怎么突然多出一些灌木丛？难道是一晚间长出来的？还是我自己年纪大了记性不好，忘记了其实这边本就有灌木丛？

黑雄琴鸡又看了看四周，然后把脖子稍微弯曲了一点，把漂亮的尾巴翘了起来，两只大翅膀尤其显眼。它在舞台中央叫着、喊着，好像在唱歌，又好像在喊"我要买一件漂亮的大褂"。

它投入地表演着，观众们也看得兴奋，却没想到一只雄琴鸡突然飞到了舞台上。看，主角竟被气得全身羽毛都竖了起来。

另一边还有一只雄琴鸡。它呼呼地叫了几句，好像在说："要想证明你不是胆小鬼，那就来好好地较量一番吧！"

第一只雄琴鸡也回应道："没问题，我们这儿有几十只雄琴鸡，它们都做好了准备。不管你跟谁较量，我们都不会怕。"

而舞台下面的观众，尤其是雌琴鸡，似乎对它们的表演并不感兴趣，只是安静地坐着。事实上，只能说这些美女们真的是太狡猾了。它们明明知道这些雄琴鸡只是策划了一场表演，专为它们而较量，每一个战士都想在美女面前展现自己的魅力。胆小者只能赶紧离开，只有机敏、勇敢的战士才能够赢得雌琴鸡的青睐。

主角们在奋力拼杀，剧场的一角，另一群雄琴鸡也正在厮打。它们弓着身子，不管三七二十一就冲了过去。一开始是两只在厮打，后来又加入了几只。

不知不觉，天已经亮了，舞台上方也有了薄雾。主角果真很厉害，它已经成功地击败了两个对手。不知森林里还有没有比它更勇猛的雄琴鸡呢？接下来的应战对手可不能小觑。它的动作非常猛烈，刚一上来就啄了主角一口。

树杈上的美女仿佛来了兴致，伸长脖子看着表演。这出好戏真是精彩极了，这第三个对手应该不敢逃跑吧！而另一边，又有两只雄琴鸡一跃而起，在空中展开了搏斗。

它们好像感觉不到累，撞击了无数次。观众们也看不出来究竟谁更胜一筹。后来，它们都没有了力气，落在了地上。看起来有一只雄琴鸡更年轻一些，但战斗力却不是很强，羽毛都掉了好几根。而那只年长的雄琴鸡更不用说了，眉毛下面都已经流血了，不知道它的眼睛是不是还能看得见。

这边还在讨论着，只见那只年长的雄琴鸡飞到更高处，但是又无情地掉在了地上。厮杀一直在继续。现在是最后的决胜时刻，它们先是跳开，又抱成一团，扭打了起来。

大家看得正起劲儿时，忽然间，森林上空传来了枪声，搏斗突然停了下来。美女们也都竖起了耳朵，看着彼此，不知道究竟发生了什么。雄琴鸡更是惊讶地竖起了眉毛。这里都是自己人，为什么忽然传来了枪声？

不光彩的谢幕者

太阳已经完全升到了空中，表演到此结束，所有鸟儿都飞到了它们想去的地方。这时，从云杉树枝旁边走出一个猎人，他把自己猎获的年轻或年长的雄琴鸡都带走了。猎人其实一直都在观察着这些琴鸡，时不时还看一看周围，很怕见到别的什么人，因为他知道自己做了不对的事情——第一，他把剧场的主角打死了；第二，他在禁猎期狩猎。

明天就再也无法见到这么精彩的演出了，因为主角已经不在了，没有鸟带头表演了。

春季第二月：候鸟归还

（4月21日—5月20日）

4月，冰雪已经逐渐融化，只是有一些植物还在睡梦当中。我们首先感觉到的是天气暖和了，微微的春风吹来。这是春天的第二个月，鱼儿自由自在地游着，泉水重新焕发生机，流淌在山谷之间。

春雨淅淅沥沥。大地被滋润着，一改往日的灰色，全都换上了绿衣裳，衣裙上还有五颜六色的花朵点缀。只是这时候的森林还静悄悄的，不过树干里的浆汁已经蠢蠢欲动了，因为枝头已长出了嫩芽。

候鸟大迁徙

鸟儿在赶往家乡的路上排成了一队，井然有序，沿着以前的路线飞行。鸟儿们最期盼的就是花儿绽放，因为它们需要找到躲藏的地

方，否则很容易被敌人发现。

鸟儿迁徙时有一条必经之路，即城市跟列宁格勒区的海洋上空。这条线路的起点和终点的气候完全不一样，起点是北冰洋，而终点是枝繁叶茂的热带地区。鸟儿们排列着队形，沿着航线努力地飞行着，它们途经地中海，越过比利牛斯半岛，又经过北海和波罗的海。一路上会遇到各种险阻，比如突然间出现的浓雾、尖锐的岩石，不小心就会被撞得粉身碎骨。

海上的寒流总是更强一些，哪怕是在春天。小鸟身体太虚弱了，忍受不了如此寒冷的气候，一些鸟儿会在途中慢慢死去，能够到达目的地的也只有一少部分。尽管路途艰险，但没有什么可以阻挡候鸟回家。它们穿过浓雾，勇敢前行，终于回到了去年时建好的巢里。

带脚环的鸟

在森林里，有时候会看见一些小鸟，它们脚上戴着金属脚环，脚环上还有号码和字母。如果你发现了它们，一定要帮它们重新回归大自然，把脚环邮寄到上面写的地方，并写下你发现这只鸟儿的时间和地点。要是你看见有人抓住了它们，还请告诉他们正确的做法。

鸟儿脚环上的字母代表的是国家，数字则代表着这只鸟儿戴上脚环的时间和地点。这是科学家们想到的方法。只有这样做才能更好地了解鸟儿们神秘的生活规律。

也许你只知道鸟儿们要飞回南方过冬，其实还有一些鸟儿要飞到北方。通过给鸟儿戴上脚环，我们才能够得知更多候鸟的秘密。

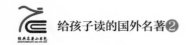

森林大事记

冰雪融化，加上连日降雨，城郊的路早就泥泞不堪了，更别说乡村的道路。这种情况下，马车行走无比艰难，想要去森林里了解更多信息就要花费更大的力气。

昆虫的节日

柳树上也长出了鲜黄色的小花，紧密地排列着。柳枝在微风吹拂下摇摆，让人心情愉悦。

这时对昆虫来说更是开心，也可以说这是它们自己的节日。勤劳的小蜜蜂又开始了工作，采集花粉，为今年的收获做准备。五彩的蝴蝶们在空中跳起舞来。我看到了一只黄色的蝴蝶，它的翅膀上好像印有小花的图案。原来这是只柠檬蝶呀！再往那边看，还有棕红色的蝴蝶。

所有的柳树都生机勃勃，但仔细观察才发现旁边有棵柳树并不是那么好看，虽然它也开花了，但并不是鲜艳的颜色，而是灰绿色的小毛球。昆虫在周围飞舞，但并不是那么热闹。其实这样的树才有可能结出种子，因为昆虫们已经把花粉带到小毛球上了。

蚂蚁窝有了动静

后来，我们走到了云杉树旁边，低头发现树底下竟然有个蚂蚁窝。一开始我们并没有注意，还以为是垃圾堆呢。蚂蚁窝上的雪也已经

完全融化了，蚂蚁们纷纷爬了出来。经历了漫长的冬季，它们还没有太大的精神，只是团缩在一起。我们拿了一根小木棍轻轻地触碰了一下蚂蚁，它们只是动了几下，好像在说："我们还活着呢。"

池塘里

池塘也比之前热闹了许多。青蛙是池塘里最活跃的动物。它们先是从冬眠的床铺上跳了起来，产卵后又跳上了岸。还有一种动物，长着大尾巴，从外表看和青蛙有些相像。这儿的孩子都叫它"水壁虎"，它的学名其实是蝾螈（róng yuán）。

癞蛤蟆也产卵了，只是它的卵跟青蛙的卵完全不同。青蛙的卵像果冻漂浮在水面上，而癞蛤蟆的卵则一串又一串的，像一条带子挂在水草上。

稀有的小兽

忽然间，森林里传来了凄惨的叫声，原来是啄木鸟遇到危险了。我们仔细观察了一下，果然看见一棵枯树上有啄木鸟的巢，这个巢装扮得甚是精致。只见一只罕见的小兽正准备爬向啄木鸟的巢，它长着又短又光滑的耳朵和灰色毛发，而眼睛则像猛兽。小家伙爬到啄木鸟的巢边探了探头，原来它想偷鸟蛋。这时啄木鸟母亲看见了它，直接扑了过去。小家伙不停地躲闪，而啄木鸟母亲也一直追着。

　　小兽爬得越来越高，甚至爬到了最顶端，没有地方可以躲避了。趁此机会，啄木鸟啄了它一下。我看见它的身子左右晃动，尾巴不停地摇摆，落叶似的飘了下来。我才明白过来，原来它是只会飞的鼯（wú）鼠。

飞鸟传书

大水来了

　　春天给大地带来了生机，但也给动物们带来了灾难，因为积雪融化的速度实在太快了。河水不断上涨，两岸被淹没了，有些地方甚至被洪水冲毁。我们也收到了诸多动物受灾的消息，尤其是那些在地下

居住的小动物，比如田鼠、小兔子。洪水冲毁了它们的屋子，它们只能四处游荡。

鼹鼠正在家里发呆，但河水突然上涨，它拼命地逃跑，想要寻找一块干燥的地方。幸好它会游泳。它跳进水里，游了几十米后跳上了岸。它无比幸运——没有受到野兽的攻击。

兔子历险记

河中心有个小岛，岛上住着一只小兔子。白天的时候，小兔子就藏在灌木丛里，只有晚上时才敢出来，因为晚上河狸看不到它。一天，兔子正在呼呼大睡，完全没有察觉到河水涨了上来，直到身上的毛湿透了它才反应过来。

小兔子猛地跳了起来，发现周围全是水，急忙跑到了小岛正中间。可是河水上涨的速度实在太快了，没多久，小岛的大部分就被淹没了。小兔子试图找一个能落脚的地方，于是勇敢地跳进了水里，可是水流太急了，哪怕它用尽全身力气也没能游过去。

小兔子度过了一个煎熬的晚上。第二天，小岛上只剩下极小的一块干燥之地，那里有棵树长满了树枝。第三天，大水已经漫到了树根，小兔子想要跳上树去，努力了无数次，却只跳到最低的树杈上。大家不用担心小兔子会饿死，因为老树的皮也可以用来充饥。

这还不是最可怕的。最可怕的是大风，大风把树枝吹得摇摇晃晃，小兔子差点儿掉下来，一直不停地随着树枝晃动。在树杈上，小兔子还看到了很多之前没有见过的东西，比如被风吹倒的大树和死去的动物，甚至还有它的同类。小兔子更加害怕了。它在树上待了三天，大水退去，它终于回到了地面。

鸟类也受灾了

有人觉得洪水并不会对鸟类造成威胁，其实并非如此，鸟类也是其中的受害者。一只鹬鸟在河岸上搭了个巢，生下了蛋，可大水的突然袭击把鸟巢冲毁了，也把蛋卷走了，它只好另找地方建巢。

有些嘴巴长长的鹬鸟把嘴巴伸进泥里苦苦找寻食物，一直不肯离开，因为别的沼泽地已经被同类占领了。

漂浮的冰块

小河上有条冰路，有时候人们会驾着雪橇从冰路上渡河，留下车轮和马粪的印记。可到了春天，冰就裂开了，冰路也变得晃晃悠悠的。一开始，冰块只是漂浮着，一群小鸟飞过来落在冰上，开始捉弄苍蝇，后来河水又漫上了岸。

鼹鼠原本待在地底下，大水突来，它跑出来看见了冰块，于是爬了上去。冰块随水流漂浮，它突然看见个洞，又迅速地钻了进去。冰块在河水的带动下一直漂流，最后到达森林，被一棵树挡住了去路。一些受灾的小动物纷纷聚集在冰块上，落难的兔子和老鼠都跳了上来，大家共同经历了这次灾难。终于，水退了，太阳出来了，冰块越来越小，最后完全融化了。

林中大战（一）

　　森林中不同种族之间一直都有战争。在森林中，云杉一直是个大家族，不仅个子很高，力气也最大，像个巨人，有些云杉甚至能达到三根电线杆那么高。这个地方并不是那么清爽，反而有些阴郁。它们只是冷冷地站着，没有笑容。巨人们张开枝条互相缠绕，形成了一个又一个伞，严严实实的，甚至连阳光都穿透不进来。

　　森林里面黑黑的，很潮湿，发出腐烂的味道。当然，有些绿色植物试图生长，但过不了几天就会枯萎，只有苔藓和地衣能生存下去。这里没有小鸟，更没有野兽，我们走了好久只看到了猫头鹰。它来这里只是短暂地躲避阳光，却被我们惊醒了，警觉地竖起了身上的羽毛。

　　没有风的日子里，它们比较温和。一有风吹过，巨人们就会愤怒起来，树梢大幅度摇晃，发出嘶嘶的巨响。

　　紧接着，我们又去了白杨树和白桦树的地盘。这里明显要舒服多了。微风吹过时，树叶发出的响声是那么温柔。鸟儿在枝头歌唱，阳光从绿叶中穿过，抬头望去，五彩斑斓。

　　地下有草类家族生活着，看样子它们过得很不错，已经把这里当成了自己的家。兔子、刺猬也喜欢来草地上玩耍。风儿吹过，这里响起了喧哗声，犹如一场大合唱。

　　这个地方有一条河，对面是荒漠，还有伐木林。过了荒漠，又是云杉林，它们矗立在那里。伐木林里有块空地，植物们都想要占领。为了见证林中大战的全过程，我们找了个地方，搭好了帐篷。一天早晨，突然听见了啪啪声，好像是谁开了枪。我们的记者马上跑过去，

原来是云杉家族在相互进攻。

阳光过于强烈，云杉的果实被烤得发出声响，一个又一个地裂开，发出砰砰的声音，就好像玩具手枪在射击。果实裂开时种子飞了出来，风带着种子飞得很高，但有时候也很低，因为云杉种子比较重。

种子又遭遇了寒雨袭击，差点儿被冻死，幸好接下来又下了场春雨，大地变得松软起来。一个月过去了，眼看着夏天就要来临，春天略显阴郁的部落开始变得欢快起来，果实高挂枝头，每一颗都像是穿上了喜庆的衣服，而针叶形的树叶上也有了花絮。与此同时，占领了空地的种子也在雨水的滋润下慢慢发芽了。

都市新闻

植树周

大地回暖，城市里的植树周活动也正式开始了。在植树的日子里每个人都会做些力所能及的事，就连孩子们也不例外，他们正在做着准备。无论在学校还是在公园，都能看到孩子们的身影，他们有的帮忙挖树坑，有的帮忙扶小树苗。

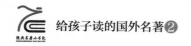

蝴蝶飞了出来

树枝发芽，嫩叶长出，花儿绽放，蝴蝶也出现了。吻蛱蝶扑扇着两个翅膀，在空中优雅地跳舞，身穿带有淡蓝色装饰的褐色服装。现在又有一只蝴蝶飞了出来。这只蝴蝶更有意思，它的长相跟荨麻蛱蝶很像，只是个头要小一些，也是淡褐色的身体，翅膀的边缘参差不齐。

我们还看到一种蝴蝶，它们身上有个与生俱来的字母C。科学家给它们取了个名字，叫"C字白蝶"。

大街上的情况

到了夜晚时分，蝙蝠开始活动，穿梭在城市和郊区。大街上有行人经过，它们完全不在意，只是忙着捕捉苍蝇和飞虫。燕子也都从四面八方飞了

过来，不过在这儿最常见的燕子有三种：金腰燕、灰沙燕，以及家燕。

与此同时，人们最讨厌的一种生物也出来活动了，它们就是蚊子。天气暖和时人们都会穿得很单薄，正是蚊子下嘴的好时机。人身上被它们叮过的地方，很快就会长出一个包来。

春季第三月：欢歌笑语

（5月21日—6月20日）

进入繁花似锦的5月，每个人的心情都像盛开的花朵一样分外绚烂。5月，可以说是最值得庆祝的月份，因为太阳驱走了黑暗，温暖照亮了人间。

在雨水的滋润下，一个又一个生命开始茁壮成长，树上的嫩叶更多了。白天，燕子飞来飞去，云雀在田野上空嬉戏打闹；傍晚的时候，蝙蝠和蚊母鸟活跃了起来，这是它们最开心的时刻，因为它们终于可以跟踪小飞虫了。

森林里面有一群勤劳的小动物，它们长着金色的翅膀，忙着采集花粉；野鸭子在河水里游泳；啄木鸟在树上工作；空中无数的鸟儿尽情歌唱；就连诗人也作起诗来。

在这里，我们把5月称为"啊呀月"。原因是这时天气乍暖还寒，白天暖洋洋，晚上凉飕飕，让人忍不住发出"啊呀"的声音。

欢腾的5月

动物们都有自己想做的事情。有些动物想要展现敏捷的身手，纷纷摩拳擦掌，做着准备，一旦开战，空中就会飘落无数鸟羽和兽毛。鸟儿们忙着做巢、孵小鸟，夏天到了，更多小鸟便会诞生。

森林大事记

森林乐队

5月的夜晚，各种鸟儿纷纷歌唱。夜莺最为敬业，日夜不停地歌唱，一会儿婉转，一会儿尖厉。难道夜莺不用睡觉吗？其实在春天，鸟儿真的很少睡觉，就算睡一会儿也是在半夜时分。

每到清晨或黄昏，歌唱家们就要开始唱歌了——有的拉琴，有的吹笛子，有的引吭高歌，有的低吟浅唱。总而言之，每个人都把自己最优秀的一面展现了出来，实在太热闹了。

它们的乐器最为简单：啄木鸟用枯树枝敲鼓，鼓槌就是它坚硬的嘴巴；天牛扭动脖子发出的声响，犹如小提琴的声音。

鱼儿的声音

辽阔的大海中有着各种各样的鱼儿，它们的声音都有各自的特点。你有没有听过水下的声音呢？奇特的呻吟声，沉闷的哼哼声，以及尖厉的嘶叫声——这些都是在黑暗深海里录下来的鱼儿的叫声。

现在我们专门装备了一个测音器，用来采集鱼儿的声音。我们得知：鱼儿们会说话，水下也并不是我们认为的没有任何声音；鱼类资源究竟有多么丰富，鱼儿的迁徙路线究竟是怎样的。也许有一天，等我们知道如何模拟鱼儿的声音时，可能就会更懂得如何诱捕鱼群了吧。

藏起来的花粉

　　盛开的花朵非常娇艳，在阳光和雨水的滋润下更加娇嫩欲滴。而最娇嫩的还要数花粉——不管雨水还是露水，都会对花粉产生威胁，花粉一旦被打湿的话，就没办法好好生长了。因此，花粉都有自我保护的方法。比如，树鹏紫、玲兰的花朵，倒过来看像个小铃铛，花粉藏在了下面；金梅草的花朵是向上开放的，但它的花瓣却向里弯曲，花瓣边缘会搭在一块形成小球；凤仙花也有它自己巧妙的安排，它的叶子可以遮盖住花蕾，花梗搭在叶柄的位置；野蔷薇对付雨水的方法就更加直接了，它直接闭合了花瓣；莲花的保护方法和野蔷薇是一样的。

树儿在哭

　　森林里面的树木都在享受着生活，欢乐无比，可白桦树却流下了眼泪。阳光太强烈了，白桦树的树液就顺着肚皮流了出来。白桦树的树液可以供给人体能量，所以人们就把树皮割开，把"饮料"收集起来喝。可是对于树来说，树液就像人类身体中的血液，如果流失太多，树就会逐渐枯萎，甚至死去。

游戏和舞蹈

沼泽地怎么突然热闹了起来？走近一看，原来是一场舞会。刚开始并没有吸引人的地方，只是有一两只灰鹤跳来跳去，慢慢地，大家就开始沉醉其中了，又摇又摆，只是舞步看起来有些搞笑。时而转圈，时而蹦起来，踩高跷似的。四周的灰鹤都在打着节奏。这时候，猛禽的游戏也在空中开始了。它们飞到云彩下面展示着绝技：把翅膀一收，快跌到地面时又把翅膀展开；有时候，它们会在空中翻一个大跟头，简直像表演杂技。

林中大战（二）

上次我们看到森林中某一片地被伐成了空地，大家都希望那里可以重新变绿，成为云杉林。

最近下了几场雨，那里长出了很多小苗，当然并不是云杉苗，而是各种各样的草。它们抢占了先机，并迅速扩散开来。哪怕云杉苗使出浑身力气也无济于事，因为野草已经占领了阵地。

这时，第一场战争便爆发了。小云杉以自己的树尖作为武器，掀开野草，可是野草大军们丝毫不气馁，拼命地往下压。两方针锋相对，各不相让。

云杉和野草不仅在地面上战争，也在地下互相厮打。树苗和野草已经完全纠缠在了一块儿，互相争夺养分。有一些小云杉拼命地钻出地面，可是草茎不会那么轻易地让它们长出来；长出地面的云杉苗又被野草牢牢地抱住，动弹不得。

经过一番苦战，有一小部分云杉冲破了草茎织成的大网。正当双方紧张地战斗时，河对岸的白杨树也开花了。白杨树正蠢蠢欲动，准备进攻白桦树。

白杨树的花絮飞了起来，犹如小伞兵驾着白色降落伞自由地飞翔，最终落到了云杉头上和野草根上。一场雨过后，小伞兵们又被冲刷到了各个角落。

不久，一支新军队出现了，士兵们紧密地挤在一起。这些士兵就是白杨树的幼苗。云杉的树叶压在了白杨树幼苗头上，不久后幼苗就完全枯萎了，最终的胜利者是云杉家族。

夏季第一月：重塑爱巢

（6月21日—7月20日）

6月。春姑娘羞涩地悄悄离开，夏天的气息伴随着玫瑰花的香气扑面而来，白昼越来越长，北极地区的黑夜已经彻底消散了。在太阳的爱抚下，金凤花、立金花、毛茛（gèn）花等竞相开放。

在这个季节，纷繁多样的药材已经长到了可以收获的时候，人们开始背上竹篓，采集成熟药材的花、茎和根，将其晾晒后逐一收藏起来，以备不时之需。

6月22日是北半球一年中白昼时间最长的一天，也就是人们常说的夏至。过了夏至，白天就开始慢慢变短了。

大家都在哪儿安家

动物们的家

夏至一过，便到了动物们孕育宝宝的最佳时节，为了能够给小生命们创造良好的孕育空间，森林里的伙伴们开始纷纷为房子的事情忙碌起来。我们的记者当然不会错过这个机会，急切地想要了解小鱼、小鸟们都住在什么地方，它们的日子究竟过得怎么样。

建房子

经过采访，记者发现森林里所有的地方都被占据了，地面上、地底下、水面上、水底下、树枝上、树干上，甚至半空中，都被森林的伙伴们建上了豪宅。

黄鹂的房子是建在半空中的。这是一个用树麻类纤维、草茎等编织而成的吊篮式房子，造型相当精巧。豪宅就这样高高地架在白桦树枝上。黄鹂的蛋安稳地待在这个小小的悬巢里，无论树枝被大风吹得怎么摇晃，蛋都静静地躺在吊篮式的巢中纹丝不动，好像已经妥妥地适应了这里的环境。

除此之外，河榧（fěi）子和水蛛（又名银蜘蛛）把自己的家安在了水底。河榧子真是昆虫界最智慧的建筑专家，它们随手就可以找到各种用于建造住宅的材料：小石头、大沙粒、贝壳、植物的根茎，都是理想的建筑材料。它们把豪宅设计成了类似芦苇管的形状。水蛛生活在水的世界里，潜入水中的时候会瞬间变身成一个"水银球"，那样子简直帅极了。偶尔，它们还会把腹部的末端探出水面，托起一个大大的气泡，在那里自我炫耀，好像它们才是水中的王者。

谁的房子最好

森林报的记者举办了一场别开生面的"住宅评优大赛"，想要看看谁的豪宅是整个森林中最完美的杰作。但当大赛进入评比阶段的时候，大家才发现这真的不是件容易的事。

雕说："我的巢选用的材料虽然是粗树枝，但可以稳固地架在一棵又大又粗的松树上。我家占地面积是最大的，头等奖我当之无愧。"

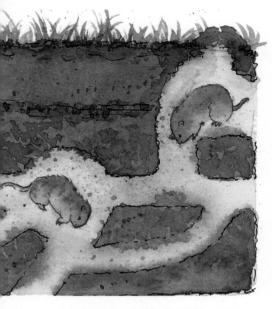

黄头戴菊鸟说："不对，不对，虽然我的巢只有拳头大小，但是小巧玲珑、别有洞天，像我这么小的个头，住在这样的宅子里再合适不过了。"

田鼠听了笑笑，说："我的豪宅有很多扇门：前门、后门、紧急门。不管别人怎么费尽心机，都别想把我堵在里头，我的宅子才是最佳设计。"

这时候，河榧子幼虫懒洋洋地说："我通常会寻找和自己脊背差不多长的细树枝或稻草，再把一个用泥土做的小管子粘在上面，然后倒着爬进去。所以我随处都可安家，不管在哪里，我的住宅都是最灵活便利的。"

哎！想来也是，这该有多方便啊！要么全身都躲在小管子里安安静静地睡大觉，谁也看不到；要么伸出前脚，背着小房子去看不同的风景。听说一个河榧子的幼虫在河底看上了一个香烟嘴儿，于是钻了进去，从此以后便背着香烟嘴儿行走天下。

水蛛听了，一脸不屑地说："方便又有什么用？没有谁的宅子比我的更奇特了。我在水草间织了一张网，再用毛茸茸的肚皮从水面上找来一些气泡放在网上，我便可以生活在这个通风、采光都俱佳的豪宅里，每天享受着阳光，吸收着温润河水的灵气。"

大家就这样你一言我一语地自我推销着，各自言说自家住宅的精妙之处，谁也不让步，谁也不妥协。森林报记者一时之间也分不出个

高下，最终只好作罢。看来这样的活动，只能是以失败告终了。

建房的材料

森林里的豪宅千奇百怪，都是用不同材料建造而成的。

歌唱家鸫鸟用碎木屑当墙纸；金腰燕用自己的唾沫当胶水。

黑头莺将又轻又黏的蜘蛛网收集起来，将细树枝打牢，进而打造出属于自己的舒适巢穴。

翠鸟漂亮的羽毛蓝绿相间，中间是咖啡色。它的豪宅很有意思：它先在河岸上挖一个洞，再在洞里铺上一层细鱼刺，一条松软的床垫便大功告成了。

借 宿

森林中大部分动物都是很勤劳的，它们会打造自己心目中最满意的豪宅，但也有个别几位因好吃懒做而没有属于自己的住宅，每当累了的时候，它们就只能借用别人的宅邸了。

杜鹃到了产蛋的时候，会把自己的蛋放在黑头莺或其他鸟的巢里。黑勾嘴鹬准备孵小鸟时，会直接找一个破旧的乌鸦巢。

麻雀的做法更是技高一筹，起初它们也是勤劳的，会在屋檐下搭建自己的宅子，可是不知为什么，它们的运气总是很差，房子刚刚成形，就被调皮的孩子拆掉了。后来它们又找了个树洞做窝，可它们的卵会被伶鼬偷走。万般无奈之下，它们成了雕的邻居，把房子建在了这个庞然大物的旁边。

现在它们终于可以安心地过日子了。粗大的树枝中间，麻雀巢看起来实在是太隐蔽了，大雕丝毫没有注意到自己竟成了麻雀的保护神，至于那些伶鼬、猫，甚至调皮的男孩子们，连雕的眼睛都不敢直视，就更别提靠近了。

巢里都有什么

但凡筑巢，都是为了产卵。不同的巢中有不同的卵。产卵的鸟儿不同，产出来的卵也是不一样的。

剑鸻（héng）的卵上都是些大大小小的斑点，而歪脖鸟的卵是白色的，有时候还稍微泛点粉红色。

为什么会这样呢？原来歪脖鸟的卵产在又深又黑的洞穴里。这里虽然见不到光，但是很安全。而剑鸻的卵在自身斑点和草的庇护下很难被发现，但是一不小心你就会一脚踩到它。

相比之下，野鸭就没有那么幸运了，它的卵也几乎是白色的，但它的巢建在草墩上，很容易就能找到。为了安全起见，它们只能耍个小聪明——每当自己从巢穴离开的时候，就从自己身上啄下羽毛盖在蛋上。尽管这样的手段算不上高明，却能够在心理上抚慰它们内心的恐惧。

剑鸦的卵有一头是尖的，而兀鹰的卵却是圆的。这是为什么呢？原来剑鸦是一种小鸟，而兀鹰的体格比它大了四五倍，可是它们的卵却一样大。倘若剑鸦的卵没有尖头的特点，身材娇小的它又怎能用自己的身体盖住那么大的卵呢？

森林大事记

池塘里的植物

夏季的池塘，温润而恬静，远远望去宛若一片绿色的天堂。为什么这时候的池塘是绿色的呢？原来池塘被绿油油的浮萍遮盖住了。这浮萍可不是我们在石头上常常见到的苔藓，它们两个是完全不一样的东西。浮萍的根系很小，长有小绿叶片，常常漂浮在水面上，那些凸起来的部分就是它的茎和枝。

浮萍是一种会开花的植物，但大多时候是不开花的。其实，它也用不着开花，因为它的繁殖速度实在是太快了，太简单了。只要"小烧饼"茎上脱落一根"小烧饼"枝，它就能从一棵变成两棵了。浮萍总是游走在水中，随着水面波动，不管漂到哪里都是一副随遇而安的样子。看，那只野鸭子恰巧游过它的身边，它便将自己挂在野鸭子的脚上，平静悠然地去邂逅生命中的下一场奇遇了。

狐狸巧占獾的家

最近森林里的一只狐狸遇到了一件倒霉事——它家的天花板竟然塌了，巢穴里的小宝宝差点儿被砸伤。这可怎么办呢？

想要重新置办一个家，真的不是件容易的事，于是它眼珠一转，有了一个坏主意。"要不把邻居獾的家占领了吧！"

獾是个勤劳的主儿，它把自己的家建造得异常舒适。房子有出口，有入口，里面既有厅堂又有厨房，宽敞得可以容纳两户居民一起居住。

一开始，狐狸本来是准备借一间房子的，但獾很不客气地拒绝了它，并说自己有洁癖，不愿意让别的动物弄脏自己的房间，并用很暴力的方式把狐狸撵了出去，狐狸虽然心里很不痛快，但并没有因此放弃。它先是使用障眼法假装回家，使獾卸下防备之心，然后悄悄地潜伏在灌木丛的后面，等待可乘之机。

獾放松戒备，爬出洞口，到森林觅食去了，狐狸便快速钻进它的家，搞得乱七八糟，随后大摇大摆地离开。

獾觅食完毕后回到家，看到原本一尘不染的家竟然变得如此狼藉，气得浑身战栗。这样脏乱差的环境，它实在无法忍受，无奈之下只好放弃由自己一手打造起来的豪宅，去别的地方安家了。

这样的结果显然是狐狸最想看到的，这回它终于称心如意地霸占了别人的豪宅，于是带着小狐狸们大摇大摆地住了进来。现在，它才是这里的主人。看着这么高大上的环境，如此温润的空间，狐狸一家高兴坏了。调换住房本来是件很困难的事，想不到这么快就做到了。小狐狸们无比钦佩地望着父母，而老狐狸也满脸自豪地一边舔着它们的毛发，一边喃喃地说："只要肯动脑筋，没有什么东西是得不到的。"

喜欢晒太阳的蜥蜴

不知道为什么，我对蜥蜴这种动物特别感兴趣，于是就从森林里捉了一只回家。为了能够让它健康地成长，我真是下了不少功夫。我找来一只大玻璃罐，并在罐底铺上沙土和石子，希望它能更好地在这个新家安住。我每天为它换水、换草，给它抓苍蝇、小虫子，而蜥蜴好像从不

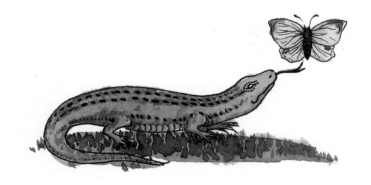

认生，每次都会欣然接受我的照顾。在众多食物中，它最喜欢的是那种生长在甘蓝丛里的白蛾子。看，它飞快地转动了一下自己的小脑袋，张开嘴巴，吐出灵巧的长舌头，跳跃着扑向食物。那种为食而欢的感觉，就好像小狗见到了骨头。

在我的精心照料之下，蜥蜴很快有了自己的孩子，产下了十多颗椭圆形的蛋。蛋很小，是白色的，外壳又软又薄。蜥蜴特意为自己选择了孵化的最佳位置。那里有充足的阳光，非常舒适温暖。一个月后，小生命们一个个从蛋壳里面钻出来，成为它生命中崭新的惊喜。我不禁感叹："原来这家人是那么喜欢太阳啊。"

现在，蜥蜴的孩子们正好来到它的身旁，与它一起享受温润的阳光。之后的日子里，它再也不会孤单了。

绿色救世主

茂密的森林是动物天然的家。一眼望去，随风起舞的森林，好似波浪滚滚的海洋。所有动物都觉得，这里有取之不尽、用之不竭的食物和宝藏。它们可以在这里安居乐业，繁衍后代。

可是，因为森林前任的主人是一个贪得无厌的人，只知道不停地索

取，却从不肯投入。他滥砍滥伐，伤害动物，从来不把森林里的生命当回事，致使原本富饶的家园出现了沙漠和了无人烟的峡谷。那些地方是动物们最恐惧的死亡之地，谁去了那里，便是离死神更近了一步。

这样的事情，真是害人害己。农田失去了树木的庇护，干燥的热风肆无忌惮地侵袭进来，沙子覆没绿色的田地，庄稼颗粒无收。面对这样糟糕的状况，所有人都无计可施，终日愁眉不展。

无奈之下，人们团结起来，驱逐了那些贪得无厌的土财主，自己当家做起了主人。他们开始植树造林，阻止砍伐树木。因为在他们看来，树木就是所有生命的救世主，是需要被尊敬和爱戴的。

哪儿的田地遭到远方沙漠吹来的热风的袭击，人们就在哪里植树造林。茂密的树林又重新挺拔了身姿，阻挡着猛烈的热风，用清润的绿荫保护着田地，也保护着森林里所有的动物们。绿树用自己强大的根系牢牢地抓住土壤，水患问题终于解决了。大家的脸上恢复了久违的笑容，人们和森林里的动物们又过上了和谐相处的好日子。

乡村记事本

眼下，黑麦已经开了花，长得也有一人多高了。在这样一个阳光充足的日子里，灰山鹑一家在麦田里散步，领队的是父母，后面跟着一群"小毛球"。这些小家伙刚从蛋壳里出来不久，看什么东西都觉得新鲜。

灰山鹑妈妈对孩子们说："你们看，农民伯伯在割草呢！那个是镰刀，那个是割草机，都是他们的种田工具。现在正是农活儿繁忙的时候，你看他们多勤劳啊。"这时，一辆割草机从草场上驶过，后面平躺着的是芬芳多姿的牧草。

菜园里的葱已经成熟了。整个院子里，只有它们是绿油油的，神采奕奕的。向阳的小山坡上，鲜美的草莓已经成熟，森林里的黑莓和覆盆子也到了快要成熟的日子，这些鲜美的果实让人看了就流口水。在长满苔藓的沼泽地里，悬钩子从原来的白色变成了红色，又从红色变成了金黄色。放学后，孩子们相约一块去采果子。到底先采什么果子呢？他们因此犯起愁来。

其实，他们最先要做的，就是帮爸爸妈妈把家里的活儿干完——挑水、浇园、除草……等到活儿干完的时候，天色已晚，劳累的他们最想做的事肯定是回家休息了。

夏季第二月：雏鸟出世

（7月21日—8月20日）

　　7月以后，便是盛夏。此时，植物在充足阳光的普照下枝繁叶茂，好像要一起庆祝一个伟大的节日。小麦和黑麦已经成熟，一眼望去，天地之间金灿灿的一片。农民们将麦子收割储存，然后将割下的青草一堆堆地拿去喂养家畜。

　　此时天气实在太过炎热，鸟儿已经没有了唱歌的情致，它们要照顾孩子，所以要四处寻觅更多的食物。森林里长满了无数的浆果，黑莓、越桔、草莓等。当然，最出名的要数北方的云莓，个个酸甜可口，让人吃了第一口，就想吃第二口。

　　老人家对孩子说："千万不要和太阳开玩笑，否则一不小心它就会灼伤你。那种被紫外线晒伤的感觉，真是不好受啊！"

森林大事记

大家都有几个孩子

　　森林里，有一只年轻的雌性麋鹿，它今年只生了一个孩子。

　　在这个共同的家园中，还有好多小动物迎来了它们精心孕育的新

053

生命。白尾海雕的巢里有两只小雕；黄雀、燕雀、鸸鸟，各自孵化出了五只雏鸟，蚁鴷（liè）孵出了八只雏鸟；长尾巴山雀孵出了12个小山雀；灰山鹑也有了20个宝宝。

在棘鱼的窝里，小鱼卵经细心关照长成了一条条小棘鱼。它们的阵容还真是强大，足足有一百多条呢。

一条鳊鱼一次可以产几十万个鱼卵。而鳘（mǐn）鱼的孩子更是不计其数，算下来大概有几百万条那么多吧。

劳动日到了

天刚微微亮，鸟儿便开始忙碌起来了。雨燕一天的工作安排足足有19个小时，家燕一天的工作时间也有18个小时。相比之下，红尾鸽子几乎是工作狂了，因为它每天至少要工作20个小时。或许你会问，为什么要把自己搞得那么疲倦呢？其实，并不是因为它们太勤劳，而是因为它们根本没法偷懒——只有每天坚持工作，家中的雏鸟才不会

挨饿。雨燕每天至少要给雏鸟喂30多次食物，才可以填饱它们的小肚子。而红尾鸽更多，它们每天需要给宝宝喂食250次以上。

一个夏天，几十天的时间，这些鸟儿为了自己的孩子就这样不停地忙碌着，默默地奉献着。在为孩子提供食物的同时，它们也间接地保护了森林，消灭了无数个伤害树木的害虫和虫卵。至于究竟消灭了多少，那就真的不得而知了，因为数量太多，恐怕连它们自己都记不清了。

沙鸥王国

在一个小岛的沙滩上，到处可以看到下沉式别墅——这里是小沙鸥的王国。

每天晚上，小沙鸥都睡在自己的别墅（沙坑）里，每个别墅里可以睡三只小沙鸥。夜间，水花拍岸的声音成了最动听的催眠乐曲。晚上它们要好好睡觉，因为白天要做的事情实在太多了。白天是小沙鸥们的学习时间，它们要学习如何飞翔，如何游泳，并在长辈的带领下学习捕捉小鱼小虾。

老沙鸥是它们的父母，也是它们的老师，既要教会它们生存技能，又要在它们翅膀没长硬的阶段细心保护它们。每当敌人靠近的时候，老沙鸥就成群结队地飞起来，大声叫嚷着冲出去。那阵势好似勇猛无敌的天兵神将，就连那巨大的白尾海雕看了都要心惊胆战一番呢。

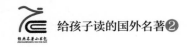
与众不同的孩子们

小山鹑刚来到世界上就学会了跑，它是天生的运动健将。

还有秋沙鸭，刚一出生就蹒跚着来到小河边，和成年鸭子一样扑通一声跳下水，一点儿都不含糊地练起了游泳。它们一会儿潜泳，一会儿仰泳。池塘变成了它们表演的舞台，也成了它们嬉戏玩耍的乐园。

相比之下，旋木雀的小闺女就有些娇生惯养了。它出生已经两周，但只能勉强在树上蹲一小会儿，尽管看上去羽毛丰满了许多，但还是一副笨拙的小模样。现在它貌似有点生气，因为妈妈已经很久没有给它送吃的了。

一般鸟儿破壳三周时就已经可以自由玩耍了，可这小姑娘貌似有点晚熟，还是只能在窝里娇滴滴地叫，等着妈妈把青虫送到自己嘴里。

雌雄颠倒的鸟

最近，森林报编辑部收到了很多信件，说的都是同一件事情：在莫斯科附近的南阿尔泰山上、卡马河畔、波罗的海上、雅库特和哈萨克斯坦，大家都见到过一种奇怪的鸟，它的名字叫红颈瓣蹼鹬。

这种鸟，外形可爱漂亮，从不认生，对人类友好、信任。即便你走到它们眼前，它们也照旧该干什么就干什么。有时候，温顺的它们还会安详地凝视着你，好似一个天生的贵族从来不知道恐惧，也不会

因惊慌失措而失了身份。

现在，其他鸟儿都在巢穴里孵卵或喂养小鸟，只有这种鸟儿总是成群结队地在全国各地游荡。

更令人奇怪的是，红颈瓣蹼鹬的雌鸟有着色彩斑斓的羽毛，而其他的鸟类，色彩艳丽的多半是雄鸟。单从这点看就足够奇特的了。

除此之外，比这更奇怪的是：这些雌鸟下完蛋就飞走了，接下来的任务都是雄鸟的，它们要负责孵蛋，照顾孩子，俨然一副称职好父亲的样子。这样的雌雄颠倒，真的是太少见了。

现在，很多地方都可以看到这些鸟儿的身影。它们今天在这儿，明天在那儿，没有固定的家，也没有要安家的意思，这样的生活倒也洒脱自由。当然，只要它们自己开心，其他方面也就没那么重要了。

小熊洗澡

晚饭后，一个猎人沿着小河边散步，耳边突然传来"哗啦啦"的声音。他担心会遇到猛兽，便警惕地爬到树上藏了起来。

果然，从森林里走出来四只熊。那只成年的大熊是熊妈妈，稍微大一点的是熊哥哥，另外两只活泼可爱的小熊显然对这个世界的一切都感到新奇。

熊妈妈左看看右看看，确定安全后，找了一个舒适的地方坐下来，熊哥哥张大嘴巴叼起一只小熊就往水里按，原来它今天的任务就是给小熊洗澡。

尽管熊哥哥出于好心，但小熊似乎一点儿都不领情，它一边大声尖叫，一边张牙舞爪。但熊哥哥任它拳打脚踢就是不松口，把它放进水里来回清洗着，直到确定把它洗干净了，才又叼它上岸。

另一只小熊看到这样的阵势，吓得转身就跑。

熊哥哥追上它后，将它教训了一番，然后用同样的方法给它洗了澡。

洗着洗着，熊哥哥一不留神，嘴巴一松，小熊掉进了水里。熊妈妈一看不妙，快速地跳进水里，把小儿子救了上来。

小熊上岸以后，别提多高兴了。这么热的天，它身上的皮毛太过厚重，在水里泡泡也是好事，河水凉凉的，真是舒服多了。

给两个小熊洗完澡后，一家四口又悠哉悠哉地回到了丛林之中。而我们的猎人朋友看完这场好戏，也终于长舒了一口气，从树上下来回家了。

给小兔子喂奶的猫

春天的时候，我家的猫咪生了一窝小猫，后来都被别人领养走了。

一天，我们在森林里捡到了一只迷路的小兔子。

我们把小兔子放在猫妈妈的身边。它现在还有很多奶水，于是便很自然地把小兔子当成了自己的孩子，并欣然地给小兔子喂起奶来。就这样，小兔子喝着猫妈妈的奶茁壮地成长着。它们俩相处得非常和谐，就像亲生母子一样，还经常睡在一起。

有一只狗闯进了院子。猫妈妈为了不让小兔子受到伤害，一个箭步就冲了上去，对着这只狗一通乱挠。小兔子看到了，也学着猫妈妈的样子伸着两条前腿，像打鼓一样在狗身上击打。结果，狗被它们打得狼狈不堪，地上到处都是它们母子俩从狗身上挠下来的毛。在这对母子的共同努力下，敌人最终败下了阵。狗知道自己占不到便宜，只好转身逃跑了。

这件事以后，猫妈妈教兔儿子打架的消息不胫而走，周围的小狗听到它们的名字都胆战心惊，谁也不敢再招惹我家的猫和它的兔儿子了。

聪明的黑琴鸡妈妈

一只鹈（tí）鹕（jiān）发现了一窝黑琴鸡，黑琴鸡妈妈正带着自己的孩子在草丛中玩耍。

“哈哈，这次可以饱餐一顿了。”鹈鹕一边想，一边兴奋地流出了口水。

于是它快速地锁定目标，从天上俯冲下来。就在这紧急关头，它的行动被黑琴鸡妈妈发现了。黑琴鸡妈妈叫了一声，所有小黑琴鸡都瞬间消失了。鹧鹕左看右看，怎么也找不到这些小家伙，目标的消失让它无比沮丧，与其在这里浪费时间，不如飞去别的地方觅食。

鹧鹕离开以后，黑琴鸡妈妈又叫了一声，一群黄色的毛茸茸的小黑琴鸡又出现在它的周围。这些小黑琴鸡刚才都去哪儿了？原来，它们哪儿也没去，只不过妈妈一叫，训练有素的小黑琴鸡便立即卧倒，将身子紧贴地面。从半空往下看，谁又能将它们和树叶、枯草区分开呢？

农场新闻

夏日打猎

日子一天天地过去，眼看就到了7月末。此时的鸟儿已经长大，但是相关部门始终没有公布今年允许打猎的日期。很多猎人每天都坐卧不宁，迫不及待地打探着消息，他们把自己的猎枪擦得锃亮，身边的猎狗也蠢蠢欲动。

消息终于来了，报纸上公布从8月6号开始，允许去森林和沼泽地打猎。

于是，所有的猎人都把子弹上好膛，准备大干一场。

8月5日，下班以后，城市的火车站里挤满了前来狩猎的人。他们各个拿着猎枪，带着猎狗，一窝蜂地扎进了森林。

瞧！这儿的猎狗可真多，短毛猎狗和光毛猎狗的尾巴都好像鞭子一样。什么颜色的狗都有：白色带黄色斑点的，黄色带杂斑点的，眼睛附近的白色皮毛带黑色斑点的，深咖啡色的，浑身闪着黑光的。尾巴像羽毛的，白色闪着青灰色光彩的，还有红色长毛的。大个头的猎狗看上去呆头呆脑，就连行动都是迟缓的。

这些猎狗的任务，就是寻找刚出巢的鸟儿。它们经过特殊的训练，可以循着气味找到小鸟，然后用自己的方式告诉猎人目标究竟在哪个方向。

还有一种西班牙猎狗。这是一种长毛狗，腿很短，耳朵快要耷拉到地上了。它们不会为猎人指明方向，可是会带它们一起去草丛里打野鸡，去森林里打松鸡。

这种猎狗不仅可以帮忙赶出藏在水里的鸟儿，还能把那些被打死、打伤的鸟儿从芦苇丛和灌木丛里叼出来，衔到主人面前。

大部分猎人都是坐火车去打猎的。那时候，大家都会去各个车厢里看这些或漂亮或英气的猎狗，话题核心都是猎枪、猎狗、野味。此时的他们感觉自己像个英雄，眼睛里充满了自豪，就连看人时的眼神都是一副趾高气扬的样子。

6日晚上或者7日凌晨，火车又会把猎人们载回来。可此时的他们，脸上却少有喜悦的笑容。瘪瘪的背包，耷拉的脑袋，显然收获并不令人满意。

"野味在哪儿呀？"

"去它的野味吧！"

"让它们飞到海的那边送死去吧！"

突然，门开了，上来一个年轻猎人。在众多猎人中，唯有他的背包是鼓囊囊的，看起来收获颇丰。他一上车就自顾自地找座位，好奇的人们纷纷给他让座，只见他大大咧咧地坐下来，眼神中好似在躲闪什么。这时眼尖的邻座很快就看出了破绽："哈哈！你打的野味，爪子还是绿色的呀。"一边说，一边毫不客气地掀开他的背包。原来里面全都是云杉枝，自己的把戏竟然就这样被别人不费吹灰之力戳穿，这个猎人该有多不好意思啊！

夏季第三月：集体出行

（8月21日—9月20日）

8月，青草在阳光的照耀下更加茂盛，花儿竞相绽放，蝉在树梢歌唱。这是季节轮回中最盛大的和弦，所有的生命都在不断地从阳光中汲取着能量，将温暖储备在自己心里。

夏季的雨水滋润着大地，蔬菜瓜果日渐成熟起来，树莓、越桔等浆果也饱满了起来。一簇簇小蘑菇破土而出，顶着一个个小帽子躲避在阴凉处，就像一个个不爱晒太阳的老头儿，一定要找个阴凉的地方聊天。

树木已停止了向上生长的速度，开始横向生长，整个身体因此而变得粗犷起来。

森林里的规矩

人人为我，我为人人

夏天的最后一个月，是一年中最好的光阴。在这美好的日子里，森林里的居民们开始互相拜访起来。它们互相串门，互相问好，整个森林充满着和谐安乐的氛围。

当然，在窝里撒娇的孩子们都已经长大了，它们从妈妈守护的襁褓里爬出来，开始学习本领，自力更生。

鸟儿在春天的时候都是成双成对地生活在自家宅院里，而现在它

们开始带着孩子们在树林里飞来飞去。

这时候，很多猛兽也变得温和起来。它们不再像以前那样疯狂地捕食，因为这时候的野味实在太多，很容易就可以填饱肚子。

森林里随处可以看到貂、黄鼬和白鼬的身影，因为此时森林里的物产实在是太丰富了，到处都有它们喜欢的食物。傻乎乎的小鸟，没有经验的小兔子，粗心大意的小老鼠，这些小动物稍不留神就会成为它们口中的美味。

鸣禽成群结队，在灌木丛和大树之间来回穿梭着。每个族群都有自己的规矩，而鸟群的规矩最具公益性，那就是——人人为我，我为人人。

训练场

黑琴鸡和鹤都有一个培训孩子的训练场。

黑琴鸡的训练场隐藏在森林中。爸爸把孩子们召集起来，教他们一些本领。

黑琴鸡爸爸咕噜噜咕噜噜地叫着，小黑琴鸡也学着爸爸的样子咕噜噜地叫着。

看，现在小鹤们也可以排着整齐的队伍飞去训练场了。今天它们的课程是学习如何在飞行时保持步调的

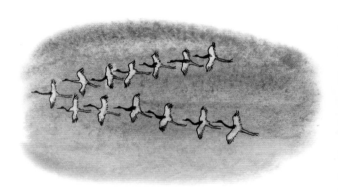

统一，因为到了秋天的时候它们就要飞往南方，所有队形都要保持整齐。领队告诉它们："大家一定要加紧练习，因为人字队可以让我们在长途飞行过程中省去不少力气。"

在这种队形里，打头阵的都是队伍里最强健、最经验丰富的老鹤，这些先锋官们有足够的力气冲破气浪。当它们感到体力不支的时候，就会自觉地飞到队尾。而这个时候，其他强壮的鹤就会接替它们的位置，成为先锋，继续带队飞行。

小鹤总是跟在队伍的后面，紧跟着老鹤们的节奏挥动着翅膀。整个飞行队伍团结一致，好像"人"字形。

蜘蛛飞行员

倘若没有翅膀，怎能上天飞翔？瞧，这几只小蜘蛛凭着自己的本领，顺利地晋级为优秀飞行员。

小蜘蛛像变魔术一样从肚子里吐出一根细丝，将自己小心翼翼地挂在灌木丛中。风吹着柔韧的细丝，可却怎么也吹不断它。此时的小蜘蛛站在地上，蜘蛛丝从灌木上垂下来落到了地面。它们用细丝把自

己严严实实地包裹起来，就像蚕茧一样。它们不停地吐着，吐着。蜘蛛丝变得越来越长，而此时的风也越来越大，小蜘蛛紧紧地抓着地面，它们知道自己终于可以腾空而起了。

一、二、三！小蜘蛛找准风向，咬断挂在树枝上的细丝。一阵风吹过，它们瞬间就"飞"了起来。

"哈哈，我成功啦！"小蜘蛛在空中兴奋地喊着。为了能更顺利地飞行，它们解开了绑在自己身上的蜘蛛丝，开始在风中自由地"飞行"——"飞"过草丛，"飞"过灌木，"飞"过树林，"飞"过田野。它们对自己说："选择好落脚点，就可以降落下来安新家了。"

从森林、小河经过，它们都觉得不太满意，于是继续向前"飞"呀"飞"。

瞧！不知这是谁家的庭院？一群苍蝇正在粪堆里高昂地唱着赞歌。"哈哈，就是这里了，我要在这里安家。目标明确，精准降

落。"此时，小蜘蛛飞行员再次解开蜘蛛丝，又把它们缠成了一团，开始缓缓下降。"低点，再低点……"

"好，就是这里了。着陆。"

小蜘蛛将丝的一头挂在草上，就这样精准地着陆了。它开始在这里建造自己的美好家园。

在秋天万里无云的日子里，很多小蜘蛛就是这样在空中飞行的。村里人说："秋天来了，你看它的头发都变成银丝了。"其实那是蜘蛛丝，是小蜘蛛们起飞降落的有效工具。

森林大事记

一只羊吃光了一片树林

你相信吗？一只山羊能吃光一片树林！这实在是太不可思议了。到底是怎么回事呢？

原来，这只山羊是护林员从很远的地方买来的。他把山羊带进了森林，然后随手拴在了树桩上。没想到，晚上的时候，山羊挣断绳子，跑掉了。

森林里到处都是高大的树木。丛林环绕，到底去哪儿找山羊呢？好在这片森林不是狼出没的地方，护林员辛辛苦苦地找了三天，也不见山羊的踪影。到了第四天，他听到不远处有咩咩咩的叫声，回头一看，原来是山羊自己回来了。它用眼睛凝视着护林员，好像在说："几日不见，你想我了吗？"

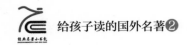

这本来是一个惊喜，可附近的护林员却对这只山羊极其恼火，晚上气急败坏地跑过来控诉。原来他们看守的所有树苗都被这只山羊吃光了。那可是未来的一整片树林啊。

这些树苗还那么幼小，根本无法保护自己。若一只动物想要欺负它们，只需要把它们吃掉就可以了。

山羊最喜欢幼嫩的小松树苗。对山羊来说，这些树苗看起来就很美味。但是山羊一点儿都不敢碰那些大松树，因为那些松针实在太扎人了，稍不留神就会被扎流血的。

抓强盗

树林间，黄腰柳莺成群结队地从一棵树飞到另一棵树，从一片灌木丛飞到另一片灌木丛。每一棵树上，每一个灌木丛里，都能看到它们的身影。这到底是为什么呢？原来它们正在森林中探寻美味——树

叶下，树皮上，树缝里，哪里有美食，哪里有青虫、甲虫，哪里就少不了它们的身影。

"啾啾，啾啾，看看这里发生了什么？"突然，一只黄腰柳莺惊慌失措地叫了起来，所有的黄腰柳莺听到声音后纷纷停了下来。它们发现，下面的两棵树间竟然隐藏着一只凶狠的貂。它有着黑色的脊背，穿行在枯木间，时隐时现，细长的身体好像蛇一样来来回回地扭动着，凶狠的眼睛里充满了贪婪的杀气。

"啾啾，一定要小心。啾啾，一定要提高警惕。"周围的黄腰柳莺都发出警告的叫声，然后集结起队伍，一起飞离了这个危险地方。

　　这样的事情，在森林里实在是太常见了。白天总要比晚上安全些，只要有一只鸟儿发现敌人，所有鸟儿都会因此而获救。但到了晚上，问题就来了，此时的鸟儿多半会躲在安静的地方睡觉。睡梦中的它们对周边的危险浑然不觉，倘若被凶狠的天敌盯上，那麻烦可就大了。

　　夜晚的森林里，虫子在草丛中鸣叫，猫头鹰也伺机欲动，它扇动着一对翅膀，悄无声息地向目标靠近——它锁定小鸟栖息的位置，嗖的一声冲了过去，受到惊吓的小鸟四散逃窜，但总有那么一两只不幸的小鸟迷迷糊糊地成了猫头鹰盘中的美餐。

　　黑夜，多么可怕的黑夜啊。

　　现在这群黄腰柳莺正飞向森林的最深处，穿过密密层层的树林，在树叶的掩护下找到了一处相对安全的角落。

　　密林深处有一个树桩，树桩上有一簇"树菇"。

　　一只肚子已经饿得咕咕叫的黄腰柳莺飞到"树菇"跟前，急切地寻觅着蜗牛的足迹——那可是非常难得的美食。

　　而就在此时，"树菇"的帽子被掀了起来，里面露出了两只凶巴巴的眼睛直勾勾地盯着黄腰柳莺。这家伙长着一个钩子似的弯嘴巴。

　　黄腰柳莺回过神来，一边躲闪一边高声地拉响警报："啾啾，啾啾，大家注意，有危险，有危险！"

　　听到警报，整个鸟群都慌乱起来，但即便如此，大家谁也没有选择离开，而是把整个树桩团团围住，一起大声地发出警报："是猫头鹰，猫头鹰！危险了，危险了，快逃命啊！"

　　猫头鹰气急败坏地喊着："哼！竟敢打扰我的美梦，不想活了吗？"

就在这时，森林里的许多鸟儿听到了警报声，都从四面八方飞来，越聚越多。

"快，抓强盗啦！"大家纷纷鸣叫，声音此起彼伏。

黄脑袋"小不点"戴菊鸟从高高的云山上飞下来，灵巧的山雀也从灌木丛中跳了出来，大家团结一致纷纷加入战斗。这些勇敢的卫士，在猫头鹰的尖嘴前盘旋着、叫嚷着："来呀，看看你有多大本事，你这个强盗！"此时的猫头鹰气得把尖嘴巴弄得嘎嘎直响，眨巴着眼睛。

黄腰柳莺和山雀的尖叫声、吵闹声引来了一大群勇敢、强壮的森林乌鸦。它们长着淡蓝色翅膀，名字叫松鸦。

看到松鸦，猫头鹰有些怕了。它可不想年纪轻轻就被这帮松鸦啄死，于是扇动着翅膀，一溜烟地逃走了。但是松鸦哪儿能轻易放过它。它们大喊着："追呀，追呀，不要放过这个强盗。"一边高叫着一边追赶着，直到把猫头鹰彻底逐出了森林。经过这次战斗，想必这只猫头鹰短时间内是不敢再回来了。此时的森林恢复了往日的平静。今晚，黄腰柳莺终于可以放心地睡个好觉了。

草 莓

在森林的边缘地带，草莓已经成熟，红色的果子圆润而剔透，这是鸟儿心目中最美味的食物。鸟儿飞到哪里，草莓的种子就被带到哪里，但是有一部分草莓的后代仍然留在原地，陪伴着它们的母亲一起生长。

看，在这株草莓的旁边，已经长出了藤蔓，它们将根死死地抓在

地上，匍匐着身子，向前延展着。藤蔓梢长了一棵新草莓，还有丛生的小叶子和根的胚芽。啊哈，这儿又有一棵，这根藤蔓刚刚长出三簇叶子。

第一棵草莓已经生根了，其余两棵长在了藤蔓的梢头，小草莓从母亲那里向附近野草稀疏的地方爬去。就拿眼前的这棵来说，中间是母亲，围绕着它的是孩子。总共分为三圈，每圈都有五个宝宝围绕着母亲。草莓就是这样，一圈一圈地彼此围绕，好像一大群孩子围着妈妈听故事，因为听故事的孩子越来越多，所占面积也越来越大，不知不觉中，它们拥有了自己的一块土地，整个空间都被藤蔓占据了。鸟儿从天空俯瞰它们，总是不由地感叹："哇，好壮观！"随后，从天上俯冲下来，瞄准心仪的果子，开始享用美餐。

奇怪的雪

真是一件奇怪的事情。昨天，我们这里的湖面上竟然飘起了"雪花"，轻盈的"雪花"在空中徐徐落下，眼看就要落入水中，却又突然打着转飞了起来。就这样，一边转悠着飞起，一边又悄然地落下。晴朗的天空，阳光是如此炽热，可眼前的湖面上却有着如此曼妙的"雪景"，实在是太不可思议了。

今天早上，整个湖面和岸边到处可以看到这样的"雪花"，那种感觉好像是这片土地被盖了一层棉花被子。更奇怪的是，太阳底下的这些"雪"也不会融化，还隐隐地还闪动着耀眼的光辉。

到底为什么呢？走近一瞧，才发现原来这是不计其数的带翅膀的昆虫，它们的名字叫蜉蝣。

昨天，它们刚刚从湖里飞出来。在过去的三年里，它们一直居住在暗不见光的湖底。那时候，它们还是一群模样难看的幼虫，成群结队地在湖底的淤泥里缓缓地蠕动着。它们靠沼泽地的泥巴和臭不可闻的水苔维持生命，终年不见阳光。

三年的时光是多么漫长啊！它们究竟是怎样度过的？昨天，这些幼虫终于一起爬上了岸，脱掉了身上那层丑陋的外衣，展开轻盈的羽翼，伸出三条像细线一样的尾巴，飞到了空中。没错，这次，它们涅槃重生了。

而这样的重生是短暂的，因为这意味着它们只有一天的生命。在这短暂的一天中，它们尽情飞舞着、狂欢着。

就这样，它们兴奋地飞了整整一天，像一朵轻飘飘的棉花在半空中打转。

雌蜉蝣落在水面上，把它们的宝宝产在了水里。

当太阳落山的时候，黑夜悄然地到来了。湖岸、河水里到处都是凌乱的蜉蝣尸体，它们的卵将变为新的幼虫，像它们的前辈一样继续生活在幽暗的湖底，再经过一千多天的炼狱生活，然后化为白色的"雪"，蜕变成全新的样子，参加它们生命中最盛大的舞会——在水面上尽情地飞舞一整天。

能吃的蘑菇

大雨过后，各种蘑菇像雨后春笋般散发着特有的生命力，其中品相最好者要数长在松林里的白蘑菇了。

这种白蘑菇又叫牛肝菌，肉质厚肥，戴有一个栗色的大帽子，整个身体散发着浓郁的香味，让人看了就忍不住流口水。

有一种油蘑生长在林间的小路旁，它们或是在草丛里眨着眼睛，或是将家安在车辙里。它们刚长出来的时候很是漂亮，整个形态好像一个胖乎乎的小圆球，毛茸茸的，上面还有一层黏黏糊糊的东西，不是粘着枯叶，就是粘着枯草秆。

还有一种棕红色松乳蘑。它一般生长在松林中的草地上，整个身体火红火红的，老远就看得见。这样的蘑菇大小是不均匀的，大的差不多有一个小碟子那么大，蘑菇的头部被虫子咬得七零八落。中等大小的松乳蘑是最好吃的，它们仅比铜钱稍小了一点儿。这种蘑菇头部中间向下凹陷，边缘则向里卷。

云杉林中也有很多这样的蘑菇。在树下，白蘑菇和棕红色的蘑菇随处可见，但是和松林里的蘑菇不同的是，这里的白蘑菇的头呈现的是深色，微微发黄，长着又细又长的柄；而棕红色的蘑菇头不是棕红色，而

是蓝绿色，长着一圈圈纹理，就像树
的年轮。

白桦树和白杨树下也生长
着类似的蘑菇，它们的名字
分别叫白桦蘑和白杨蘑。
白桦蘑往往会生长在距离树
木很远的地方，而白杨蘑只长
在白杨树的树根上。白杨蘑是一种极其好看的蘑菇，它的样子就像一
个亭亭玉立的少女，婀娜多姿，让人看了就为之沉醉，怎么也无法把
它跟食物联想在一起。

有毒的蘑菇

雨后，很多毒蘑菇身姿妖娆地从土地上探出头来，它们颜色亮
丽，看上去很有吸引力，但一旦将它们作为食物，那后果就不堪设想
了。一般情况下，食用菇以白色为主，但是常见的毒蘑菇中也有白色
的。你可要特别小心，这种苍白的毒蘑菇比毒蛇还要厉害，是所有毒
蘑菇中毒性最大的一种，倘若误食了这种毒蘑菇，会给身体带来很大
的伤害，甚至有可能因此性命不保。

但幸运的是，这种白蘑菇是很容易被辨认出来的。它有一个与所
有可食用蘑菇不一样的特点——它的柄好似插在细颈的大花瓶里。据
说这样的白蘑菇很容易和香菇混淆不清，但香菇的柄看起来是非常普
通的，没有人会认为它像插在瓶子里似的。

此外还有两种危险的毒蘑菇，也经常会被人们误认为是白蘑菇，

一种叫胆蘑，另一种叫鬼蘑。

　　它们和白蘑菇最大的区别是，它们的帽子下面既不是白色也不是浅黄色，而是粉红色。如果把白蘑菇的帽子捏碎，里面仍然是白色的。但是你把胆蘑和鬼蘑的帽子捏碎以后就会发现，它们一开始是红色的，但过了一会儿就变成了黑色，显然，这样的蘑菇毒性非常大，光看它的颜色变化就足够吓人了。

秋季第一月：候鸟别离

（9月21日—10月20日）

9月，风也越来越凉了。

秋天的第一个月正向我们走来，枝头树叶的颜色渐渐变成了红色和褐色；碧绿的树叶渐渐枯萎，黄色的桦树叶子和红色的白杨树叶如彩蝶一般在风中飘舞，它们随着风的足迹无声地飘落在地上。

天空很蓝，淡淡薄薄的云提升了它与大地之间的高度。天气开始变得爽朗起来，水也越来越凉了，人们再想去河里洗澡就只能等到明年夏天了。

秋天是收获的季节。农作物带着沉甸甸的果实，在风中散发出成熟的香气。村民们彼此谈笑："看看，秋天来了，我们的大丰收也要到来了。"

此时的森林到处都是忙碌的景象，居民们开始为过冬做准备了。然而兔子妈妈到现在也不愿意接受夏天已经远去的事实，因为它刚刚生产了一窝小兔子——我们把它们叫作"落叶兔"。

秋天是伤感的季节。森林记者给我们编辑部发来了很多的电报，此时的森林正在发生着很多重大事件，比如，鸟儿又开始了大迁徙，要从北方迁到南方去。雨燕、家燕以及在此度夏的其他候鸟，都纷纷离开了。

但不管怎样，秋天就这样来了。森林向它张开怀抱，带着欣慰的微笑，喃喃地说："秋天，欢迎你。"

来自森林的第四封电报

又要有很长一段时间看不到那些穿着华丽服装的雀鸟了。或许在夜里，你会在无意中听到它们的尖叫，仿佛是在与这个世界依依不舍地告别。秋天的夜，很静，很深沉。我们看不到它们究竟飞向了哪里，只是隐隐地从它们的叫声中解读到了一丝忧伤的痕迹。

不过也别过于担心，对很多鸟儿来说夜里飞行是再安全不过的事情。天敌被黑暗遮蔽了视线，很难捕捉到鸟儿的踪迹，像游隼（sǔn）、老鹰这类天敌是逮不到它们的。但是，如果是白天，那些可怕的家伙养足了精神，不知什么时候就会突然从森林里冲出来，或是在半路上隐藏等待着，这对于要迁徙的鸟儿来说是非常危险的，稍不留神就会成为它们嘴里的食物。

在大海边，你会看到成排的野鸭和大雁。这些长着翅膀的旅客们正在经历漫长的旅行，有些旅客疲累得想要在这里休息一下，而这里恰好是它们在春天时歇脚的地方。

树叶变黄了，森林闪着金灿灿的光辉，兔妈妈又生下了三只可爱的小兔子，这也许是今年最后一窝小"落叶兔"了。

白天，从海湾的泥岸上能看到一些小十字、小点子布满了整个淤泥地面，不知道是哪里来的。此时，海面十分宁静，浪花温柔地拍打着海岸。我们在海边搭起了一个小帐篷，想要躲在里面悄悄看一看那些标识的制造者究竟是什么样子。

在歌声里作别

一个椁（guǒ）鸟巢在光秃秃的白桦树枝头随风摇曳，它的主人早已不知去向，但没想到有两只椁鸟飞了过来。雌性椁鸟落在了巢边，叽叽喳喳地叫着，随后又钻进了巢里，认真地忙碌起来。雄椁鸟蹲在一边，有一搭无一搭地哼着调子。

过了一会儿，雌椁鸟从巢里飞了出去，雄椁鸟紧紧地跟在它的后面，恋恋不舍地鸣叫着："该走了，该走了，作别于过去，作别那温暖的巢。"

哦，原来它们就是巢的主人，这次来是跟自己的家告别的。炎炎夏日已经过去，就在那个季节，它们的孩子出生在这片白桦林里。

它们会想念这里的。等到下一次春暖花开，它们就会回来，造一所更漂亮的房子，在新的生活中拥有更加美好的未来。

森林大事记

水中旅行

枯萎的草凌乱地匍匐在大地上，失去了往日的精气神。

著名的竞走运动员秧鸡却已经精神抖擞地奔赴在遥远的旅途中了。

在海上的长途飞行路线上，出现了成群结队的矶凫和棉凫。它们潜入水中寻找猎物，为了捕食，它们很少飞起来。伴随着海水浪花的涌动，它们在水中漂移游动，时不时摆出一副懒散的样子，游过湖泊，穿过海湾。

它们天生就是游泳健将，身体就是它们最好的潜水工具。一个猛子扎下去，它们就沉到水下深处去了。矶凫和棉凫在水底待得如此自在，根本不需要过多换气，任何一种长翅膀的猛禽在水下都拿它们没有办法。若是它们奋力游起来，都能追得上一直生活在水中的鱼。

这样的水中旅行实在是太有意思了，它们既可以享受游泳的乐趣，又能凭借自己的本事捕捉到鲜美的食物。这样自由自在的生活没有一点儿危险。它们简直就是水中自信又快活的小精灵！

飞向远方

北方的家是多么美好啊！但秋天已经来临，再舍不得还是要走的。在这个特殊的季节里，每一个清晨，每一个晚上，都会有一批又一批旅客飞往南方。

或许是因为留恋，它们好像一点儿都不着急，就这样不紧不慢地飞着。累了就落下来歇息，每一次歇息都会下意识地把时间放长一些。看得出来，它们对故乡是如此的眷恋，仿佛要把太多太多的美好都印刻在记忆里！

它们离家的顺序跟来时正好相反。那些色彩鲜艳的鸟儿是第一批离开的，紧接着燕雀、百灵、鸥鸟也相继离开了。春天时先回来的鸟儿往往会最后离开。这到底是为什么？或许是因为它们太留恋这里的美好了。

在很多鸟群中，飞在前面的都是年轻力壮者。雌燕雀比雄燕雀先一步飞走。谁更强壮有力，谁能够更吃苦一些，谁就可以稍晚些离开。

大多数鸟儿会直接飞向法国、意大利、地中海、非洲这些区域，还有一些鸟儿会飞往印度、美国。数千里的航程，飞下来并不容易，或许疲累会帮助缓解它们内心的乡愁。

森林中的战斗

太阳落山后，森林里传出了低沉而短促的嘶吼声，随之便走出来两个彪形大汉。那是长着犄角的彪形大汉，它们用低沉的吼声向对手吹响战斗的号角。

两只公麋鹿四目相对，用蹄子刨着地，摇晃着看似笨重的犄角，摆开了架势，眼睛里布满了血丝，周围的空气都因此而紧张起来，到处弥漫着浓重的火药味。

双方开始大打出手，头顶的大犄角成了它们的重要武器。它们低下自己的脑袋，互相撞击着，犄角钩在一起不断地发出碰撞的声音。它们用庞大的身躯猛烈地撞击着彼此，拼命地想要扭断对方的脖子。

就这样，彼此分开，再猛烈地冲向对方，时而把前身弯到地面，时而用后腿支起身体。它们都想在这场决斗中快速击败对方。

它们的犄角又宽又大，一旦撞击，就会传出轰隆轰隆的巨响，难怪有人把雄麋鹿叫作"犁角兽"。

　　经常会出现这种情况——有些雄麋鹿战败后，便急急忙忙地从战场上逃走；有的则被撞断了脖子，淌出一摊鲜血，最后被胜利的麋鹿踩在脚下，直到把生命的最后一口气留在林间的空地里。

　　这时候，整个森林便会因此而响起震耳欲聋的吼声，那是战胜者在为自己庆祝。森林深处，一头温顺的母麋鹿站在那里凝望着，等待着决战后的王者成为自己的伴侣。

　　获胜的麋鹿成了这里的主人。它的领地是不允许别人侵犯的，甚至连那些年幼的小麋鹿也不可以，一经发现，主人就会立即把它们驱逐出去。

冬眠或躲起来

　　冬天快到了，看来得找个暖和点儿的地方了。

　　夏天的炎热早已散去，天气变得异常寒冷。血液似乎在寒冷的日

子里凝固了，大家都变得懒洋洋的，所有的生命都因天气的变化而疲惫。它们有了好好睡一觉的打算，活力因此而逐渐消减，甚至连动一动的心思都没有了。

整个夏天，长尾巴的蝾螈都住在池塘里，一次都没有出来过。现在，它终于爬上了岸，慢条斯理地来到树林，找了一个腐烂的树墩，将树皮作为棉被，蜷缩在里面安然地睡去了。

而此时的青蛙却正好相反，它们从岸边跳进了池塘，潜入了池底，钻进了淤泥深处。

蛇和蜥蜴也悄悄地躲在了树根下，身上盖了暖和的青苔。一场漫长的冬眠，马上就要开始了。鱼儿成群结队地游到了深渊里，拥挤在一起，随时准备迎接冬天的到来。

就这样，原本活跃的森林瞬间宁静了。不知多少生物就此入睡，在甜梦中盼望着春天的到来。

森林里的很多小动物都在囤积食物，以确保自己在漫长的冬天里不至于挨饿。刺猬躲在了树根下的巢穴里，獾也很少爬出洞口了。

来自森林的第五封电报

我们躲在帐篷里偷偷地观察着，想要找出在海湾沿岸印了小十字和小点子的淘气包。

原来是宾鹬干的。这个遍布淤泥的小海湾成了它们享用美味的聚餐点，它们有时在这里休息，有时在泥沼间寻觅美味，有时也会迈着

大长腿在这片柔软的淤泥地上走来走去，好似一个严肃的巡视者。那些小十字是它们的脚印，而那些小点子是它们把长嘴伸到淤泥里寻找小虫子的时候不经意间留下的痕迹。

一只鹬在我们家房顶上住了整整一个夏天。我们捉住了它，还在它的脚上套了一个很轻的铝环，环上刻了这样一行字：请通知鸟类研究会，A-195。然后我们把它放生了。如果有人在它过冬的地方捉住了它，我们就可以从报上知道它的去向，知道它在这个寒冷季节里的全部消息。

潜伏的强盗

在森林的广场上，一场白日空袭的悲剧发生了。

白色鸽子在自由地散步觅食，突然间教堂的屋顶上一只巨大的游隼呼的一声从天上俯冲下来，朝着鸽子猛地扑了过去。那一瞬间，空中鸽毛飞扬，游隼死死地抓住那只鸽子，瞬间了却了它的生命。

猛然间来了这样的不速之客，受到惊吓的鸽子四处乱飞，快速躲

到一幢大房子的屋顶下，而那获得战利品的游隼抓着已经丢了魂的鸽子，悠哉悠哉地飞回到教堂顶上。

这个强盗喜欢把巢建在教堂那宽阔的圆屋顶和钟楼上，因为从这里观察猎物非常方便。而广场上的鸽子，虽然看起来很聪明——对身边所有人都是一副温顺的样子——却丝毫没有任何防备之心，这也是它们总会成为别人腹中餐的原因。

惊扰与召唤

一到晚上，郊外的家禽就会受到侵扰，整个院子里闹哄哄的。主人听到了动静，连忙从床上跳起来，打开窗，把头伸向了窗外："怎么啦？到底出什么事情啦？"

院子里，家禽们使劲儿扑扇着翅膀。鹅嘎嘎地叫，鸭子也嘎嘎地吵闹着。

到底是什么原因呢？难道院子里来了黄鼠狼？

主人仔细地检查了一遍自家的院子，又看了一下家禽的窝，并没有发现什么异常。是不是家禽做了什么噩梦？现在不是已经安静下来了吗？巡视完毕后，主人回到床上，没一会儿便再次进入了梦乡。

可没想到的是，刚刚过了一个小时，院子里又传来了家禽的吵闹声。主人再次被它们吵醒，不耐烦地嘟囔着："哎呀，怎么又乱起来了？"

主人无奈地打开窗，悄悄地躲在一边观察起来。院子上空飞了什么东西？黑压压的一群影子，排着长队，把星星的光芒都遮住了。好像还有一阵轻轻的、断断续续的呼叫声，而且声音越来越近了。

　　院子里，家中的鸭和鹅都醒了过来，这些早已忘记自己是自由身的家禽，此刻却莫名其妙地冲动起来。它们不停地扇着翅膀，踮着脚尖，伸长脖子，在那里乱叫着。

　　秋天，夜晚的天空很高很辽阔，自由的野生兄弟姐妹们仿佛在召唤着它们。

　　原来它们是一群野生的鸿雁和雪雁，它们彼此呼唤着、叫喊着。

　　"咯咯咯，上路啦，上路啦，去往南方，那里没有寒冷。上路吧，上路吧，来年春天再回来。"

　　就这样，召唤的声音渐行渐远。院子里，早已忘记怎样飞行的鸭和鹅，依旧在那里叫个不停，或许是因为它们很是嫉妒那些兄弟姐妹可以在天空中自由地翱翔吧！它们对下一站的栖息地充满了希望，而自己却只能待在方寸小窝里，成为人类饲养的家禽。这样强烈的反差，怎能不让他们伤感呢？

从空中看秋天

想从天上看看我们这片辽阔的国土吗？那就选一个晴好的秋日，乘着热气球升到高空，慢慢越过森林，穿过流动的云朵，放眼望去，整个大地都在运动，森林、菜园、高山和海洋都在这样的运动中焕发出了新的生机和活力。到了距离地面30千米的地方，却还是看不到国土的边缘。

咦，这是什么？啊，原来是鸟群，数不清的鸟群。

这儿的候鸟离开了故乡，正向着越冬地区飞去了。不过，也有一些鸟儿会留下来，比如麻雀、鸽子，还有黄雀、啄木鸟，等等。

其实，鸟儿早从夏末时就开始出发了。春天时最后飞来的那批鸟儿是最先飞走的。鸟儿的迁徙要持续整整一个秋天，直到河水冻结成冰。秃鼻的乌鸦、云雀、野鸭、鸥鸟，是春天最先飞来的一批，却是在秋天时最后离开我们的一批。

秋季第二月：存粮过冬

（10月21日—11月20日）

10月，森林里最后几片枯叶被秋风卷起，在空中飘舞着，时而起，时而落，带着一种特殊的韵律悠然地飘摇着。

阴雨连绵，篱笆上蹲着一只浑身湿漉漉的灰乌鸦，一副落寞沮丧的表情。我们知道，它很快就要飞走了。度过了整个夏天的灰乌鸦，有很多已经悄悄飞往南方了。原来，灰乌鸦也是候鸟。在遥远的北方，灰乌鸦跟我们这里的秃鼻乌鸦一样，都是等到最后才飞走。

秋天，水也变得越来越冷了。每天早晨，草地上都会覆盖一层松脆的薄冰。夏天时盛开在水上的花儿早已把种子沉入了水底，花茎也悄然地缩回到了水下。水下的深坑是鱼儿们过冬的地方，即便天气再寒冷，这里也不会结冰。

陆地上的冷血动物都被冻僵了，老鼠、蜘蛛、蜈蚣这些小动物都不知道藏到了哪里。干燥的坑里，蛇把自己盘成一团，整个身体冻得厉害，很快就要僵硬了。蛤蟆钻到了烂泥塘里，蜥蜴躲在了满是脱落树皮的树根处，就这样，它们开始了漫长的冬眠。有的野兽穿上了暖和的皮衣，有的在洞里储备了充足的粮食，有的正在寻找温暖的巢穴，有的则静静地安睡，等待着春天的来临。

播种天、落叶天、毁坏天、泥泞天、怒号天、倾盆天，还有一种扫叶天——这就是秋天时最有代表性的七种天气。

准备过冬

迎接冬天

虽然严寒程度还没有进一步加剧，但是这样的天气可不能不谨慎啊！因为一不留神大地和水就会冻结起来。到了那时候，想找食物，想有个容身之所，真就没那么容易了。

每一只生活在森林里的动物，都在以自己的方式迎接冬天的到来。

飞往南方温暖地方的鸟便不需要忍受饥饿和寒冷了，而留下来的很多都在急急忙忙地准备过冬食物，不断地寻找着、储存着，尽最大可能地将食物囤积到自己的仓库。

这里面，短毛野鼠是干得最起劲儿的。它们把洞直接挖在了农民的草垛子里，或是粮食垛的下面。每天夜里不停地往洞里运粮食。

五六条小过道连接着每一个洞穴，每一条过道都通向一个小洞口，洞里有一个卧室和好几个仓库。

冬天，只有天气最冷的时候，野地里的老鼠才会开始睡觉，因此它们有足够的时间储存大量食物，这样就可以在冬天里舒舒服服地享受美食了。有些野鼠洞里，甚至储存上了四五千克精选谷物。

这些小家伙儿专门在田地里祸害庄稼，偷粮食，将粮仓搞得凌乱不堪，所以人类应提前采取防备措施。

过冬的植物

这时候，多年生长的草本植物和树木都在纷纷储备过冬的能量和养分，还有一些草本植物也已经准备好了自己的种子。它们过冬的形式是不是都一样呢？当然不是，有的草木会在土地里孕育发芽，在翻过土的菜园子里悄然生长。有时候我们会看到一簇簇小苗，好像小锯条一样，在荒凉的黑土地上生长出来，那就是荠菜的种子。还有那些像荨麻似的红色的、毛茸茸的芝麻，精神抖擞地舒展着小叶子。还有小巧玲珑的香母草、犁头菜等。这些小家伙都在为过冬而努力准备着，不断地囤积着能量，以便能够在积雪下活到来年春天。

蔬菜储藏室

小河边坐落着一栋精巧的别墅，别墅里有一间地下室，地下室的

过道从门口外倾斜向下，直接通到了小河里。这座别墅是短耳朵水鼠的精心之作，它从夏天到现在一直生活在这里。

秋天，在距离水边比较远的地方，水鼠为自己准备了一间暖和又舒适的冬季住宅。它将这个宅子建在了一个有很多草垛的草场下面，里面有很多条一百多步长的隧道，这些隧道一直通到住宅的最里面。

卧室建在一个草垛的正下方，里面铺满了柔软舒适的干草。躺在里面感觉暖和极了。除此之外，住宅还设有一条特殊通道，连接着一个储藏室和一个卧室。

水鼠将田里、菜园子里偷来的豌豆、蚕豆、葱头、马铃薯，统统藏在那个储藏室里。对于储藏室内部的摆放，水鼠的规矩是相当严格的。它会按照一定的次序将所有食物码放整齐，一切妥当后，才放心地走进卧室休息。冬天马上要来了，一切都早早地安排好了，这下再也没有什么忧心的事情了。

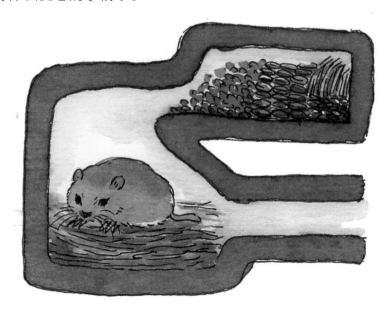

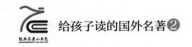

身体储藏室

许多野兽都不会特意建造一个储藏室，因为它们的身体本身就是一个储藏室。

秋天一到，它们就变得胃口大开，能吃多少就吃多少，一门心思要把自己养得胖胖的。这时候脂肪在皮下堆积了厚厚的一层。它们的储藏室就是这层脂肪，脂肪就是它们过冬的食物。寒冷的冬天里，当它们没有东西吃的时候，脂肪就会透过肠壁渗透到它们的血液里。伴随着血液的流动，这些营养和能量就被输送到了整个身体里，因为有了这些养料的补给，它们就不会在没有食物的冬天饿死。

很多动物身上都有这样的身体储藏室，比如熊、獾、蝙蝠，以及其他大大小小的野兽。因为脂肪在它们体内不断地消耗、转化着，它们的身体自然就有了抵御寒冷的能力，因此冬天不再是它们惧怕的季节，因为只需要找到一个结实的安身之所，就可以在那里安心地呼呼大睡了。

森林大事记

夏天又回来了吗

天气越来越冷了，凉风阵阵吹过来，像冰刀一样刺骨。有时候太阳也会慈悲地探出头来，暖暖的，以至于让人产生错觉，误以为夏天尚未走远。

黄澄澄的蒲公英花和樱草花在草丛中探出笑脸，蝴蝶在空中自由

地飞舞着，蚊虫随着风的韵律轻轻地转着圈子。一只小巧玲珑的鹟鹟不知是从哪儿飞来的，它翘起尾巴，快乐地放声歌唱。歌声是那么热情、嘹亮，秋天的萧瑟丝毫改变不了它对世界的激情。

高大的云杉树上传来了柳莺柔婉的歌声，那声音就像雨点在轻轻敲打着水面，清脆而明快。

青蛙和鲫鱼受惊了

河水结成了冰，池塘里小动物的生活也受到了影响，它们均被冰层所覆盖。天气好转时冰块融化，人们打算把池塘清理一下，把淤泥挖出来。突然，人们发现淤泥堆竟然在动，里面似乎有东西跳跃着，滚来滚去。到底是什么东西呢？

仔细看，才发现泥团里有条尾巴露了出来，一直抖动着。突然间小动物跳进了池塘里，后来又出现第二个、第三个，也都跳进了池塘。这时我们才恍然大悟，原来是鲫鱼和青蛙呀。

温度降低的时候，这些小动物钻进了淤泥里。现在人们把淤泥挖了出来，它们也随着一起被挖了出来。经过太阳一晒，鲫鱼和青蛙苏醒过来，跳入了池塘里。不过小青蛙并不喜欢这个池塘，它想找一个更加安静的地方，因为只有这样，下次睡觉时才不会被打扰。这不，青蛙们就像约定好了一样，朝着同一个方向跳过去了，因为那边的池塘更深一些。

深秋的太阳只会在空中停留一阵子，过一会儿就被乌云遮挡住了。寒风吹来，赤身裸体的家伙们感到非常冷，挣扎着跳了几步，可还是被冻住了，甚至连血液都快凝固了。这下这些可怜的小家伙都被冻死了。所有的青蛙，头部都朝着同一个方向，就是那边的池塘。

太可怕了

秋天，树叶纷纷飘落，森林也显得有些凄凉。一只小白兔藏在灌木丛下，身子贴着地面，眼睛里满是惊慌，观察着周围的环境。仔细听，还有老鹰扑打翅膀的声音。小兔子害怕极了，很怕老鹰突然出现把它抓走。

现在这只小兔子满心期待着冬天赶紧到来，然后再下一场雪，这样就可以完美地躲藏起来了，也不会被狐狸和老鹰轻易发现。这个时候，森林中到处是灰色和棕色的落叶。如果猎人突然到来，它到底该怎么办呢？难道跳起来逃跑？但是又能跑哪儿去？况且脚下干枯的叶子会暴露它的行踪。

这只小兔子就这样胡乱地想着，身体躲在枯叶下面，不敢大口喘气，两只眼睛不停地转动，看看西边又瞧瞧东面，心里想："秋天实在太可怕了，冬天赶紧来吧。"

女巫的扫帚

树叶已经掉光了，所有的树都光秃秃的。你看远处有棵白桦树布满了各种各样的巢，但走近一瞧才发现根本不是鸟巢，而是黑色枯枝，人们把它称为"女巫的扫帚"。女巫骑着扫帚飞来飞去，还用扫帚清扫干净飞过的痕迹，她们施展魔法，让树木长出难看的树枝。

当然，我们不能相信这样的说法，因为从科学的角度来说，树之所以会长出黑色的东西，是因为树得了病。这病是由菌类或扁虱引发的。扁虱最怕刮风，因为一旦刮起风来，它就会满树林里乱飞，落到别的树上，寄生下来。

有生命的纪念碑

植树真的是个很让人快乐的公益活动，无论谁参与其中都会觉得很开心。孩子们不想让任何一棵树受到伤害。到了冬天，他们把树苗挖出来种到新的地方，过不了多久，小树苗就会从冬眠中醒来，好像没有发生过任何事情，然后又苗壮成长了。每个孩子只要照料过一棵小树，都会永久地记得。种一棵树，就是建立一座有生命的纪念碑。

孩子们脑洞大开，想到个好主意。他们将小树和灌木种成一排，做成了活篱笆，既可以阻挡风雪和沙尘，还能够引来鸟儿。鸟儿飞到这里，就有了安身之所，到了明年夏天，鸟儿和孩子们就会成为朋友。

候鸟飞走了

很多鸟儿的确不愿意离开家乡，它们一直等着，盼望着冬天不那么寒冷、不会下雪。可大雪依旧到来，到处结满了冰，一些鸟儿才不得不离开这里。这些想要离开的鸟儿，会在每年固定的时间离开，而且日子非常准确。

正是如此，我才好奇他们到底是怎么判断时间的？是如何知道秋天该飞往哪个方向？去哪个地方过冬？又要沿着什么样的路线迁徙？

也许有人会觉得鸟儿们并没有我们想象的那么聪明，它们有翅膀，飞到哪里算哪里。这个地方冷了，就飞往温暖的地方；这里没有吃的，就去往另一个有食物的地方。只要这样飞下去，总能找到温暖和食物充足的地方，到那时就会停留下来过冬吧！

其实这只是我们的想象，事情并非如此简单。我发现朱雀总喜欢飞到印度和西伯利亚；游隼总会经过印度十几个适合过冬的地方，可是并没有停留下来，一直朝着目的地澳大利亚飞去。由此证明，候鸟迁徙并不只是简单地为了找到一个过冬的地方。

远古时期，冰川气候侵袭，平原几乎完全被冰川覆盖。后来，冰川退去，很多生物并没有度过这次劫难，濒临灭绝，而鸟儿们却顽强地活了下来。那时这些鸟儿被迫飞到了千里之外的地方，冰河退却时又不远千里飞了回来。

也许就是在这样的经历中，鸟儿们养成了习惯。秋天，天气逐渐变冷，它们便离开故乡；春天到了，它们又飞了回来。这种习惯已经经历了千年的磨砺，后来才被长期保留，所以每年候鸟都会由北向南飞。

森林报

另有原因

　　我们不止一次地提过，鸟儿迁徙并不只是向南飞，有些鸟儿会飞向寒冷的北方。大部分鸟儿迁徙的原因是家乡被冰雪覆盖，没有食物，只能去往其他地方，但等天气暖和一些，鸟儿便会飞回来。到了冬季，绵鸭不会在坎达拉克自然保护区过冬，因为那里的白河水域会被冰层覆盖，鸟儿很难找到食物，所以朝南方飞去，因为那里有暖流。虽然在北面，但冬天时海水也不会冻上。从莫斯科出发，到了乌克兰境内，有很多我们熟悉的鸟儿，比如椋鸟和云雀。

099

秋季第三月：冬天来了

（11月21日—12月20日）

听，森林里，寒风正伴随着树叶的沙沙声呼啸而过，在光秃秃的白桦、白杨和赤杨间肆虐地横行着。最后一批候鸟也必须赶紧离开故乡了，即便它们依旧留恋这片热土，也到了最终离别的时刻。

还没来得及送走所有的夏鸟，我们就已经悄悄地迎来了森林中第一批过冬的客人。

因为本性和习惯的不同，鸟儿们有的飞到了比尔加索、意大利、埃及和印度去过冬，有的则留在了本地过冬。它们并没觉得天气冷到了难以承受的程度，而且每天的食物依然充足，自己可以在这里安然地度过这个特别的季节。

森林大事记

无名飞花

赤杨的褐色枝条突兀地伸展在沼泽地上，荒凉而孤寂，一副落寞的样子。光秃秃的树枝上找不到一片叶子，地上的草也枯死了。灰色的乌云后面露出了太阳懒洋洋的半张脸，它像土地上那些充满倦意的生命一样，摆出一副无精打采的样子。

阳光下，五颜六色的"花儿"欢快地在这片褐色的赤杨枝上随风飘舞，数不清到底有多少。这些特别的"花儿"大得出奇，有白色

的、红色的、绿色的，还有金黄色的。有的落在赤杨树枝上，有的黏在白桦树皮上，有的飘落在地上，还有的在空中展示着自己绚烂的翅膀，五颜六色的，漂亮极了。

它们从地面飞上树枝，从一棵树飞向了另一棵树，从一片树林飞向另一片树林，用一种芦笛似的声音彼此呼应着。这些"花儿"究竟是什么？从哪里来，又将到哪里去呢？

北方的来客

从遥远的北方飞来许多特别的小客人：有红胸脯、红脑袋的朱顶雀；有身体呈现出烟灰色的太平鸟，它的翅膀上长着五指般的红杠，头上戴着羽毛做的皇冠；有深红色的松雀；有一对对绿色的雌交嘴雀和红色的雄交嘴雀；还有胖乎乎的、胸脯呈鲜红色的美丽灰雀。

这些小鸣禽是来我们这里过冬的，它们都是在北方筑巢的鸟。现在北方已经是冰天雪地，对它们来说，我们这里的温暖绝对太有诱惑力了。

我们本地的黄雀、金翅雀和灰雀，此刻
都已经飞到了比较暖和的地方，它们把
目标定在了南方，因为南方更温暖。

黄雀和朱顶雀以赤杨子和白桦
子为食，太平鸟和灰雀则喜欢吃山
梨和其他浆果，交嘴雀爱吃松子和
云杉子，这些食物在我们这里随处可
见，所以它们随时都可以饱餐一顿。

啄木鸟的球果

我们的菜园后面，有很多的老白杨树和老白桦树，还有一棵很
老很老的云杉树，几个球果孤零零地在树枝上悬挂着。一只啄木鸟

飞来，落在了树枝上，五彩的羽毛在阳光的照耀下
闪烁着晶莹的光晕。它顺着树木向下跳，用长长的
嘴巴啄下一个球果，然后把果子里面的籽全部取出
来，再去啄第二个球果。同样的，它还是把球果塞
进了那棵树的树缝里，固定好以后，便开始享用劳
动换来的美餐。

咦！这样的美食太有诱惑力，怎么吃都吃不
够啊！吃完了两个果子，啄木鸟又开始忙起来了，
它将第三个果球也啄了下来。然后是第四个、第五
个，就这样忙忙碌碌地直到天黑，整个树下落满了
球果的壳子。

森林报

农庄新闻

农庄日历

时间过得真快，眼看12月就要到了，农田里该收的庄稼都已经收了，此时正是农闲的时候，大家也没有什么事可忙碌了。

牛栏里的杂活儿都交给了妇女，男人们则负责饲养牲口，猎人带着猎狗在森林里追逐灰鼠，那些伐木工人也开始成群结队地出发了。

农舍附近叽叽喳喳的声音越来越多，那是灰山鹑群发出的声音。

除了休息日，孩子们每天都要到学校去上课。而休息日的时候，这些淘气的家伙就会在白天里布置好捕鸟的网，在小山坡上滑

103

滑雪，玩玩小雪橇。静静的晚上，他们在温暖的灯光下看书、做作业。深夜，他们安详地睡着了，暖暖的被窝里存续着他们所有童真的美梦，甜甜的笑意洋溢在他们的脸上。明早阳光依然清明，明早又是一个新的开始。明早会与怎样的美事相遇呢？尽管一切都是未知，但足够他们在心中存续力量，凝结成新的希望，推动一番全新的作为了。

用智慧战胜它们

天气从凉爽逐渐变得冰冷。一场大雪过后，我们在苗圃的小树前发现了一条隐藏在雪下的狭窄的通道，这肯定是老鼠挖的，不过我们还是有很多对付它们的办法。接下来，每一棵小树周围的雪都被我们踩得硬硬实实的，如此一来，老鼠就再也没办法钻出来了。如果他们不小心钻到了雪的外边，寒冷的天气会把它们瞬间冻成冰棍。

当然，还有一个害人精，就是兔子，它们经常来偷吃我们果园里的东西，比如小树苗的皮。于是我们把所有小树苗都用云杉的枝包扎起来，让它们再也找不到下口的地方。

冬季第一月：初见下雪

12月是一年中的最后一个月，也是冬季的开始。所有的河流和池塘都已经被冰冻了起来，森林和大地都穿上了白衣裳，就连太阳也躲进了云层后面休息，白昼时间更短了。白雪皑皑之下，不知道有多少一年生动植物的尸体。

不过，它们也留下了自己的后代，只要到了一定时机，这些生命就会重新焕发出生机，创造出一个又一个奇迹。而那些长年生长的植物自然不用担心冬季的严寒，因为它们已经有足够的能力保护自己，以便顺利熬过严冬。

冬天的书

冬天是一本书

白雪把大地和森林覆盖，冬季比其他季节都要显得更整洁干净，就像一本素雅洁净的书。但是一天清晨，这本书上却留下了神秘的印记，看起来像是冒号，又像是逗号。聪明的你应该能猜测到，这是森林居民光顾后留下来的。它们到了这里走了走，或者跳跃了一番。

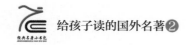

那么到底有哪些居民光顾过这里呢？它们又做了些什么？如果想解开谜团，就要从神秘的符号下手了。我们快来研究一下吧！

不同符号的读法

这些符号是不同的森林居民的签名，如果是人类，眼睛就能够解读。可除了眼睛外，还有哪些解读方法呢？比如，如果是小狗，就会来闻一闻这些字母。这个是狼留下的，那个是兔子的印记。可别小瞧这种方法，每一次都很准确呢！

不同签名的写法

写这些字时，小鸟最常用的工具就是用爪子和尾巴，有时可能还会用上翅膀。正常情况下，动物都会用爪子写字，有的是四爪，有的是五爪，还有四肢并用的，当然也有用肚皮或尾巴来写的。

最乖的还要数松鼠，因为它的签名最容易被辨认出来。松鼠喜欢在雪地上跳跃，就像在玩跳背游戏，两个较短的前爪先着地，长长的后腿再分开，这样就能跳出很远。老鼠的签名非常小，而且也不清晰，但符号比较简单，老鼠一般会先在原地转一圈，然后再朝着目的地径直走去。如果雪地上留下一连串距离相等的冒号，那一定是老鼠来过了。

鸟儿的符号通俗易懂，比如喜鹊落在地上时，前三个脚趾会留下小十字符号，长得长一点的第四个脚趾留下来的符号像是个破折号。这些痕迹完全不用费力气就可以解读出来。

辨认字迹难易不同

除了容易辨认出来的痕迹，还有些非常难分辨的符号。就像狐狸，它的脚印比小狗的深一些，当狐狸缩紧脚掌时，几个脚趾头并得很紧，但是狗的脚趾头就算紧缩着，也依旧呈现张开状态。狼的脚印跟大狗的脚印比较相似，但也有区别，狼爪的外侧向内紧缩。

狼的计谋

当你发现雪地上有这样的脚印时，一定不要被骗了。这些脚印毫厘不差地踩在前脚的脚印里。如果你认为这是一匹狼经过，那就大错特错了。真相是：这儿经过了五匹狼，最前面的狼足智多谋，后面跟随的是公狼，走在最后的是三只小狼。看到这儿，你是不是十分佩服狼的机警？

雪底下的草场

积雪把大地覆盖了，也把碧绿的小草和五彩缤纷的花朵都带走了。

有一天，阳光明媚，我打算做一个实验，于是带着滑雪板来到一个实验场，并把积雪清扫干净。我原本以为清扫过后是光秃秃的大地，但没想到映入眼帘的竟是绿色的小草和生机盎然的花儿。它们享受着阳光的呵护，努力生长着。在严寒的冬季，竟然还有一片嫩绿！瞬间，我被感动了。

在所有植物中，我发现一棵之前从来没见过的毛茛。冬天到来前，它开得很茂盛，如今长在积雪下面依旧把花朵和花蕾保护得完好无损，也许是为了开春之后一展笑颜吧。我数了数，这片土地上一共有62种植物，其中有36种植物呈绿色，5种开有花朵。

严冬里的树木

冬季零下十几二十度的温度会不会把树冻死？答案当然是肯定的。要是一棵树里里外外都被冻了的话，那来年春天时肯定不会生长了，尤其是刚刚长出来的小树，体质太弱，根本经不起严冬的考验。所以到了冬季，一定要给树木做好御寒措施。

正常情况下，夏天时树木会快速生长，汲取养分，充分积蓄能量。树叶是能量流失的一大源头，等到冬天来临，树叶便纷纷凋落。不过树叶凋零的意义不止于此，树叶落在地上还会覆盖树根，慢慢腐烂，散发出热量，保护树根不被冻坏。

当然，想要不被冬天的严寒所击垮，每棵树都要有专门的盔甲，即木栓组织。木栓组织是一种无生命的夹层，在每年春天时储存，既不透气也不透水，能很好地保存树木热量。而且随着年龄增长，木栓组织会变得越来越厚，所以老树比小树更耐寒一些。

当然，这样的保护层也不能完全保护树木的生命。当严寒越过防线，树木体内会产生一种可靠的化学保护剂——树液里的很多盐类和淀粉能够转化为糖类，然后发生化学反应，形成抵抗寒冷的保护剂。但要说到最好的防护工具，便是松软的雪花了。

想必大家也了解过，有经验的园丁在冬季来临时都会把娇弱的果树树枝压到地面上，用雪埋起来，这样做是因为积雪像鸭绒被一样能够保护树木。无论严寒多么残酷，森林都有办法抵御。

森林大事记

小狐狸吃的苦头

小狐狸正在森林里散步，突然眼前一亮，它兴高采烈地跳起了舞。原来雪地里出现了一串细小的足迹，仿佛老鼠经过的踪迹。想象着美味的食物马上就要到嘴边了，它情不自禁地流下了口水。

它顾不得辨认这些足迹究竟是什么符号，便蹑手蹑脚地靠近了灌

木丛，雪地里果真有一个浑身灰毛的小东西在移动。小狐狸没有丝毫犹豫，一口咬住了它。可到嘴里才发现，这个东西非常臭，就算吐个一干二净，臭味还是没有散去，小狐狸又吃了几口雪漱口。原来，小狐狸认为的动物并不是老鼠，而是一种叫鼩鼱（qú jīng）的动物。

只能怪狐狸太不用心了，其实它们很好区分，远看像老鼠，但近看它的嘴脸要长一些。它是食虫动物，跟刺猬是近亲。任何一个有常识的动物都不会碰它，因为它会散发出难闻的麝香般的气味。

恐怖的脚印

好奇怪啊，我们《森林报》的记者在树下发现了一连串长长的爪印，让人看了心生胆怯。这些爪印其实并不大，跟狐狸的爪印差不多大，但是又长又直，看上去好像一排钉子被钉在了地面上。

这到底是一个怎样神秘的动物呢？记者小心翼翼地沿着爪印一路探寻，结果走到了一个很大的洞穴面前。他们发现洞口的雪地上有很多又直又硬的细毛，有的毛是白色的带有黑色的小尖儿。用这样的毛做毛笔，看起来应该很不错。

哦，原来是它！记者马上明白了过来。这洞里是一只獾。獾是个整天阴沉着脸，没有一丝笑容的家伙。也许它感觉天气变暖了，所以

才跑出来溜达溜达。

雪下的雷鸟

一只兔子在沼泽地上蹦蹦跳跳，忽然扑通一声，整个身体都掉进了雪里，长长的耳朵只露出一个尖儿。

兔子感觉到脚底有一个活的东西正在慌乱地扑腾，刹那间，周围的雪里冲出一群鸟儿。这些被惊吓到的小家伙朝着它猛烈地拍打翅膀，发出噼里啪啦的声音，兔子吓坏了，撒开腿赶紧往回跑，不一会儿便无影无踪了。

哇，这些到底是什么鸟？竟然这么厉害。原来是一群雷鸟。冬天时它们就躲在沼泽地的雪底下。白天，它们会钻出来，在沼泽地上懒洋洋地散步，挖雪地里的蔓越橘子吃，吃饱后便再次钻回到雪底下。

其实雪底下并不寒冷，反而安全又暖和。小鸟们躲在这样隐蔽的地方，又有谁会发现它们呢？

冬季第二月：天寒地冻

（1月21日—2月20日）

根据我们这里的民间说法，1月是整个冬天里最重要的月份，是一个转折点，是一年中崭新的开始。

白雪依旧覆盖着大地，森林和河流仿佛依然处在深沉的睡眠中。

厚厚的白雪下蕴藏着无穷无尽的生命力量，尤其是那些一定要在来年绽放花朵的植物，此时更是要用心地潜藏自己，因为只有这样，它们才能在春天脚步临近的时候开出更绚烂的花。

松树和云杉把它们的种子深藏在拳头般大小的球型果子里面，精心地呵护着，让种子隐隐地感觉到了蓬勃的生机。

此时，冷血动物们正处于冬眠状态，已经不在户外活动了。尽管它们看上去好像一个个冻僵的尸体，但其实并没有死。连螟蛾这种看起来极其脆弱的小生命，也没有因冬天的寒冷而自暴自弃，它们只是钻到各个角落里静静地等待大地复苏。

与之相比，鸟类是热血动物，它们从来不会选择以休眠的方式度过冬季。还有许多小动物也是如此，比如老鼠，依然会在整个冬天里忙个不停。而在覆盖着白雪的熊洞里，有一只母熊，在这冬日严寒里竟然顺利地产下了两只可爱的熊宝宝。尽管在这个季节，母熊什么也不吃，但它还是有充足的奶水喂养自己的孩子，并能一直延续到春季。

森林大事记

好冷好冷啊！

在空旷的田野里，刺骨的寒风肆虐在光秃秃的白桦树和白杨树之中吹动。此时，冷风穿透了飞禽紧密的羽毛，降低了它们的体温。

鸟儿们不能蹲在地上，也不能栖息在枝头，因为此时的森林到处都是冰雪的世界，倘若强行抓住枝干，它们的小爪子很快会被冻僵的。

所有的动物都需要一个温暖舒适的家，倘若这时候有一个属于自己的暖巢，还有丰富的食物储备，那这个冬天绝对幸福而惬意。于是，很多动物就这样安静而深沉地蜷成一团蒙头大睡，以便在来年春季时拥有更饱满的精神。

不遵守森林法则的居民

森林里很多居民都饱受着饥饿和寒冷的折磨，因此也有了一条不成文的规定——在冬天，大家要团结起来共同渡过寒冷和饥饿这两个难关。不过森林里也有一些居民能够找到充足的食物，所以它们并不是很在意这条规定。

有一天，我们发现云杉树上竟然有个鸟巢，巢里还有鸟蛋。我们实在太惊讶了，毕竟云杉树上都是积雪，而且天气如此严寒。第二天，我们又来到这棵树前观察。天气实在太冷了，连穿着厚大衣的通讯员都被冻得鼻子通红。鸟巢里的小雏鸟已经降生了，它们赤裸着身体，眼睛还没睁开。

树上的鸟巢是一对交嘴鸟夫妇做的，里面正是它们的宝宝。这种鸟儿不怕饥饿和严寒，无论哪个季节，它们都无处不在，但也居无定所。到了春天，大部分飞禽都会寻找配偶，可是交嘴鸟却满林子乱飞，不管何时都不会停留太久。

神奇的交嘴鸟

　　交嘴鸟很会抓东西，嘴也很会叼东西，非常灵活。它最擅长的就是尾巴朝上头朝下，咬住树枝倒挂空中。还有一种现象更加奇妙，就是在它们死后，尸体能存放很长时间。老交嘴鸟的尸体甚至可以保存20年，在此期间连羽毛都不会脱落，甚至根本没有腐臭味，就跟木乃伊似的。

　　这种鸟刚出生时，跟别的鸟儿并没有太大不同，嘴巴直直的。稍微长大点，它们就会从云杉树的果子里啄种子了。交嘴鸟的嘴巴可谓独一无二，嘴巴上下交错，上面向下弯曲，下面向上翘起，这种特征可以使它们随心所欲地啄取种子。

交嘴鸟的秘密

　　相信你也很好奇这种鸟儿为什么一生中都飞来飞去的，其实它们是在寻找球果最多的地方。比如，今年的列宁格勒省球果丰收了，交嘴鸟就会飞到这里，如果明年北方有个森林球果结得多，它们又会飞走。在如此寒冷的季节，交嘴鸟仍旧欢声笑语，孵育雏鸟，其中最大的原因就是因为这个季节里别的动物都忍饥挨饿，而它们却有吃不完的球果，所以压根儿不用担心会挨饿受冻。

冬季第三月：食物将尽

（2月21日—3月20日）

终于迎来了充满希望的2月。不过，2月仍旧狂风怒号、雪花飞扬。这个严冬对于森林的居民们来说显得有些漫长，它们还得经受最后一个月的考验。对所有动物来说，2月显得更为难熬。为了填饱肚子，狼群想去村里的羊圈偷羊。饱受积雪折磨的树木不堪重负，树枝都被折断了。不过，仍旧有些朋友喜欢积雪，比如野乌鸦和沙鸡，因为它们可以睡个安稳觉。

能熬过去吗?

瞌睡虫

托斯纳河的沿岸有一个大大的岩洞，这里曾经有很多人挖沙子，如今已经无人问津很久了。

我们《森林报》的记者好奇地走进那个岩洞，突然发现洞里已经成了蝙蝠的家，里面多半是一些大耳蝙蝠。

记者走进去的时候，它们正在睡觉，而且这样的休眠已经持续了五个月。只见它们头朝下、脚朝上，用自己的脚爪牢牢地抓住粗糙的洞顶。大耳蝙蝠用自己的两只翅膀死死地包裹着自己，像是裹上了一条厚厚的被子。

它们睡了那么久，会不会影响身体健康呢？于是记者当场测试了

一下它们的脉搏和体温。

夏天的时候，这些蝙蝠的体温跟我们人类是一样的，都是37度上下，脉搏是每分钟跳动200次左右。

现在，它们的体温只有5℃，脉搏是每分钟跳动50次。尽管如此，这些小瞌睡虫依然是健康的，看来所有的担心都是多余的了。

它们还可以安然无恙地睡上一个月，甚至两个月。当温暖春天到来的时候，它们就会在夜里苏醒过来，在树林中自由飞翔。那些小蚊子、小苍蝇都是它们最心仪的食物。

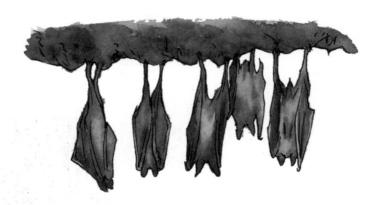

苦中作乐

太阳能量在冬天的最后一个月时开始日渐增强。雪化成了水，消融在大地上。各种失去耐性的虫子都从森林里钻了出来，比如蚯蚓、海蟑螂、蜘蛛、瓢虫，当然还有一些叶蜂产下的幼虫。

此时昆虫们开始日渐活跃起来。蜘蛛出来觅食那些还没长翅膀的小蚊子，它们光着小脚丫在雪地里跳来跳去，努力地舒展筋骨，提升朝气。而那些长脚的蚊子已经在空中来回盘旋，寻找进食的目标，时不时发出嗡嗡的声响。

要是这时候冷空气吹来，这些大大小小的虫子就会马上结束这场试探性的游园聚会，躲的躲，藏的藏。那些败叶、枯草、苔藓，甚至泥土，都将是它们的藏身之所。

春天的预兆

白天，太阳照射的时间越来越长，阳光也越来越温暖。天空一片蓝色，大地越来越暖。天上的云也不再是冬天时灰蒙蒙的一片，而是渐渐有了层次，有了形状。要是你留神观察的话，有时还能发现一朵朵堆得满满的积云飘过。早晨太阳刚刚探出头来，山下就响起了山雀欢快的叫声："脱掉皮袄，脱掉皮袄！"夜晚的时候，猫咪会悄悄地爬上屋顶，开始属于它们的音乐会。

说不定什么时候，你还能看到啄木鸟在那里欢喜地擂鼓，鼓声突然从森林里传出来。虽然它们只是用嘴啄树干，但动作却有板有眼，很快便呈现出一段独特而优美的旋律。

在密林里，不知道谁在云杉和松树下面的雪地上留下了一些神秘符号。当猎人看到这些符号的时候，瞳孔突然紧缩了起来，心也跟着砰砰地狂跳。他知道，这是松鸡留下的痕迹啊！是松鸡用那对强有力的翅膀上的硬羽毛划出的鲜明印子。

都市新闻

市内交通信息

在大街的拐角处有一个很特别的记号。那是一个圆圈，中间是一个黑色三角形，三角形里面画着两只白色的鸽子。

这个记号到底是什么意思呢？原来是为了提醒大家开车的时候不要伤到鸽子。

当司机把车开到这里准备拐弯儿时，会下意识地放慢速度，小心翼翼地绕过那些成群结队的鸽子。

一位司机看到指示牌喃喃地说道："莫斯科这样的牌子到处都是，所有的地方都要为这些小家伙让行。"说到这些牌子的渊源，就要从一个名叫托尼亚·格尔基纳的女大学生说起。她向政府提议，以这种方式保证这些小生命的安全，而政府也采纳了她的建议。现在繁华的大城市里，随处可见这样的牌子，人们经常会在这些牌子附近给鸽子喂食，欣赏这些象征着世界和平的鸟儿。这让人类于无形中达成了一个共识：爱护鸟类是一件无比光荣的事情。

返回故乡

最近《森林报》编辑部收到了从埃及、伊朗、印度、法国、英国、德国寄来的很多很多的信件。信上说，我们的候鸟已经在返回故乡的路上了。

它们一路上不慌不忙地飞着，一寸又一寸贪婪地占领了刚刚从冰雪世界复苏的大地和水面。它们在返程途中将一切估算得精准到位。哪片土地上的冰雪开始消融，哪条江河开始解冻，它们就恰好在合适的时机飞到哪里。

最后一份急电

虽然已经是初春，可温度还是很低。不过，好在阳光明媚，城市里的花园纷纷响起了春之歌，鸟儿们叽叽喳喳叫个不停，听着格外动听。也许大家都在等待着春天的来临，每个人都无比兴奋。

白嘴鸦出现，就代表着冬天离我们而去，春天真的要来临了。白嘴鸦就像春天的使者飞往各个地方，为森林里的居民们播报这个喜悦的消息。看来，森林又要变热闹了。

经典名著小书包

姚青锋 主编

给孩子读的国外名著②

爱的教育

[意] 艾德蒙多·德·亚米契斯◎著 胡 笛◎译 书香雅集◎绘

当代世界出版社
THE CONTEMPORARY WORLD PRESS

图书在版编目（CIP）数据

爱的教育 /（意）艾德蒙多·德·亚米契斯著；胡笛译 . -- 北京：当代世界出版社，2021.7
（经典名著小书包 . 给孩子读的国外名著 . 2）
ISBN 978-7-5090-1581-0

Ⅰ . ①爱… Ⅱ . ①艾… ②胡… Ⅲ . ①儿童小说 – 日记体小说 – 意大利 – 近代 Ⅳ . ① I546.84

中国版本图书馆 CIP 数据核字 (2020) 第 243514 号

给孩子读的国外名著.2（全5册）

书　　名：爱的教育
出版发行：当代世界出版社
地　　址：北京市东城区地安门东大街70-9号
网　　址：http://www.worldpress.org.cn
编务电话：（010）83907528
发行电话：（010）83908410（传真）
　　　　　13601274970
　　　　　18611107149
　　　　　13521909533
经　　销：新华书店
印　　刷：三河市德鑫印刷有限公司
开　　本：700毫米×960毫米　　1/16
印　　张：8
字　　数：85千字
版　　次：2021年7月第1版
印　　次：2021年7月第1次
书　　号：ISBN 978-7-5090-1581-0
定　　价：148.00元（全5册）

打开世界的窗口

　　书籍是人类进步的阶梯。一本好书，可以影响人的一生。

　　历经一年多的紧张筹备，《经典名著小书包》系列图书终于与读者朋友见面了。主编从成千上万种优秀的文学作品中挑选出最适合小学生阅读的素材，反复推敲，细致研读，精心打磨，才有了现在这版丛书。

　　该系列图书是针对各年龄段小学生的阅读能力而量身定制的阅读规划，涵盖了古今中外的经典名著和国学经典，体裁有古诗词、童话、散文、小说等。这些作品里有大自然的青草气息、孩子间的纯粹友情、家庭里的感恩瞬间，以及历史上的奇闻趣事，语言活泼，绘画灵动，为青少年打开了认识世界的窗口。

　　青少年时期汲取的精神营养、塑造的价值观念决定着人的一生，而优秀的图书、美好的阅读可以引导孩子提高学习技能、增强思考能力、丰富精神世界、塑造丰满人格。正如我国著名作家赵丽宏所说："在黑夜里，书是烛火；在孤独中，书是朋友；在喧嚣中，书使人沉

静；在困懦时，书给人激情。读书使平淡的生活波涛起伏，读书也使灰暗的人生荧光四溢。有好书做伴，即使在狭小的空间，也能上天入地，振翅远翔，遨游古今。"

多读书，读好书。希望这套《经典名著小书包》系列图书能够给青少年朋友带来同样的感受，领略阅读之美，涂亮生命底色。

本书主编

2021年5月

开学第一天

10月17日，星期一

今天是开学第一天，转眼间三个月的假期过去了。在乡下的日子过得飞快，就像做梦一样。

今天早上，妈妈带着我去巴雷蒂学校报名——我上小学四年级啦！然而，我依旧怀念暑假生活，不愿意上学。去学校的每一条路都非常热闹，路边的文具店挤满了帮孩子添置文具的家长。书包、笔记本、笔等，都成了抢手货。

学校门口，更是人满为患，几个门卫和校工努力了很久，才没让大门被堵住。

我感觉有人拍了一下我的肩膀，回头一看，是我三年级时的班主任。他还像原来一样笑嘻嘻的，一头红发乱蓬蓬的。

他看到我，对我说："瞧，恩利科，你长大啦，我们只能分开了。"

对于这个问题，我早有心理准备，但是听到老师这样说时，我的心里依旧酸酸的。

我们一起挤进了校门。学校里面人很多，有先生、有女士，有的人看起来像是普通工人，有的人像是政府官员。孩子们除了由父母带着来学校的，还有由爷爷奶奶或仆人陪伴的。整个教学楼人满为患，就像是大剧院一样。

看到底楼的那间大教室和七扇通往不同小教室的门，我觉得非常亲切。要知道，我曾在这里度过了三年时光。

二年级时曾经教过我的一位女老师看到了我，和我打招呼："恩利科，今年你就搬到楼上去学习了，我们在这个路上就很难碰到了呢！"她看着我，眼里有些伤感。

我看到了校长，他的身边围满了母亲们，看上去好像她们的孩子没有拿到入学名额。仔细看了一下校长，我发现校长的胡子好像比去年更白了一些。

我看到了我的同伴们。他们有的长高了，有的长胖了。

在底楼一年级的教室里，有些小孩儿抱着父母的腿不撒手，说什么也不肯进教室；还有一些孩子，进了教室也不愿意在自己的座位上坐好，跑来跑去的；更有些孩子，看到自己的父母就要走了，直接大哭了起来，父母只能再回来安抚他们。

我弟弟被分到了德尔卡蒂老师的班级里，而我则被分到了佩尔博尼老师班里。我的班级是在二楼，到了10点钟，我们班同学都到齐了，总共有54个人，其中15个是我读三年级时候的同学，那个总拿一等奖学金的模范生德罗西也在这个班。

坐在教室里的我，不由地伤感起来，暑假时的快乐生活还会在脑海里浮现。比起蓝天下和树林中，学校的空间太有限了。同时，我也十分想念我三年级时的班主任。他是那么和蔼可亲、童心未泯，总和我们一起玩耍。与其说他是我们的老师，不如说他是我们大家庭中的

一员。然而，遗憾的是，我可能再也不能经常见到他了。

我们的新老师，长得很高大，灰白头发，没有胡子，前额有一条笔直的皱纹。他的声音很粗犷，看我们的时候好像眼睛盯着每一个人，仿佛可以看到我们的心里。

放学后，我走出校门，看到了正在等我的妈妈。妈妈安慰我："不要怕，这一年我们一块上学！"于是，我开心地回家了。但一想到我再也不能和原来的老师一起玩了，再也看不到老师灿烂的笑容了，就感到学校仿佛也不如以前那么吸引我了。

我们的班主任

10月18日，星期二

今天早上发生了一件事，让我一下子喜欢上了我们的新班主任。上课前，他早早就来到了教室，而他原来的学生时不时地探进头来和他打招呼。"老师，早上好！""早上好，佩尔博尼老师！"甚至还有几个学生直接跑进来和他碰碰手，然后再跑出去。看得出来，学生都很喜欢他，而他也和每个学生打招呼，回答着"早上好"。

面对学生们的热情，他的表情依旧很严肃，额头上的皱纹绷得很直，目光一直望向窗外。然后，他开始望着我们，一个一个地，仿佛要看入我们的内心。

开始上课了，他一边讲课，一边从台上向下走动。突然，他看到一个男孩儿的脸红红的，长满了痘痘，就停了下来。他把男孩儿的脸捧在掌心，然后仔细看了看，询问男孩儿是怎么回事，并且摸摸他的额头，看他有没有发烧。

就在这个时候，坐在他身后的一个孩子突然从课桌后面站起来，对着全班人做鬼脸。他感觉到了，突然回头看。男孩儿赶忙坐下，把头低得特别低，等待着老师的训斥。然而，佩尔博尼并没有训斥他，而是对他说："以后不要再犯了。"然后便重新回到讲台，教我们听写。

做完听写，他看着我们，用他粗犷的声音对我们说："孩子们，你们听好了，我们有整整一年的时间要在一起度过。我想我们会相处得很好。你们要好好学习，做好孩子。我没有家庭，你们就是我的家人。去年，我还和我的母亲生活，但是现在她已经去世了。现在，我就只有你们了。我能做的就是好好关心你们，好好爱你们，我会把你们当作我的孩子，同时也希望你们不要做出格的事情，否则会受到惩罚。请你们用行动告诉我你们都是好样儿的！只有这样，我们的学校才能更加和睦，我们才会成为一个和睦的大家庭，你们也会成为我的安慰和骄傲。我深信，你们的心里已经有了答案。谢谢你们，我的孩子。"

这时候，校工宣布下课，但是我们一个人也没有离开，做鬼脸的那个学生走到老师面前，颤抖着说："老师，我错了，请原谅我。"老师吻了一下他的前额说："去吧，我的孩子。"

意外事故

10月21日，星期五

新学期刚开始不久，就发生了一件非常不幸的事情。今天早上，我去上学时，一路上都在和父亲讨论前几天佩尔博尼老师跟我们说的话。快走到学校的时候，我们突然看到很多人挤在学校里面。

父亲看着拥挤的人群说："一定是出什么事了！"我们好不容易挤进了校门，看到学校的门厅挤满了学生和家长。每个班的班主任都在催促他们回各自的教室，但却没有什么效果。所有人都往校长办公室的方向挤，叹道："可怜的孩子，可怜的罗贝蒂！"

越过攒动的人群，我看到校长室里有一个戴头盔的警察正和秃顶的校长交谈着什么。又过了没多久，进去一位戴着礼帽的先生。大家七嘴八舌地说："医生来了！大家让一让。"

父亲问身边的一位老师发生了什么事情。老师叹气说："有个孩子的脚被车轮轧了。"旁边有人补充："脚都被轧断了呢！"

从周围人的讨论中我才知道，原来受伤的男孩儿叫罗贝蒂，是个三年级的学生。今天早上，上学的时候，罗贝蒂看到一个一年级的小学生挣脱了母亲的手，跑到了马路中央，不小心摔倒了，正在这时，来了一辆公共马车。眼看车就要撞上小孩子的时候，罗贝蒂奋不顾身地冲了上去，一把将那个小孩子拖到了马路边。小孩子被拉到了安全的地方，可是罗贝蒂的一只脚却因为躲闪不及而被车轧伤了。

罗贝蒂是一位炮兵上尉的孩子。

　　我们正入神地听着，突然一个妇人发了疯似的跑过来，冲进门厅。原来，她就是罗贝蒂的母亲。出事后，校方派人将她请了过来。

　　看到她的到来，另一名妇女哭着跑了上去，紧紧地抱住了她——这妇女就是被救孩子的母亲。两名妇女冲进校长室后，人们立刻听到罗贝蒂母亲绝望地大哭："哦，朱利奥，我可怜的孩子！"

　　这时，一辆马车停在了学校门口。不久后，校长抱着受伤的孩子走了出来。罗贝蒂的头靠在他的肩膀上，脸色苍白，两只眼睛紧闭着。大家一下子都不作声了，只听见罗贝蒂的母亲不停地哭泣。

　　校长的脸色也不好看。他站住了，将孩子微微向上托起，让所有人看得更清楚些。所有的老师、家长、学生都轻声说道："真勇敢，罗贝蒂！""太了不起了，罗贝蒂！""可怜的孩子！"并不断地向他抛出飞吻。围在他身旁的孩子和老师，则是俯下身去亲吻他的双臂和手。

　　他睁开眼，说："我的书包！"被救孩子的母亲一边哭一边说："在这里，我的好孩子，我给你拿着呢。"

　　妇女一只手提着书包，另一只手扶着哭泣不止、满脸悲痛的罗贝蒂的母亲。所有人都走了出去。他们把孩子安置在马车上，等马车走远了之后，我们也都默默地回到了教室。

仗义的加罗内

今天早上，我迟到了一会儿，因为在上学的途中有事耽搁了。我遇见了二年级时的老师，她说要去一次我家，并且问我什么时候方便。我进教室的时候，发现我们老师还没有来，三四个男生正在欺负可怜的克罗西——那个长着红头发，一条胳膊残废，母亲以卖菜为生的孩子。

他们用尺子戳他，朝他的脸上扔栗子壳，还大声嘲笑他"残废""怪物"，甚至还有人模仿他，把一条手臂吊在胸前。他一个人可怜兮兮地躲在课桌后面，默默地忍受着一切，眼中充满了无助。他还时不时地用乞求的目光看看这个、瞧瞧那个，希望他们可以放过他。

　　但是，那帮人越是看到他这样，越是闹得凶。最后，他被气得浑身发抖，脸蛋也涨得通红。突然，坏学生弗兰蒂跳上了他的课桌，抬起两条胳膊装出挑菜的样子，那是在模仿克罗西的母亲站在门口等儿子，逗得全班人都哈哈大笑。

　　其实，最近克罗西的母亲并没有来，听说好像是她生病了。这下，克罗西彻底失去了理智，他拿起一个墨水瓶直接朝弗兰蒂头上砸了过去。然而，弗兰蒂却灵巧地躲开了，而墨水瓶正好砸到了刚进门的老师身上。

　　大家赶忙逃回自己的座位，吓得不敢出声。老师脸色变得很难看，他走上讲台，厉声问道："这是谁干的？"

　　没有人回答。

　　老师又提高嗓音，问了一遍："到底是谁干的？"

　　这时，加罗内瞥了一眼可怜的克罗西，忽然站起来，坚定地说："是我干的。"

老师打量了一番加罗内，又望了望全班同学惊讶的表情，平静地对他说："不是你干的。"过了片刻，老师又说道："今天做错事的同学，不会受到惩罚，快站起来吧！"

这时，克罗西才站起来，哭着对老师说："他们打我，羞辱我，我一下子气急了，才扔的……"

"你坐下吧！"老师说，"欺负克罗西的人都站起来！"

那四个家伙低着头，站了起来。

老师愤怒地说："你们如此放肆地羞辱一个从来没有招惹过你们的同学，嘲弄一个可怜的孩子，打一个不能自卫的弱者，你们的行为，让社会上任何一个人都会感到不齿！你们难道就没有感到一丁点儿羞愧吗？真是一群胆小鬼！"

说完这些，老师走下讲台，来到加罗内的身边，加罗内和所有人一样都低着头。老师把手伸到他的下巴下，轻轻地抬起他的头，对他说："孩子，你有一颗金子般的心。"

加罗内趁机在老师耳边说了些什么，听他说完，老师扭过头，对几个肇事者严肃地说："这次我就饶了你们！"

帕多瓦的爱国少年

10月29日，星期六

今天上午，老师给我们讲了一个故事，我想如果他能每天给我们讲一个故事，我一定会喜欢上学的。老师说，以后每个月都会给我们讲一个关于一个孩子的故事，他保证这个故事不仅会很有意义，而且是真实的。老师要求我们把故事记下来，这个月的故事名字叫作"帕多瓦的爱国少年"。故事是这样的：

一艘法国海轮从西班牙的巴塞罗那港口出发，向意大利的热那亚行驶。船上有法国人、意大利人、西班牙人和瑞士人。其中有一个十一岁的孩子，他衣衫褴褛，形单影只，总是一个人待着。他远离人群，像一只不合群的野兽，用充满敌意的目光注视着每个人。但是，如果你知道他的过去，便不会因他有这样的目光而感到奇怪了。

他原来和父母一起住在意大利帕多瓦的郊区，两年前，父母把他卖给了一个在街头卖艺的班主。班主经常打骂他，学不好就不给饭吃，他忍受饥饿却不得不拼命学艺。后来，他学成了，被班主带到法国和西班牙卖艺。但是，就这样也免不了挨饿被打的命运。

到了巴塞罗那，他的处境更加凄惨。最后，他终于忍无可忍，一个人逃了出去。他跑到当地意大利领事馆请求庇护，领事看他可怜，将他送到了这艘船上，并给了他一封信，让船的目的地——热那亚的警察局把他送回父母身边。

试想，他父母将他当作物品一样卖掉，他如果回到他们身边，哪里会有什么好日子呢？

　　可怜的孩子不仅衣不蔽体，而且浑身都是伤。他们给了他一张二等舱的船票，所有人都用奇怪的目光看着他。也有人试图上前和他搭话，但是他并不回答。他的目光中充满了怨恨和鄙视，长期的虐待，早已让他身心俱疲。但是，经不住三个旅客一再坚持，他还是开口了。

　　他只会说意大利威尼托大区的方言，其间夹杂着一些西班牙语和法语，就这样谈起了他的身世。三位旅客不是意大利人，但还是听懂了，他们拿了一些钱给他，表示希望从他那里知道更多的事。这时，三位太太也走过来，为了显示她们的大方，也争着扔钱给他。

　　少年一边把钱塞进口袋，一边低声道谢。他的举止很粗鲁，但露出了上船后第一个灿烂的笑容，他的目光也开始变得友善。他爬上自己的卧铺，放下床幔，他要用这些钱吃一顿饱饭，要知道他已经两年没有吃过饱饭了！他的衣服也太破烂了，他要给自己买一件新衣服。余下的钱可以带回家，因为他知道，他那没有人性的父母，如果看到自己两手空空回去，肯定不会给他好脸色。少年愉快地计划着，对于他来说，这些钱已经是一笔不小的财富了！

　　而那三个旅客则围坐在一起，他们一边喝酒，一边高谈阔论。说着说着就提到了意大利，其中一个人抱怨意大利的旅馆，另一个人则抱怨意大利的交通，接着所有人都开始抱怨，把意大利说得一无是处。

　　"这是一个无知的民族！"第一个人说。

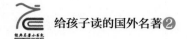

"不仅无知，还很下流！"第二个人说。

"小……"第三个人准备说"小偷"，然而他的话还没有说完，一大把硬币像冰雹一样砸了下来，砸到了他们的身上，掉到了地上。三人愤怒地站起来，抬头向上看时，正好又有一大把钱币砸在他们脸上。

"拿走你们的臭钱！"少年从床幔中伸出头来，他蔑视地说，"我绝不能接受辱骂我国家的人的施舍！"

扫烟囱的孩子

昨天晚上，我去了一趟附近的女子学院，因为我姐姐西尔维娅的老师想要看看"帕多瓦的爱国少年"这个故事。这个学院一共有七百多个女生，我去的时候，正好碰上她们放学。因为明天是所有神灵的节日万圣节，而后天是所有亡灵的节日万灵节，学校会放假，所以她们都非常高兴。

就在这个时候，发生了一件令我终生难忘的事情。

在学校的对面，一个扫烟囱的孩子正在哭。他身材瘦小，整个小脸都被烟熏黑了，他的肩上挎着一个包，手里拿着一柄刮刀。他的一个手臂靠在墙上，头紧贴手臂，正在放声大哭。有两三个女学生路过，看到正在哭泣的小孩儿，上前问："发生了什么事？你为什么哭得这么伤心？"他不回答，只是一个劲儿地哭。

"你到底怎么了？"女孩子们问。他抬起头，一张稚气未脱的小脸上满是泪痕，他抽抽噎噎地说："我今天给几家人扫烟囱，赚了三十个小钱，放在口袋里。但是口袋里破了一个洞，不知不觉钱都丢了。"他边说边给大家看他口袋里的破洞，没有钱，他不敢回家见他的主人。

"主人一定会打我的。"他一边哭泣，一边又把头埋在了手臂上，一副绝望的表情。女孩们都满脸严肃地看着他，这时候，又走过来几个女学生。她们有的年龄大，有的年龄还很小，其中有些是穷苦

　　人家的孩子，也有些是阔小姐。有一个稍年长的，帽子上插了一根蓝
色的羽毛，只见她从口袋里掏出两个小钱，说："我身上只有两个小
钱了，我们凑一下吧。"

　　"我身上也有两个小钱。"另一个穿着红色衣服的女孩子说。

　　"你不要着急，我们一定能给你凑够三十个的！"于是，她们开
始大喊另一些女生的名字，"阿玛利亚！路易吉娅！安尼娜！你们身
上有小钱吗？""谁还有一个小钱啊？"另一个女生问。

　　"钱在这里！"不少女孩子身上都有几个小钱，那是父母给她们

买花和作业本的。有几个小女孩儿还拿出身上仅有的几个分币。那个帽子上插着蓝色羽毛的女孩儿把所有钱收集起来，认真地数着：

"八个，十个，十五个！"但是，还不够。就在这时候，一个看起来像小老师的女生，拿出了一个价值半个里拉的银币。大家都欢呼起来，这样，就只缺五个小钱了。

"五年级的女生来啦，她们一定有的！"一个女生说道。一些五年级的女生走过来，钱币聚积得更多了，不知不觉中，男孩儿的身边围了越来越多的女生。她们穿着五颜六色的衣服，头上插着各种颜色的羽毛，把那个可怜的扫烟囱的男孩儿围在中间。

那样的场景，真的美丽极了。三十个小钱早就凑够了，可是女孩们还是把钱往小男孩儿手中塞。就连那些最小的女孩儿也想贡献些什么，没有钱的，就拨开人群给他送来一小束鲜花。

突然，学校的女看门来了，她冲着她们喊道："校长来啦！"女孩们一听四散地跑开了，就像一群小麻雀。这下，只留下那个扫烟囱的男孩儿站在马路中央。他高兴地擦着眼泪，手里捧了满满一捧钱，他的上衣、口袋、帽子上都插满了鲜花，还有一些落到了地上，散落在他的脚边。

万灵节

　　今天是举国上下祭奠逝者亡灵的日子，你知道吗？我的恩利科，对于那些死去的人，你们这些孩子也应该表现出你们的心意。那些为了你们这些儿童或青少年付出生命的人，尤其应该得到你们的尊重。为了你们今天的生活，多少人已经死去了，而更多人正在死去。

　　想想那些被繁重的工作逐渐夺去健康的父亲们，还有那些为了抚养自己孩子而疲惫不堪的母亲们！望着自己的孩子在苦难中挣扎，父亲们的心像是被插了一把钢刀那样难受；而因为失去孩子而发疯，甚至投河自尽的母亲们更是数不胜数！

可怜天下父母心，在这样一个特殊的日子里，为所有逝者默哀吧，我的孩子！想想那些年纪轻轻就死去的女老师们！对孩子的爱使她们不辞辛苦，呕心沥血，沉重的工作负担让她们早早地离开人世。想想那些为孩子们治病的医生吧！他们明知道有被感染的风险，但依然勇往直前，最终奉献出自己的生命！想想那些在海难中，在火灾中，在饥荒和最危险时刻，把最后一口面包，最后一个救生圈，最后一条绳索，让给身边的一个孩子的人！为了保护一个无辜的孩子，他们甘愿牺牲自己的生命。

　　亲爱的恩利科啊，这样的人真的是不胜枚举！每一个公墓里面，都躺着上百个这样的英雄，假如他们可以有一刻醒来，他们一定会放声高呼出他们所挽救的那个少年的名字。

　　为了那些孩子，他们奉献出他们本该拥有的青春美丽或暮年时的安宁，牺牲了他们的智慧、亲情和生命。他们中有年方二十的新嫁娘，有年轻力壮的男子，也有老人和中年人。这些为了孩子们而牺牲的无名英雄，他们是多么崇高和伟大。即使把这片美丽土地上所有的鲜花都献到他们墓前，也不能表达我们的敬意！

　　孩子们啊！有多少人真挚地爱着你们！我的孩子，如果你怀着感激之情相信那些已经死去的人，你就会更友善、更热情地对待所有那些爱你、为你辛勤付出的人！我亲爱的恩利科啊，在万灵节这一天，你应该感到万分幸运，因为你还没有必要为了任何一个失去的亲人而痛苦，而悲伤！

你的母亲

烧炭工人和绅士

11月7日，星期一

我敢肯定，卡洛·诺比斯对贝蒂说的话，换了加罗内就绝对不会说。卡洛·诺比斯很傲慢，因为他的父亲是当地的一位有钱有名望的绅士。他的父亲身材魁梧，胡子浓密，表情严肃，几乎每天都会来接送儿子上学。

昨天早上，诺比斯和班里年纪较小的孩子贝蒂吵了起来，诺比斯自知理亏，不知道怎么继续说，就大喊了一句："你爸爸是个叫花子！"贝蒂的脸一下子涨得通红，一时不知道说什么，眼泪都流了下来。回到家，他把事情一五一十地告诉了自己的父亲。

于是，那天下午上课前，那个个子矮小、浑身黑乎乎的烧炭工就领着儿子，跑到学校来和老师们说这件事情。他讲述的时候，所有人都没有出声，教室里也静悄悄的。诺比斯的父亲和往常一样来送自己的儿子上学，正在给儿子摘斗篷的时候，突然听到了自己的名字，就走了过来，问老师发生了什么事。

"这位工人先生说，您的儿子对他的儿子说'你的父亲是个叫花子！'"老师说。诺比斯的父亲听了这话后，皱着眉头，脸上露出愧色。他转过身对着儿子说："你说过这样的话吗？"

他的儿子一动不动地站在教室中间，头低得低低的，不说话。于是，诺比斯的父亲一把抓住了他的胳膊，把他推到贝蒂的面前，对他说："快说对不起！"烧炭工想要阻止，连声说道："算了，算

爱的教育

了。"但绅士不理会，他态度坚决地对儿子说："快向你的同学道歉。照我的话说：'请你原谅，一个无知的、不理智的人说出不正确的话，侮辱了你的父亲。如果你的父亲同意的话，我的父亲会和他握手道歉，并为此而感到荣幸！'"

烧炭工做了个果断的手势，意思是说："不用了。"但绅士继续坚持，于是，他的儿子低着头，断断续续地吐出了这番话。绅士把手伸向了烧炭工，烧炭工紧紧地握住了他的手。然后，烧炭工推了儿子一把，两个孩子紧紧地拥抱在一起。

"您能不能让两个孩子坐在一起？"绅士对老师说。于是，老师就让贝蒂坐在了诺比斯旁边。诺比斯的父亲和大家告别，然后离开了。

烧炭工没有马上走，仿佛还沉浸在刚刚的一幕中。他凝视着两个孩子，然后来到诺比斯的课桌前，仔细地端详他，眼中充满了慈爱和歉意。他似乎想说些什么，但最后什么也没有说，想要伸出手和他亲热一下，但最后也没有这样做。他只是伸出粗糙的手，轻轻抚摸了一下他的前额。他走到教室门口，又转过头望了诺比斯一眼，这才慢慢地走了。

"孩子们，你们今天看到的事情，要牢牢记住。"老师语重心长地说，"这是本学期你们上的最好的一课。"

母 爱

　　我的孩子，今天，在你弟弟的老师面前，对你的母亲，你表现得很不尊重！恩利科，我希望类似的事情再也不要发生，因为我再也不想听到和看到这样的言行！你的那些目无尊长的言辞就像一把尖刀一样，刺进了我的心里。

　　前几年，你生病的时候，你的母亲夜夜都守候在你的小床边，听着你的呼吸，不能入睡。好多次，她都害怕得发抖，牙齿咯咯响，因为她以为要失去你了。对我而言，这些往事历历在目，你知道吗？当时我真的害怕她会挺不住，会失去理智。当然，在那个时候，我这个做父亲的，对你的病情也非常担心和恐慌。

　　然而，你却还要伤你母亲的心！你知道吗？你的母亲是那么爱你！为了减轻你一小时的痛苦，她可以放弃一年的幸福；为了你，她可以去乞讨；为了拯救你，她宁愿付出自己的生命！

　　听着，恩利科，你好好地记住我今天对你说的话！试想，在你的一生中，也会遭遇很多艰难困苦的时刻，其中最可怕的可能就是失去你母亲的那一天。亲爱的恩利科，当你长大成人后，你一定会有这样的感受：在那个时候，你身强力壮，已经磨砺了很久，可谓是一个真正的男人。然而，很多时候，在成千上百个艰难的瞬间，你却在心里呼唤你的母亲，渴望听听她的声音，想要重新哭泣着回到她的怀抱，就像一个无助的、可怜的、需要帮助、需要保护的孩子那样。

在那些时候，再想想你曾经做过的那些让她伤心的事，你会多么后悔，多么自责啊！所以说，如果你现在给你的母亲带来伤害和痛苦，那么，在这一辈子里，你的良心都不会得到平静和安宁。当然，总有一天，你会为自己的所作所为感到后悔，回忆起你的母亲对你无微不至的关怀，你会在心里乞求她的宽恕。但是，等到那个时候，什么用都没有了。你的良知不会放过你，你心目中那么温柔可亲的母亲形象，将使你悲伤，你的心灵将备受煎熬。

哦，恩利科，你要小心。因为母爱是人世间最神圣的感情，所有肆意践踏它的人都不会有好结果！即便是一个杀人犯，只要他还敬重他的母亲，那么我们就可以说他的良知还没有泯灭；反之，纵然他是一个功勋盖世的英雄，只要他使自己的母亲痛苦，使她难过，那么他也只是个懦夫！

今后，我再也不希望从你的嘴里听到任何一句伤害你母亲的话！万一说了，你应该立刻跪到她的脚下，请求她的原谅。希望她那表示宽恕的亲吻能洗去烙在你额头上的不孝。

当然，我希望你这么做不是因为害怕你的父亲，而是出于你的良知，出于你的本能。我爱你，我的儿子！你是我生命中最大的希望，但是，我宁愿看到你死去，也不愿意看到你不尊重你的母亲！去吧！这几天不要在我面前撒娇，现在我还无法真心地和你一起欢笑。

你的父亲

战　士

校长的儿子是在部队当志愿兵的时候牺牲的，因为这个原因，每次我们放学之后，都会看到校长站在大街上看来来往往的士兵。昨天，路上走过一个步兵团，五十个孩子跟在他们后面，跟着军乐的节奏又唱又跳，还用尺子在书包上敲打。

我们几个人站在人行道上观看：加罗内裹着他那过于小的衣服，正在啃一块大面包；沃蒂尼，也就是那个衣服讲究，经常有意无意用手拨衣服上的小绒毛的那位，他也在；除此以外，还有铁匠的儿子普雷科西，他仍然穿着他父亲的外套；那个来自卡拉布里亚的男孩是"小泥瓦匠"；长着红头发的克罗西；厚脸皮的捣蛋鬼弗兰蒂，以及从马车下救出一名幼儿，现在拄着拐杖走路的罗贝蒂。

弗兰蒂正在当面大声嘲笑一位走路瘸着腿的士兵，冷不丁感到有一只大手放在了他的肩上。他回头一看，原来是校长。"小心！"校长对他说，"这个士兵在他的队列里，你嘲笑他，他既不能反击，也不能报复，这就像是侮辱一个被捆绑着的人，是一种懦弱的表现！"弗兰蒂一溜烟逃跑了。士兵们四人一排，从我们的面前走过，他们汗流浃背，浑身尘土，他们肩上的步枪却在阳光下闪闪发光。

校长说："这些人都是值得你们尊敬和热爱的，孩子，他们是我们祖国的卫士。要是有一天外敌入侵，为了我们，他们有可能付出自己的生命！他们比你们大不了几岁，本身也是孩子，跟你们一样，他们也要去学校学习。他们中也有贫富差异，他们来自祖国的四面八方。你们看，从他们的长相就可以分辨出他们来自什么地方：他们里面有西西里人，有撒丁人，有那不勒斯人，有伦巴第人。这是一支古老的队伍，曾经参加过1848年的战争。当然，战士们已经不是当年的战士了，但是队伍的旗帜却没有变。在你们出生前的20年里，为了这面旗帜，已经有不知多少人付出了宝贵的生命！"

"来了！"加罗内喊。只见不远处飘来一面旗帜，在士兵们的头上迎风招展。

"你们应该做一件事，我的孩子们，"校长说，"等三色旗经过的时候，把你们的小手放在前额，向它敬一个学生礼。"

一位军官举着一面褪色、破损的三色旗，缓缓从我们面前经过，旗杆上挂满了各种各样的勋章。我们全体立正，认认真真地敬了一个礼。那位军官望着我们，笑了，举起手回了我们一个军礼。

"这些孩子不错！"身后有人在表扬我们。我们转过头，发现这是一位退役的老军官，他的衣扣上，挂着他参加克里米亚战役之后得到的一根蓝色的绥带。

"好孩子，你们做得对！"老军官说。

就在这个时候，乐队在街头转弯了，一群孩子跟在他们后面欢呼，伴随着阵阵鼓声，那欢呼声就像是一首雄壮的战斗歌曲，激奋人心。"真是一群好孩子！"望着我们，老军官又说，"小时候知道尊重三色旗的孩子，长大了一定会用生命和鲜血去保卫它！"

班级第一名

加罗内让人喜欢，德罗西让人敬佩。德罗西曾经拿过学校里的头奖，今年的第一名看来又是他了。他的每一门功课都很好，在学习上，没人能比得过他。他不仅算术是第一，语法是第一，作文和绘画也是第一。无论做什么，他都比别人快，他的记忆力简直惊人。学习对于他来说，就像做游戏一样简单……昨天，老师对他说：

"上天给了你过人的天资，你要好好珍惜啊！"

除此以外，他还是个高大、英俊的男孩儿，不仅有一头漂亮的金发，而且动作灵巧。他只要用一只手轻轻撑一下，就可以轻松越过一张课桌，他还学会了击剑。

德罗西今年12岁，是一个商人的儿子。他总是穿一身深蓝色的外套，纽扣上镀了金。他活泼而开朗，对人彬彬有礼。准备考试的时候，他总是尽力帮助其他人，谁也不敢对他不尊重，或者在背后说他坏话。

只有沃蒂尼和弗兰蒂不正眼瞧他，而沃蒂尼的眼睛里对他则是充满了嫉妒。但是，德罗西自己并没有注意到这些。当他举止优雅地在教室里收发作业时，大家笑嘻嘻地望着他，时不时地拉一下他的手，或者碰一下他的胳膊表示友好。

他经常把家里人送给他的画报和图片转送给别人，一点儿也不吝啬。比如说，他有一本卡拉布里亚大区的小地图，就送给了那个卡拉

布里亚来的男孩儿。他经常微笑着帮助别人，为别人付出的时候，也毫不在意，就像是一位大方的绅士，对谁都没有偏见。

　　想到自己什么都不如他，要是说对他一点儿也不嫉妒是不可能的。哎，我可能和沃蒂尼一样，嫉妒他。有时候，我在家里做作业遇到困难，绞尽脑汁也想不出来的时候，想到德罗西一定早就做完了，并且没有费什么力气，我的心里就不是滋味，有些酸溜溜的，真想和他作对。

但是，当我回到学校，看到他是那么英俊，满脸的笑容；听到他充满自信、从容地回答老师的问题，对别人彬彬有礼，而所有人也都喜欢他，我的烦恼和嫉妒早就飞到九霄云外去了。我甚至为了自己曾经有过的那些想法而感到羞愧。我希望能和他一起学习，我希望可以和他一起度过所有的学习生涯。他的存在，他的声音对我来说都是鼓励，他激发了我对学习的热情和兴趣。

老师把明天要讲的每月故事交给他抄写。今天早晨，他抄写的时候，显然是被故事里的小主人公的英雄行为感动了：他的脸涨得通红，眼中含着泪水，嘴唇微微颤动。我觉得他是那样纯洁，那样高尚！我想，如果我能当面告诉他："德罗西，和我比，你就像个大人一样，你样样比我好。我打心眼里尊重你，敬佩你！"那该多好啊！

小商人

我爸爸要我每个节假日都邀请一位同学来我家里玩，或者去他们家看望他们，他希望我和大家一起交朋友。这个星期天，我准备和沃蒂尼一起去散步。沃蒂尼，也就是那个衣着讲究，整洁漂亮，对德罗西非常嫉妒的同学。

今天，加罗菲来我家玩了。加罗菲长得又高又瘦，鹰钩鼻，狡黠的小眼睛一直在转，好像把什么都看在眼里。他是一位杂货商的儿子，非常有趣。他总是数他口袋里的钱，无论算什么，他只要扳扳手指就行了，算得又快又准。很多时候，他算乘法都不用九九乘法表。他很节俭，有了钱，就存到学校的小储蓄所里。他从来都不乱花钱，我敢肯定，如果他丢了一分钱在桌子底下，一定会不停地寻找，直到找到为止。

德罗西说，加罗菲就像是一只喜鹊。什么坏掉的钢笔，用过的邮票、别针，用剩下的蜡烛头，凡是被他找到的，他都会把它们收藏起来。两年来，他一直都在收集旧邮票，已经收集了几百张，各个国家的都有。他把它们收集到一个很大的集邮册中，说是以后卖给书店老板。同时，因为他经常带着很多同学去书店买书，书店老板还经常送他几本练习簿。

在学校里，他总是忙着做小生意。他会不断地卖出一些小东西，经营彩票，或者和别人交换他看中的东西。但是，和别人换了东西以后，他又经常后悔，直到把它们要回来才甘心。

他用两个钱买来的东西，常常要卖四个钱。在玩吹笔尖游戏的时候，他总是会赢。他还把废旧的报纸卖给杂货店的老板。他有一个小本子，上面密密麻麻地记录着他做生意的收入和支出。在学校里，他什么都不学，只学算术。如果说他也想要凭学习获取学习奖章的话，那是因为他想凭这个免费看一场木偶戏。

我很喜欢他，因为我觉得他很有趣。我们在一起做游戏的时候，用砝码和天平做道具。他知道每样东西的价钱，认识秤，还会做很漂亮的包装纸袋，专业得和一个真正的小店主没什么区别。

他说他一毕业就要开一家店，并且要用他独创的新方法经营。我送了几张外国邮票给他，他高兴极了。在他把它们卖掉之后，他又特意告诉我，我送的那些邮票值多少钱。我爸爸装出看报纸的样子，其实一直在听我和加罗菲的谈话，他觉得他有趣极了。

他的口袋里总是塞着各种各样的小玩意儿。平日里，他会穿一件黑色的长外套把它们遮住。他总是很忙，一心一意地想着他的小生意，和那些商人没什么区别。他收集的那些小邮票是他的心肝宝贝，他总是和别人不停地谈论它们，好像集邮册里面装着他的最爱。同学们说他是个小气鬼，爱放高利贷。我不知道他们说得对不对，不过，我喜欢他，他教会了我很多东西，我觉得他比我成熟多了。

卖柴人的儿子科雷蒂说，即使要他救他母亲的命，加罗菲也不愿意把他的邮票拿出来的。我爸爸不同意他的说法，说："不要把结论下太早。他的确酷爱集邮，但是绝对不是一个没有良心的孩子！"

虚荣心

　　昨天，我和沃蒂尼还有沃蒂尼的父亲一起沿着里沃利大街散步，在经过多拉·格罗萨路的时候，我们看到了斯塔尔迪。这个家伙最讨厌别人打扰他学习，为此还踢过人呢。那时，他正站在一家书店的橱窗前，专心致志地看着一张地图。天知道他在那儿已经站了多久了，看来，在街上，他照样可以学习！

　　我们很不情愿地上前和那个粗鲁的家伙打了个招呼。沃蒂尼打扮得太漂亮了，他蹬着绣着红线的摩洛哥皮鞋，身上穿着缀着穗子状丝扣的绣花上衣，头上戴着白河狸皮帽，脖子上还挂着一块表。

　　他趾高气扬，神气十足，不过这一回，他的虚荣心却遭了殃。在大街上走了很长一段路之后，我们发现，沃蒂尼的爸爸已经被我们甩得很远了。于是，我们就在一条石凳旁边停下来等他。石凳上坐着一个男孩，他穿得很朴素，看上去很累，头也垂得低低的。有一个男子在树下走来走去，看上去像是男孩儿的父亲，他正在看报纸。

　　我们也坐了下来，沃蒂尼坐在我和那个男孩儿的中间，他想到自己打扮得如此漂亮，想要在男孩儿跟前炫耀一番，好让别人羡慕一下。他抬起脚对我说："你看见我的军官靴了吗？"很明显他这么说是为了引起那个男孩子的注意，可人家根本不理会他。

于是，他就放下了脚，给我看他衣服上缀着的穗子丝扣，并对我说他不喜欢那些扣子，想要把它们换成银扣子。他一边说着这话，一边观察旁边男孩的反应，可是那个男孩并没有转过头来看他的扣子。于是，沃蒂尼又把他头上戴着的帽子拿下来，顶在指尖上旋转。那个男孩看起来就像是故意的，偏偏就是不愿意往这边瞧一眼。

沃蒂尼有些生气了，他掏出他的表，打开它，让我看里面的齿轮，然而那个男孩依旧没有扭过头来。"是银子外面镀了一层金吧？"我问他。"不，"他回答说，"这是纯金的。""不可能是纯金的，"我说，"里面一定有银的成分吧！""胡说！"他一把抓住旁边的男孩儿，把表放在他的眼前，问他："你瞧瞧，这是不是纯金的？"

男孩不动声色地说："我不知道。"

沃蒂尼气急了，他高声说道："你这个人怎么这么高傲？"正说着，沃蒂尼的父亲也赶来了，他听见儿子的话，认真地看了一会儿那个男孩儿。然后，他厉声地对儿子说："你不要说了！"接着，他弯下腰凑在儿子的耳边轻轻说："他是个盲人。"

沃蒂尼吓了一跳，他站起来，仔仔细细地端详了男孩好一会儿。这时，他才发现那个男孩眼神呆滞，瞳孔里既没有表情也没有光芒。

沃蒂尼呆住了，站在那里瞧着地下，不知道说什么是好。过了好一会儿，他才说出几个字："原谅我，我……一开始不知道。"

那个盲童一切都明白了，他微笑着说："没关系！"但这笑容中却带着一缕忧伤。沃蒂尼虽然虚荣了些，但是他并不是个坏孩子。那天接下去的散步途中，他再也没有笑过。

第一场雪

再见了，里沃利大街上悠闲的散步！现在，孩子们的好朋友——冬天里的第一场雪来了！

从昨天晚上开始，天上就一直飘着像茉莉花瓣一样洁白的鹅毛大雪。今天早晨，坐在教室里，看着窗户外面雪花一片一片地朝我们飞过来，被玻璃挡住了，又落在窗台上，每个人的心里都兴奋极了。就连老师都忍不住搓了搓双手，朝外面观看。同学们的心里都在想着，放学后搓雪球、打雪仗，最后当雪地上结了冰，大家一起结伴去溜冰，之后再回家烤火。大家一个个都眉开眼笑，上课的时候也就心不在焉了。

只有斯塔尔迪还跟往常一样，一点儿都不为之所动，照样两只手

握了拳，顶在太阳穴上，专心致志地听课。

放学后外面一片欢声笑语，热闹非凡。大家都高高兴兴地跑到大街上，挥舞着手臂大声喊叫。许多孩子都抓着雪互相嬉闹，或者用四肢在雪地上行走，就像小狗到了水里一样。站在校门口等着接孩子的家长们手里都撑着伞，在雪地里站了许久，伞上都覆盖了一层厚厚的白雪。门卫的头盔也变白了，我们的书包在雪地里不一会儿就整个都变白了。

所有人都兴高采烈，连普雷科西那个脸色苍白、从不爱笑的铁匠的儿子也跟着我们一起欢笑。可怜的罗贝蒂，那个从公共马车下救了一个一年级小朋友的小英雄，只能拄着拐杖在雪地上跳来跳去；来自卡拉布里亚的男孩平生还是第一次见到雪，他做了一个雪球，把它放进嘴里像吃桃子一样咯吱咯吱地咬；卖菜女人的孩子克罗西，把雪都装到书包里；最可笑的是"小泥瓦匠"，他的嘴里都塞满了雪。当我父亲请他明天到我们家里来玩儿的时候，他既不敢把它们吐出来，也不敢把它们吞下去，就那样鼓着嘴站在那里，望着我们不说话。

女老师们也笑着跑到外面去玩雪，我的那位可怜的二年级的女老师也在雪地里奔跑，她用绿色的纱巾遮着脸，一边跑一边咳嗽。同时，隔壁女校的数百名叽叽喳喳的女生，也欢欢喜喜地跑了过来，她们的脚踩在松软的雪地上，就像踩在洁白的地毯上一样。老师、工友、门卫大声地催促我们："快回家，赶快回家去！"雪花飘在他们的脸上，把他们的胡子都染白了。大片大片的雪花迎风飞舞，孩子们的欢笑声把他们也感染了，他们都站在校门口大声地笑着。

冬天来了，下雪了，孩子们啊，你们欢欣雀跃，可是你们有没有想过，在这样寒冷的季节里有一群孩子，他们既没有衣服也没有鞋子，更不能在炉边烤火。成千上万的农村孩子不得不用冻伤的小手抱着一小捆柴火，走很长的路，给学校带去一点点温暖。还有很多小学被大雪覆盖了，那里什么也没有，阴暗、破落，孩子在里面上课，被烟熏着、呛着。他们咬着牙，颤抖地忍受着寒冷，心里就怕那漫天的大雪下个没完，积雪可能造成雪崩，也可能会把他们远处的小屋压垮。

孩子们，在你们庆祝冬天到来的时候，千万不要忘记千千万万可怜的孩子们。对于他们而言，冬天意味着痛苦和死亡。

你的父亲

"小泥瓦匠"

12月11日，星期日

今天，"小泥瓦匠"到我家来玩，他穿了一身猎装，一看就知道是他父亲不穿的旧衣服，上面还沾着泥浆和石灰。其实，我爸爸比我还希望他来我们家。见到他，我们都很高兴。

"小泥瓦匠"一进门，就把头上的那顶软毡帽拿了下来，帽子已经被雪打湿了，他一把把它塞进口袋。然后，他进了屋，慢吞吞的，像个疲惫不堪的工人。他一边走一边四处张望。小脸蛋红扑扑的，就像一个熟透的苹果。小鼻子呢，则像一个蒜头。走进餐厅之后，他环视了一下周围的家居陈设，目光停留在一幅画上。

那幅画上是个驼背弄臣，非常滑稽。看着看着，"小泥瓦匠"做了一个鬼脸—也就是他最擅长的"兔脸"。看到他这个样子，我们都忍不住笑了。

我们俩开始玩搭积木游戏。"小泥瓦匠"搭桥建塔的本领非常高强，那些塔和小桥稳稳地竖在那里，简直就是个奇迹。"小泥瓦匠"做这些的时候，表情很严肃，一块一块地往上搭，一边做一边给我讲他家里的事。

他说他们家住在阁楼上，他的父亲晚上去夜校读书认字，母亲是比埃拉人。他的父母一定很疼爱他，虽然他衣服很破旧，但在这个寒冷的冬天里，却穿得暖暖的。衣服上破的地方都被仔仔细细地打上补丁，他的母亲还亲手为他系好了领带。"小泥瓦匠"还告诉我，他的父亲是个彪形大汉，身材魁梧，每次进门都得低头，但是他的脾气却非常好，总说自己的儿子长了一张"兔脸"。而"小泥瓦匠"个子则是非常矮。

下午四点钟，我们一起喝下午茶、吃面包和葡萄。我们坐在沙发上，起身的时候，不知道为什么，父亲示意我不要去擦"小泥瓦匠"衣服蹭在沙发上的石灰。可是，他却自己悄悄地把它擦掉了。

我们玩耍的时候，"小泥瓦匠"外衣上的一颗扣子掉了下来。我妈妈帮他缝上的时候，他不知所措地站在那里，脸涨得通红，愣愣地看着我的母亲，大气也不敢喘。然后，我就拿出一些漫画书给他看，他学着书上的样子对我们做鬼脸。他做得那么逼真，连我父亲都忍不住哈哈大笑起来。今天，他玩得很高兴，走的时候帽子都忘了戴。走到楼梯口，为了表示感谢，他又对着我做了一个"兔脸"。他的名字叫安东尼奥·拉布科，今年八岁零八个月……

恩利科，我的孩子，你知道今天我为什么不让你立即把沙发上的尘土弹掉吗？那是因为，如果你的同学看到你这样做，一定会因为自己弄脏了沙发而感到难受。即使我们不说什么，但也等于责备他。这样不好。首先，他也不是故意的；其次，衣服上的尘土和石灰是他的父亲劳动时所留下的。凡是因为劳动而沾染上的污渍，什么灰尘、石灰、油漆，我们都不能嫌弃，因为劳动本身就是最光荣的。你决不能对着一个刚劳动完回来的工人说："你真脏！"你应该说："你衣服上有些污渍，那是你工作的时候不小心蹭上的。"你一定要记住，好好地爱"小泥瓦匠"，他不仅是你的同学，还是一个工人的儿子。

你的父亲

意志的力量

12月28日，星期三

在我们班里，大概只有斯塔尔迪能做到像佛罗伦萨的小抄写员一样刻苦。今天早晨，学校里发生了两件事。一件事是受伤的老人把加罗菲的集邮册送还给了他，并附上了三张危地马拉的邮票。加罗菲高兴极了，不仅因为他的宝物失而复得，而且因为他这三个月一直在找危地马拉的邮票。另一件事是斯塔尔迪获得了一枚二等奖的奖章。这次斯塔尔迪的学习成绩仅次于德罗西，这是大家都没有想到的。

还记得10月份的时候，他的父亲带着他来学校，他裹在一件宽大的绿色衣服里，显得很臃肿。他的父亲当着大家的面对我们老师说："这孩子很迟钝，请您多多费心！"

于是，从一开始大家都觉得他是一个木头脑袋的笨孩子，但他却说："要么放弃，要么努力。"从那以后，不管是白天还是晚上，不管是在家还是在学校，即便是在散步的时候，他也咬着牙握着拳头在学习。

他就像牛一样坚韧不拔，又像驴子一样固执己见。对于别人的冷嘲热讽，他丝毫不在意，但是对于那些企图打扰他学习的人却毫不留情。就这样，这个木头脑袋居然走到了大多数人的前面。

一开始他对数学一窍不通，作文里也经常错误百出，脑子里一个复合句也记不住。但是现在他把这些问题都解决了：算术题会解了，作文也难不倒他了，朗诵起课文来像唱歌一样，悦耳动听。

只要看看他的长相，就知道他的意志有多么坚强了。他身体敦厚，方头，没有脖子，双手短粗，说话的时候声音又粗又低。他会把报纸上的段落和剧场外的广告都拿来学习，也会每攒满10个小钱就会去给自己买一本新书。他已经有很多书了，完全可以开一个小小的阅览室。

在他高兴的时候，他会脱口而出，说改天带我去他家参观他的藏书。他和谁也不说话，也不和大家一起玩，总是一动不动地坐在课桌前聚精会神地听老师讲课。这个可怜的家伙，不知道花费了多少努力，才得到了这块奖章。

今天上午发奖的时候，虽然老师情绪不佳，说话做事很不耐烦，但他还是对斯塔尔迪说："好样的，斯塔尔迪！有志者事竟成！"

但是斯塔尔迪并没有沾沾自喜，连笑都没有笑一下。领到奖章后，他回到自己的座位上，像往常一样全神贯注地听着老师讲课。

最有意思的是放学的时候，斯塔尔迪的父亲在校门口等他。他是一位医生，和他的儿子一样，身体粗壮，脸庞很大，嗓门很粗。他根本没有想过自己的儿子能得奖，当老师告诉他的时候，他开心极了，拍了一把儿子的后脑勺，笑着大声说："你真行啊，我的傻小子！"

他笑着，仔细端详着儿子，一脸的不敢相信。在场的孩子们个个乐开了花，只有斯塔尔迪还是一副不苟言笑的样子，或许他正在想着明天早上的功课呢。

感 恩

我相信你的同学斯塔尔迪肯定不会抱怨你们的老师。"老师的情绪不佳，说话做事都很不耐烦。"你在说这句话的时候，口气里带着怨恨和不满。想想你自己吧！你不也常常对着别人不耐烦吗？尤其是对着你的父母，你的行为简直就是一种罪过。

老师有时候脾气比较急躁，也一定是情有可原的，他常年为了孩子操劳。孩子们当中有很多可爱的、乖巧的、善解人意的，但也有很多不近情理的。他们给他带来了许多烦恼，增加了很多工作的负担。遗憾的是，孩子们给他带来的烦恼和痛苦，也许要比给他带来的快乐要多得多！你想想，就是一个圣人处于他的位置上，有时候也难免会动怒的。更重要的是，很多时候老师都带着病坚持给孩子们上课。

虽然他的病可能还没有严重到使他不能上课的地步，但是因为他忍受着痛苦，所以就难免会表现得很不耐烦。在这种时候，如果他看到你们根本就没有察觉到他的苦衷，还让他难堪，对他而言简直就是雪上加霜。

所以你应该学会尊重、敬爱你的老师，作为你的父亲，我也同样热爱、敬仰你的老师。因为他们把一生都奉献给了伟大的教育事业。虽然他们的学生中绝大多数的人会将他们忘记，他们却依然辛勤工作，任劳任怨，无怨无悔。是他们开启了你的智慧，培育了你的心灵。有一天当你长大成人的时候，他们可能都已经不在人世，但是他

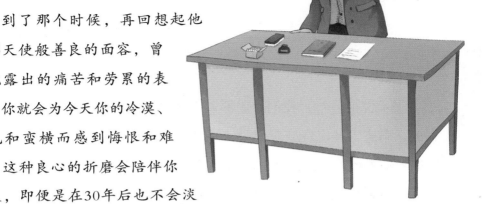

们的形象会时常浮现在你的脑海中。

到了那个时候，再回想起他们那天使般善良的面容，曾经流露出的痛苦和劳累的表情，你就会为今天你的冷漠、无礼和蛮横而感到悔恨和难过。这种良心的折磨会陪伴你很久，即便是在30年后也不会淡化。你感到羞愧，因为你没有好好地爱他们，反而给他们带来了烦恼和伤心，而这一切都无法弥补了。

所以，好好地爱你的老师吧，因为他是意大利五万名小学教师大家庭中的一员。他们遍布全国，成为上千万个和你一样正在茁壮成长的儿童的智慧之师。同时他们还是一群普通的劳动者，他们的工作得不到尊重，他们的劳动也得不到应有的回报，然而他们却依然在自己的工作岗位上尽心尽职，为培养出更优秀更出色的下一代而努力。

如果你只爱你的父母而不爱你的老师，我是不会感到快乐的。他们和许多爱你的人一样，应该得到你的爱和尊重。好好爱你的老师吧，就像爱你的叔父一样。不管他是爱抚你还是责备你的时候，不管他是表现得和蔼可亲还是悲伤痛苦的时候，你都应该好好爱他。

每一次你称呼"老师"的时候，都应该抱着敬意，因为除了"父亲"，"老师"是一个人和另一个人之间可能有的最无私、最美好的称呼了。

你的父亲

代课老师

父亲说得很对，我们的老师近来情绪不好，的确和他的身体状况有关，事实上他已经有三天没来上课了。我们的课现在由那位矮小的代课老师来承担，代课老师没有胡子，看起来像个小伙子。

但今天早上，课堂上发生了一件很不愉快的事情。这两天上课的时候，大家都一直吵吵闹闹。代课老师的耐心很好，并不责罚我们，只是不停地说："安静，大家安静！"今天早上，同学们闹腾得更凶了，课堂上的吵闹声把老师的讲课声都淹没了。老师不断地警告，同时好言相劝，但都无济于事。

校长来过两次，都只是在门口巡视，但是他前脚刚离开，教室里马上就重新炸开了锅，那喧闹的情形就跟菜市场差不多。加罗内和德罗西不停地转过身，示意同学们安静下来，告诉他们这样是不尊重老师的表现，但是没有人理睬他们。只有斯塔尔迪仍然安静地坐在座位上，双手撑着桌子，他大概是在想他家里的那个小小的藏书室吧。

长着鹰钩鼻子、爱集邮的加罗菲，此刻正在忙着写彩票活动参加者的名单。只需要花两分钱，就可以参加摸彩活动，彩票的奖品是一个袖珍的墨水瓶。其他人有的大声说话，有的哈哈大笑，有的用钢笔尖插在桌子上弹着玩，有的把袜子上的橡皮筋拆下来弹纸球。

代课老师不断地上前阻止他们，一会儿拉这个同学的胳膊，一会儿又抓住那个警告他们，还让一个同学罚站，可是一点儿用都没有。他实在无计可施了，只能请求大家不要这样做了，他说："你们为什么要这么闹呢？难道你们一定要看到我被校长责怪才开心吗？"

然后，他用拳头敲着讲台又气又急地说："安静！安静！安静！"声音里已经带了哭腔。但是，大家几乎听不到他的声音，教室里越来越吵。突然，教室里进来一位校工，他对代课老师说："老师，校长请您过去一下！"

代课老师连忙站起身出去，并做了一个绝望的姿势。他走后，教室里的狂欢愈加不可收拾。突然间，加罗内猛地站起来，攥紧了拳头，对周围人怒吼道："别闹了！你们这些畜生！老师脾气好，你们就欺负他，如果他真的要打断你们的脊梁骨，你们反而要像小狗般跪在地上求饶。你们就是一群胆小鬼！谁再对老师不尊敬，我就让他好看！放学后，我在校外等着他，不打掉他的牙，我就不是加罗内！我发誓，就是把他爸爸请来，我也照打不误！"

于是，大家一下子都不出声了，加罗内的眼睛里几乎要喷出火来，他像一头发怒的小狮子，威风极了。他盯着最淘气的几个同学看了一会儿，他们都胆怯地低下了头。当代课老师红肿着双眼回到教室的时候，班级里鸦雀无声，老师惊讶极了。

他待了一会儿，然后看到怒容满面的加罗内，这才明白过来。于是，他用很温柔的声音对加罗内说："谢谢你，加罗内！"那口气仿佛就是对他的好兄弟说话一样。

铁匠的儿子

是的，父亲说得对，我钦佩斯塔尔迪，但是我钦佩的人当然不止他一个，还有普雷科西。对于后者，我除了钦佩之外，还怀有深深的同情。普雷科西就是那个铁匠的儿子，他身材瘦小，脸色苍白，目光中透着善良和忧伤，神情中充满了惊慌。

他胆小而腼腆，总是不停地对别人说："对不起，请原谅我！"别看他总是一副病恹恹的样子，学习可用功了。他父亲每天在外面喝醉了酒，回家就无缘无故地打他，还把他的书籍和练习册扔得到处都是。

有时候，他的整个脸都会被打肿，眼睛也因为哭了太久而充血。但是，他从来不肯承认这是父亲打的。同学们对他说："你爸又打你了！"他总是马上否认："不是的，不是的。"

他不愿意让他的父亲丢脸。

老师指着被烧掉一半的作业本说："这本子一定不是你烧的，对吧？"他却用颤抖的声音说："是我烧的，是我不小心把它掉火里了。"其实，我们大家都知道是怎么回事。他做功课时，他的酒鬼父亲一脚踢翻了桌子，油灯摔破了，才烧坏了作业本。

普雷科西和我同住一栋楼，但是他家是住在阁楼上的，和我们也不共用同一个楼梯。只是看大楼的女人每次都会把他家发生的事情告诉我的母亲。一天，我的姐姐西尔维娅从阳台上听到普雷科西的哭叫

声，原来他因问他父亲要买语法书的钱，而被他父亲一脚踢下楼来。

他的父亲不仅酗酒，还不务正业，全家人都跟着他挨饿受冻。很多次，普雷科西都饿着肚子来学校上课，加罗内只能悄悄地分给他面包。帽子上插着红羽毛的老师给他带来了苹果。女老师在他上一年级的时候曾经教过他，对他的情况很了解。但是，我们大家从来都没听他抱怨："我好饿，我的父亲不给我饭吃。"

有时候他的父亲也来学校接他。我们偶尔在学校门口看到他时，他总是脸色苍白，步履不稳。可怜的普雷科西，一看到他的父亲就浑身发抖，但他还是笑着迎上去。可是他的父亲却好像根本看不到他一样，只顾着做自己的事情。

可怜的普雷科西不得不修补破烂的作业本，跟同学借了书去学习。他还用别针把衬衣的破洞别住；做体操的时候，他穿着一双笨重的大鞋，很显然是不合脚的；他的裤子实在太长了，拖在地上；上衣也太大了，他不得不把袖口卷到肘部，才能勉强行动。看到他的那副装束，谁都会为他感到难过，即便这样，他学习还是很用功。我相信如果他能够在家里安安稳稳地学习，他的成绩一定会名列前茅。

今天早上他来学校的时候，脸上带着被指甲抓过的伤痕。同学们对他说："又是你爸！这一次你不要再为他辩护了，就是你爸把你抓伤的，快把这事告诉校长，把他抓到警局去。"但是他马上站了起来，脸涨得通红，用颤抖的声音生气地说："不是的，不是的！我爸爸从来都不打我的！"

然而等到上课的时候，他的泪水止不住地往下掉。同学们回头看他的时候他就强颜欢笑，他不想让别人知道。可怜的普雷科西！明天德罗西、科雷蒂和内利都要来我家玩，我想邀请普雷科西一起来。我想请他和我一起吃点心，送书给他，只要能逗他开心一笑，就是把家里闹翻天也可以。他走的时候，我还要在他的口袋里装满糖果，多想看到他真正开心一回啊！可怜的普雷科西！他是那么善良，又那么勇敢！

愉快的聚会

今天是星期四，对我来说，这是一年里最充实、最快乐的一天。下午两点整，德罗西、科雷蒂和驼背内利来到了我们家。可怜的普雷科西没有来，因为他的酒鬼父亲不允许他出门。德罗西和科雷蒂笑呵呵地说他们在路上碰到了克罗西——那个卖菜女人的儿子。

克罗西长着满头的红发，一条胳膊有残疾。遇到他的时候，他正抱着一棵很大的白菜在叫卖，说是要用卖白菜的钱去买一支钢笔。他一脸兴奋地告诉几个同学说，他的爸爸从美国来信，说是过不了多久就要回来了，他和他的母亲正在翘首盼望着父亲的归来。

049

我们在一起度过了两个小时，大家都愉快极了。德罗西和科雷蒂是我们班里最活跃的两个孩子，我的父亲都被他们感染了，打心眼儿里喜欢他们。科雷蒂还是穿着巧克力色的毛衣，戴着毛皮帽子。他顽皮极了，一刻也停不下来。今天一大早他就已经扛了半车的木柴，可是他仿佛一点都不觉得累，照样在我家里到处蹦蹦跳跳，瞧瞧这儿碰碰那儿，还不断地问问题。他那灵巧敏捷的样子就像一只小松鼠，走过厨房的时候，他告诉厨师他卖10公斤的木柴得了多少钱，他的父亲卖10公斤木材才卖了45个铜币。

他总是不断地谈起他的父亲，说他曾经是翁贝托亲王麾下49军团的战士，还参加过库斯托扎战役。他的谈吐和举止是那么优雅，虽然他的父亲以卖柴为生，他也成天和柴火打交道，但是我父亲说他天生文雅、心地善良。

德罗西把我们大家都逗乐了，他就像老师一样精通天文地理。他闭上眼睛对我们说："这样我就看到了整个意大利，亚平宁山脉一直延伸到爱奥尼亚海，河流纵横交错。白色的城市，蔚蓝色的港湾和碧绿的岛屿……"

他能按照顺序一一道出它们的名字，

仿佛他的眼前放了一张地图。他长着满头的金发，身穿一身深蓝色的衣服，上面还镶着镀金的纽扣。他闭着眼睛高昂着头，优雅地站在那里，英俊得像一尊唯美的塑像，我们都看得羡慕不已。

只花了一个小时，他就把一篇长达三页的稿子记在了心里。下周二就是维托里奥国王葬礼的纪念日了，届时老师将让他上台朗诵一篇纪念文章。内利也一直盯着德罗西看，眼神里充满了惊奇和喜爱。他不时地用手揉搓着他宽大的黑色罩衣的边角，一双眼睛明亮而忧郁。

今天的聚会让我感到快乐极了，我觉得他们把一些闪光的东西都留在了我的记忆里。更让我高兴的是，临走的时候，我看到高大粗壮的德罗西和科雷蒂走在矮小的内利两旁，拉着他的胳膊一起出门。在他们的感染下，内利笑得那么开心，那幸福的样子从未在脸上出现过。

回到餐厅我才注意到，驼背弄臣里格莱托的那幅画不见了，原来父亲怕内利看到了多心，特意摘掉了。

爱国情结

　　亲爱的孩子，既然老师给你们讲述的每月故事《撒丁岛的少年鼓手》已经深深地打动了你们，那么今天早晨考试时的命题作文《你们为什么热爱意大利》应该难不倒你们吧？你们的心中是不是马上就有了答案？

　　我爱意大利，因为我的母亲就是意大利人；因为我的血管中流淌的是意大利人的血液；因为让我母亲哭泣、使我的父亲缅怀的许多人，死后都葬在了这块美丽的土地上；因为我出生在意大利的一个城市；因为我的兄弟姐妹、我的同学都是意大利人；因为我身边的绝大多数人和我看到的大自然，都属于意大利。我所见到的一切，我所热爱的一切，我正在学习的一切和我尊重敬仰的一切，都是意大利的。

　　可惜你现在还不能完全体会到这种感情。我的孩子，等到有一天你长大了，成为一个真正的男子汉，你也许就会懂了。当你从异国他乡归来的时候，某一天清晨，你站在客轮的甲板上眺望地平线上祖国的青山绿水，这种感情便会油然而生。当你心潮澎湃、热泪盈眶的时候，你会在内心对她发出千万次呼喊。

如果你在异国的一个大城市居住，某一天在人群中突然听到从一个陌生人的口中吐出你熟悉的声音，你一定会感到热血沸腾。如果有一个外国人用卑鄙的言语辱骂你的祖国，你一定会感到怒火中烧。如果有一天，敌人的军队要入侵你的祖国，你的爱国情绪会更加热烈。全国各地的民众都纷纷起来奋勇抗敌，年轻人争先恐后地报名参军，父亲亲吻着儿子说："勇敢杀敌！"母亲对着儿子喊道："等你胜利归来！"

最后，如果有一天，你看到了自己的亲人凯旋的情景，你就明白了一切。他们回来的时候，虽然人已经神情疲惫，衣衫褴褛，步履维艰，但他们的眼睛都闪烁着胜利的喜悦。被子弹打得千疮百孔的军旗，头上绑着的绷带，带伤行进的病人，都淹没在人群的鲜花、祝福和亲吻里，人们的心都被满腔的喜悦所填满。

亲爱的恩利科啊，只有这个时候你才会真正体会到爱国的深意。

祖国是这么的伟大和神圣！要是有一天，我看到你为了保卫祖国而战并且平安归来，我会觉得无比的幸福，因为你不仅是我的亲骨肉，而且是我的好孩子。但是如果我知道你是因为贪生怕死而侥幸保存了性命，我就不会像你每天从学校回来时那样，怀着喜悦的心情迎接你。我将痛哭流涕，将无法再爱你。不仅如此，我的心上将永远插着一把匕首，直到我悲伤地死去。

你的父亲

嫉　妒

　　这次的命题作文《你们为什么热爱意大利》，又是德罗西写得最好。而沃蒂尼还以为他会得一等奖呢。

　　虽然，沃蒂尼有点虚荣，又爱打扮，但是我还是很喜欢他。不过作为我的同桌，看到他那么嫉妒德罗西，我又有些看不起他。沃蒂尼读书一直很用功，他一心想要和德罗西争高下，但是他怎么都比不上，德罗西的每一门功课都比他好上十倍，为此，沃蒂尼难过得直咬自己的指头。

　　卡洛·诺比斯也很嫉妒德罗西，但是这个人非常高傲，所以他也不会轻易地让人察觉到他的心事。沃蒂尼和他不一样，什么事都写在脸上。在家里，他常常抱怨自己的分数，说老师对他很不公平。上课的时候，对于老师的提问，德罗西总能回答得又快又好。而沃蒂尼对此视而不见，一脸阴沉地装作听不见，还偷偷地笑，虽然笑容里充满了酸意。

　　大家都知道沃蒂尼对德罗西嫉妒得不得了，所以每次老师表扬德罗西，大家都会不约而同地去看沃蒂尼的反应。沃蒂尼的脸色总是很难看，于是，"小泥瓦匠"就会偷偷朝他扮"兔脸"。

　　今天早晨的事就是一个很好的例子，沃蒂尼又出了一次丑。老师走进教室，向大家宣布考试成绩："德罗西，满分，第一名。"老师的话音刚落，沃蒂尼就打了一个响亮的喷嚏。老师看了他一眼，马上就明白了事情的原委，于是对他说："沃蒂尼，不要让嫉妒的毒蛇钻进你的身体里，要知道它会腐蚀你的心灵，吞噬你的魂魄。"

大家都盯着沃蒂尼看，只有德罗西没有。沃蒂尼想要为自己解释，但是，什么也说不出来。于是，他脸色发白，僵在那里，一动不动。

后来，老师在上课的时候，他开始在一张纸上用很大的字体写道："我才不会嫉妒那些因为老师的偏心和特别关照才获得第一名的人呢！"他想把纸张传给德罗西。就在这个时候，他看到坐在德罗西旁边的几位同学交头接耳，正在商量着什么事。其中一个用铅笔刀刻一枚一等奖的奖章，上面还画着一条黑色的蛇，沃蒂尼也看到了。趁着老师出去的时候，坐在德罗西旁边的几位同学离开了自己的座位，来到沃蒂尼的跟前，"庄严"地把"奖章""颁发"给他。全班同学都来了兴致，看着这场闹剧。沃蒂尼气得浑身发抖，就在这时候德罗西大声说："把纸给我！"

那几个同学说："也好，那就由你来颁发给他吧！"德罗西把"奖章"一把撕得粉碎。就在这个时候，老师回来了，大家继续听课。我观察了一下沃蒂尼的反应：他脸涨得通红。他装作漫不经心的样子，把他写好的那张纸条趁机叠起来，悄悄地揉成一团，趁别人不注意又把它塞进嘴里咀嚼了几下，然后吐到桌子底下。

放学的时候，沃蒂尼经过德罗西的桌子时有些不知所措，一不小心就把自己的吸墨纸弄到了地上。好心的德罗西弯腰给他捡起来，帮他放进书包里，还给他扣好了书包的皮带。整个过程中，沃蒂尼都不敢抬头看他一眼。

一枚沉甸甸的奖章

2月4日，星期六

今天早晨，督学来到学校颁奖，他是一位白胡子的长者，穿着黑色的衣服。快下课的时候，他和校长一起走了进来，坐在老师的旁边。他询问了一些同学的学习情况，然后把一等奖颁给了德罗西。在颁发二等奖之前，校长和老师低声对他说了几句话，大家都在猜测："谁会得二等奖呢？"

就在这时，督学大声宣布："本周的二等奖由彼得·普雷科西同学获得，他当之无愧，因为他在家庭作业、课堂表现、书法、品德等方面都非常出色。"大家回头去看普雷科西。看得出来，大家都为他感到高兴。普雷科西站了起来，一副不知所措的样子，紧张得连东西南北都分不清了。

"到这里来。"督学说道。

普雷科西离开座位，走到讲台旁。督学全神贯注地打量着他：他的小脸蜡黄蜡黄的，瘦弱的身体被又大又肥的衣服裹着，一双眼睛善良而忧愁。普雷科西不敢直面督学的目光，但是督学从他的眼神中已经看出，这个孩子身上背负着沉重的故事。督学先帮他把奖章佩戴在胸前，然后用充满温情的语气对他说：

"普雷科西，我把这枚奖章颁发给你，因为没有人比你更有资格获得它。这不仅仅是因为你的聪明和好学，还因为你那颗金子般的心。是你的勇气，你的坚忍不拔的性格，为你赢得了它。你是一个当之无愧的好孩子。"

接着，督学转过身对全班同学说："你们说普雷科西是不是应该获奖？"

"应该，应该的！"大家齐声说道。

普雷科西脖子动了一下，好像咽了口什么东西。然后他用温柔的目光看了看坐在下面的同学，目光中充满了感激。

"回到座位上去吧，亲爱的孩子。"督学对他说，"上帝保佑你！"

放学的时间到了，我们班的学生比其他班的学生先放学。刚出校门，我们就看到传达室那边站了一个人。你猜他是谁？是普雷科西的父亲，那个铁匠。他的脸色和往常一样阴沉，一样苍白。头发遮住了眼睛，帽子歪戴着，两条腿站都站不稳。老师马上看到了他，于是就在督学的耳边低语了几句。督学马上找到了普雷科西，拉着他的手，把他带到他的父亲面前。我笑得心直发抖，校长和老师也跟了过去，他们的身边还围着许多同学。

"您就是这个孩子的父亲吗？"督学用愉快的口

吻问铁匠，好像他们是老朋友似的。

没等对方回答，他又接着说："我为您感到高兴，您瞧您的孩子得了二等奖。他的成绩超过了54位同学，他在作文、数学等方面都很出色。他是一个既聪明又好学的孩子，将来一定会很有出息的。不仅如此，这个孩子还赢得了所有同学的尊敬和喜爱，真的是很不容易！我向您保证！为此您应该感到骄傲才是！"

铁匠呆呆地站在那里，惊讶得张大了嘴巴。他直瞪瞪地看着督学和校长，然后又看看站在他面前还在不停地颤抖的儿子，好像突然明白了什么。回想起他是怎么虐待这个孩子，而这个孩子却一直用非比寻常的忍耐力和爱心回报他，他的脸上流露出一种复杂的惊喜；然后，想起那个可怜的弱小的孩子所承受的巨大痛苦，他又深深地皱紧眉头。汹涌的温情和无比的悲伤涌上心头，他一把拉过自己的孩子，紧紧地搂在了怀里。

我们走到他们的面前，我请普雷科西和加罗内、克罗西一起到我家去玩；其他同学亲热地上前和他们道别。有人吻了普雷科西一下，有人摸了一下他的奖章，每个人都对普雷科西说了一些话。他的父亲一直紧紧地抱着儿子的头，惊讶地看着这一切。而普雷科西则在父亲的怀里忍不住哭了起来。

决　心

　　普雷科西得奖的事情，对我而言不失为当头一棒。从开学到现在，我连一枚奖章都没有得过。我已经厌学有一段时间了，为此，我讨厌我自己；老师以及我的爸爸妈妈对我当然也不满意。以前我刻苦学习的时候，我做完作业，到了该玩的时候，我总能玩得很尽兴。蹦蹦跳跳地放下书包，我就一头扎进我的游戏世界，好像有一个月没有玩过似的。可是现在，这种乐趣我却感受不到了。我的心里仿佛总是笼罩着一层阴影，一个声音不断地对我说："这样下去不行，这样下去不行！"

　　傍晚的时候，我看到许多孩子和工人们一起收工下班，经过我家附近的广场。他们看上去很疲惫，但是却很快乐。他们加快了脚步，赶着回家吃饭。他们边走边聊天，用沾满了煤灰的黑手或者沾满石灰的白手互相拍打着对方的肩膀。

　　我猜想他们是从日出时分一直工作到傍晚，不少人年纪都还很小，却成天在屋顶、锅炉前度过；与机器相伴，在水里或者地下工作。不管工作有多么辛苦，他们的食物都只有一丁点儿面包。想到这里，我真的感到很羞愧。因为我每天除了胡乱写上几页作文以外，什么都不用做。

　　"哦，我真的对自己很不满意，真的！"

　　我看出父亲情绪不佳。他本想对我说什么，但是最后什么也没有说。我知道，他在等待。

亲爱的爸爸，你每天工作那么辛苦，家里面的财富都是你创造的，我每天吃的、穿的、用的、玩的都是你辛勤工作的果实。而我呢？不仅不能为你分忧，还让你操心、劳累、生气。唉，我真是太没用了！

哦，这一切都太不公平了，再也不能这样了！我太难过了！从今天开始，我要好好学习，就像斯塔尔迪那样全心全意地学习！晚上，我要克服一看书就犯困的毛病；早上，我要在鸡鸣的时候就起床。我要不停地鞭策自己，要好好用功，努力改掉爱偷懒的坏毛病。为此，我要勇敢地承受各种痛苦，即便熬出病来也在所不惜。

这种让我身边人痛心，让我自己灰心的生活真的应该赶快结束。我应该鼓起勇气，重新开始学习！全心全意地刻苦学习！

能够学习是美好的。好好学习一天之后，我一定能玩得很痛快，吃得更有滋味，睡得更加香甜。老师和父亲看到我又重新振作起来，努力学习，他们一定会高兴的。老师又会对着我微笑，而父亲则会亲吻着祝福我，那将会多么美好啊！

探望生病的老师

2月25日，星期六

　　昨天放学后，我去探望了那位生病的老师。他生病是因平日过度劳累所致，他每天白天要教五个小时的文化课、一个小时的体操课，晚上还要在夜校教两个小时的课。他睡眠严重不足，饮食也不均衡，从早忙到晚，连歇口气的时间都没有，身体当然会被累垮。至少，我母亲是这样对我说的。我一个人上楼去看老师的时候，母亲在大门口等着我。

　　在楼梯上，我碰到了长着大胡子的夸蒂老师，他最爱吓唬人了，却从来不惩罚我们。他睁着大眼，用圆鼓鼓的眼睛瞪着我，像狮子一样大吼一声，和我开了个玩笑。我爬到五楼，在按老师家门铃的时候还在笑，可他却没有笑。

　　但是在女仆给我开门，把我带进老师屋子里之后，我就马上笑不出来了，心里觉得很难过。老师的卧室里光线很暗，房间的陈设也很简陋，老师就躺在一张小铁床上，胡子已经长得很长很长了。听到有人进来，他用一只手抵在额前，以便看得更清楚些。当看到来的人是我的时候，他很惊讶，用亲切的语气打招呼："哦，是你，恩利科！"

　　我走到他的身边，他把一只手放在我的肩上，说："好孩子，你是来看你生病的老师吗？好，好，真不错！亲爱的恩利科啊，你没有想到吧，你的老师居然病成了这样。学校里怎么样？你的同学们都还好吧？我不在一切都好，是不是？还是一旦离开了我这样上了年纪的老师，你们就不再用功了？"

　　我刚想说："不是这样的。"他就打断我，说："算了，算了，我知道你不想让我难过，一定会安慰我。"说完，就叹了口气。

　　我环视四周，发现墙上挂了很多照片，忍不住仔细看了起来。

　　老师看到我在看这些照片，就对我说："你看，这些照片都是我在这所学校的二十几年教学生涯中，我的学生送给我的，都是有关他们的照片，他们送给我留个纪念的。都是些很优秀的孩子，他们是

我生命中最美好的记忆。当我死去的时候，我会把我的最后一眼留给他们——我的学生们，因为我就是在他们中间度过了我的一生。恩利科，等你小学毕业的时候，也会给老师送一张你的照片吧？"说着，他从床头的小桌子上拿了一个橙子放到我的手心，说："没有什么能给你的了，孩子，吃个橙子吧，就算是一个病人的礼物。"

我望着他，不知为何一阵心酸。

老师又说："听着，孩子，我希望我能赶快好起来，但是万一我好不了……你一定要在你的数学上好好加把劲儿。你知道，那是你的弱项。有时候，一个人学不好某件事，并不是他缺少那方面的天赋，而是他的思维方式造成的，是一些先入为主的想法阻碍了他的进步。"可是说着说着，他的呼吸就突然急促起来，看得出来，他正承受着巨大的痛苦。

"我正发着高烧，"老师说，"唉，我觉得自己的日子已经不多了。不管怎样，你一定要用心把你的数学好好补一补。万事开头难，如果一开始不行呢，就等一等，积蓄一些力量，再试！如果还是不行，那也不要气馁，稍加休息后，还要从头再来。要一直向前，从从容容地和困难做斗争。但是你也要小心，既不能耗尽自己的精力，也不能向困难低头。好了，孩子，你妈妈还在等你呢！你也不要再来看我了，我们争取在学校相见吧。万一你再也见不到你的老师，我希望你时常会想起我，想起我在你四年级的时候曾经教过你，想起我一直都很喜欢你。"

听着这样的话，我都要快哭出来了。

"把头低下来！"老师对我说。我听话地把头低下。他凑上来，

在我的头发上吻了一下。

　　然后，他对着我说："你回去吧！"说完，就把头转了过去，面朝墙壁睡了，并且不再理会我。

　　于是，我只能离开。我转身出门，沿着楼梯飞奔下去。此时此刻，我多么希望投入母亲温暖的怀抱啊！

街道文明

孩子，今天下午你从老师家回来的时候，我一直从窗口看着你：你走路不小心撞到了一位妇女。我希望今后你在街上走路时要小心些，要遵守一些规则。

孩子，我想如果是在某人家里做客，你一定会很谨慎地关注自己的举止，约束自己的言辞，规范自己的行为。那么在大街上，你为什么不能同样做到呢？要知道，从某种意义上来说，大街就是我们所有人公共的家呀！

恩利科，你一定要牢牢地记住父亲今天对你讲的话。当你在路上碰到步履蹒跚的老人、穷人、怀抱婴儿的妇女、拄着拐杖的残疾人、身负重物的人、披麻戴孝的人，你都要毕恭毕敬地给他们让路。我们应该学会尊重长者、母亲、贫穷、疾病、劳动和死亡。

在路上看到马车快要撞到人的时候，一定要快速地做出反应。如果对方是成年人，就赶快警告他有危险；如果对方是个小孩子，就要尽量把他拉到安全的地方去。碰到当街哭泣的小孩，就应该问问他出了什么事；看到老人的拐杖掉了，就应该马上帮他捡起来。如果遇到两个小孩子正在打架，你要尽量把他们拉开；但是如果打架的是成年人，你就应该尽快地躲避开。尽量不要去看那些可怕的暴力场景，因为它们不仅会让我们的情绪变坏，而且会让我们的心灵变得麻木。

不要挤在人群中去嘲讽一个被五花大绑、由两个警察押着的人，

因为他很有可能是无辜的。看
着送葬的队伍或者有人抬着睡在
担架上的垂危的病人经过，应该停止
和你的同伴谈笑，因为这样令人悲伤的
场面极有可能在明天发生在你或者你的家人
身上。

对排着队手拉着手互相扶持着过街的福利院的孩子，要保持尊
重并表示礼貌和关怀。他们可能是盲人，可能是聋哑人，可能是得了
佝偻病的孩子，可能是孤儿或者弃儿，他们的心中藏着许许多多的不
幸，只有在我们温情的目光中才能得到宽慰。

如果有一个长相丑陋或者肢体残疾的人走在你的面前，你要尽量
装作什么都没有看见。在路上看到还没有完全熄灭的烟头或者火柴的

时候，一定要踩灭，因为它很可能是一场重大火灾的隐患，会伤及人命。如果有人向你问路，你一定要热情、耐心地回答他。没事不要朝别人发笑，更不要乱跑乱叫，要做一个文明的行人。

你知道吗？一个民族的道德水平、文明程度，往往可以从这个国家的大街上看出来。街上的行人如果粗鲁野蛮、缺乏教养，那么他们在自己的家里也同样是这样。所以要好好地观察你身边的街道，好好地认识你生活的城市。

如果有一天你离开了她，去了远方，她将留在你的记忆中，成为你最珍贵的记忆的一部分。只要你愿意，你都可以在脑海中展开你最喜爱的城市的地图，对自己说："这就是我的故乡，我多年生活过的地方。在那条街上，我度过了我的童年；我的母亲就是在那里看着我牙牙学语的；在那里，我迈出了人生的第一步；那里有我童年的朋友，有我最初的感动，有我启蒙的理想。"

孩子啊，故乡就像是一个人的另一个母亲，她教育你、呵护你、保护你。好好地爱她吧！仔仔细细地观察她的每一条街道和街上走的每一个人。如果有一天有人胆敢欺负她，你一定要奋力地保护她！

你的父亲

夜　校

　　昨天晚上，我父亲带我去参观了我们巴雷蒂学校的夜校。刚到的时候，整个教学大楼灯火通明，上夜校的工人们已经陆陆续续地进来了。校长和老师们看起来很恼火。我父亲上前一打听才知道，原来就在几分钟前有人恶意打碎了教室窗户上的一块玻璃。

　　一位校工闻讯跑出去，把一个过路的男孩儿抓了进来。但是就在这个时候，住在学校对面街上的斯塔尔迪跑进来，对校长说："不是他扔的石头！是弗兰蒂干的，我亲眼看到的！他还对我说：'如果你敢把你看到的说出去，我就要你好看！'但是，我不怕！"校长愤怒极了，说这一次一定要把弗兰蒂开除。

　　来上课的工人们三三两两地走进教室，校长时不时地和他们打招呼，不一会儿教室里已经坐了两百来人。以前，我从来没有来过夜校，不知道夜校原来那么有意思。这里的学生有十三四岁的孩子，也有长了胡子的成年人。很多人一下班，带上书和本子就赶来了。

　　木匠的身上沾着木屑；锅炉工的脸上都是黑黑的煤灰；泥瓦工的双手沾有白色的石灰；烤面包的伙计，头发上沾满了面粉。油漆的味道，皮革、沥青的味道，还有油的气味，乌烟瘴气。

　　有一队兵工厂的工人穿了军装，在他们队长的带领下也来上课。他们移开桌子底下我们原来用来搁脚的木板，迅速在各自的位置上坐好，开始学习。

他们中有的人拿着翻开的作业本向老师问问题。我看见那个衣着讲究、绰号叫"小律师"的年轻教师正在讲台上改作业，他身边有四五个工人学生围着他。除此以外，还有一位瘸腿老师，他正在哈哈大笑，因为一位做印染工的学生交给他的本子上到处是红一片蓝一片的。我们的老师也在场，他的身体已经康复了，听说明天就会回学校给我们上课了。

开始上课了，教室的门没有关，但是所有的学生都神情专注，一丝不苟。这让我感到很惊讶。听校长说，大部分的学生为了上课不迟到都没有回家吃饭，是饿着肚子来的。他们的学习态度和我们真的有天壤之

别，我们中有些人才上了半个小时的课就犯困了，有的人索性趴在桌子上呼呼大睡起来。

老师不得不走过去，用钢笔戳戳他的耳朵，把他叫醒。可这些大人就不这样，听课的时候聚精会神，张着嘴巴，连眼睛都不眨一下。看到平日里我们坐的课桌前，现在坐着这样一群长着大胡子的大学生，我的心里真的有一种被触动的感觉。

我们还上楼看了一下，我特意跑到我们教室门口张望了一下。发现我的位置上坐着的是一位手上绑着绷带，脸上留着两撇大胡子的男人。看这样子，他的手一定是在上班的时候被机器弄伤了，不过看来这并没有影响他学习的情绪，他还是从从容容地在学写字。我最高兴的是看到"小泥瓦匠"的位置上坐着他的父亲——高大壮实的大泥瓦匠。

座位太小了，他不得不蜷缩着身子听课，不过他听得很认真——双手撑着下巴，眼睛盯着书本，大气都不敢喘。校长告诉我们，"小泥瓦匠"的父亲坐在他儿子的位置上并不是巧合。听说，为了这个位置，他特意提前一天跑到学校和校长说："校长先生，不知道您是否能让我坐在我家'兔脸'的位置上？"他一直称呼他的儿子"兔脸"。

我父亲和我一直看到他们下课才离开。我们看到校门外有许多妇女抱着孩子等着她们的丈夫。丈夫们下课出来了，便从妻子们的手里接过孩子抱着，顺手把课本和练习册交给妻子拿着。然后，夫妻俩一起回家。一时间，街上熙熙攘攘，人声嘈杂。不久又安静了下来，我们只看到校长拖着疲惫的身子，走得离我们越来越远。

打 架

3月5日，星期日

　　大家早就预料到，弗兰蒂被学校开除后不会就这样善罢甘休的，他一定会找机会去报复斯塔尔迪。果然，马上就出事了。每天放学以后，斯塔尔迪都要去托拉·哥罗萨大街的女子学校接妹妹放学。那天，弗兰蒂就在大街的一个拐角处等他。

　　我姐姐西尔维娅放学后，在路上目睹了他们两个人打架的事情，回到家后还心有余悸。她把看到的一切都告诉了我们。

　　女子学校放学后，弗兰蒂歪戴着帽子偷偷地跟在斯塔尔迪和他妹妹的后面。为了挑逗斯塔尔迪，突然间，他用力拉了一下斯塔尔迪妹妹的辫子。他下手那么狠，小姑娘大惊失色，大叫了一声，差点儿摔倒在地上。斯塔尔迪听到妹妹的叫声，回头一看，正是弗兰蒂。弗兰蒂仗着自己人高马大，心想：如果斯塔尔迪不吱声就算了，要不然我非打得他屁滚尿流！

　　但是斯塔尔迪可不是那种胆小怕事、思前想后的人。他想也没想就朝着比他高大许多的弗兰蒂扑过去，用拳脚对付那个坏蛋。然而，斯塔尔迪毕竟不是强壮的弗兰蒂的对手，被弗兰蒂一阵毒打。

　　当时大街上走过的只有女生，谁也不敢上前拉开他俩。弗兰蒂把斯塔尔迪打倒在地，斯塔尔迪马上爬了起来，又朝弗兰蒂扑了过去。弗兰蒂心狠手辣，不一会儿就撕破了斯塔尔迪的半个耳朵，还打伤了他的一只眼睛，打得他鼻子出血。但是斯塔尔迪生性坚强，他朝弗兰蒂怒吼道："除非你把我打死，否则我一定不会放过你！"

于是，弗兰蒂把斯塔尔迪压在身下，拼命地打他，扇他耳光。而被压在地上的斯塔尔迪也毫不示弱，奋力反抗。

一个女人从自家窗户看到了这一幕，大声喊道："勇敢的小家伙！"

其他人夸他："这个孩子真是了不起，他是在保护他的妹妹！"

更有人不断地给斯塔尔迪加油鼓气："使劲儿，狠狠地打他！"

还有人在骂弗兰蒂："不要脸的家伙，欺软怕硬！"

弗兰蒂也被激怒了，一脚把斯塔尔迪踢倒，扑了上去，狠狠地压在他身上，说："你服不服？快求饶！"

斯塔尔迪说："不！"

弗兰蒂又说："快说，你到底服不服？"

斯塔尔迪说："不服！"

突然，斯塔尔迪猛地跃起，抱住弗兰蒂的腰，奋力把他摔倒在石子路上，并用膝盖顶住他的前胸。

就在这时，有个男子看到弗兰蒂手里的武器，惊叫道："不好了，这个臭小子身上有刀！"说完，跑过去想要把刀子夺下来。

但是，这个时候，愤怒的斯塔尔迪已经用双手抓住了弗兰蒂的胳膊，并对他的手狠狠地咬了一口。刀子掉了下来，弗兰蒂的手鲜血直流。这时，大人们都赶过来了，拉开了他俩，并且把他们扶了起来。弗兰蒂马上狼狈地溜走了。斯塔尔迪没有马上走，他的脸被打肿了，眼睛也被打得发青，但是他却是最后的胜利者。

妹妹站在他的身边哭泣，有一些好心的女孩把散落在地上的课本和练习册捡了起来。大家都说："这孩子真勇敢！"

"他是在保护自己的妹妹！"

但是斯塔尔迪根本无心回味他的胜利果实，一心都在他的书包上。他仔细地检查了散落的书籍和练习册，看看有没有丢失什么，弄坏什么，并用袖子把上面的灰尘掸去。最后他又瞧了瞧他的钢笔，发现没事，这才把它放回原处，认认真真地对自己的妹妹说：

"我们快回家吧，我还有四则运算的作业要做呢。"

我的姐姐

恩利科，我的弟弟，前几天你和你的同学科雷蒂吵架，犯了错，爸爸已经批评你了。可是，今天你怎么又对我——你的姐姐，这么无礼呢？你不能想象，看到你这个样子，我的心里有多么难受。

记得你小的时候，我总是守在你的摇篮边，我的同伴让我出门和她们一起玩，但是为了你，我总是拒绝她们。每一次你生病，晚上我就睡不安稳。我会时不时地从床上爬起来，用手摸摸你的额头，看你还发不发烧。

你知道吗？你伤害的可是你的亲姐姐啊！如果有一天不幸突然降临到我们头上，我将担负起母亲的责任，爱你，照顾你。

总有一天，我们亲爱的爸爸妈妈会离开我们。到了那个时候，我就是你最好的朋友，只有和我在一起的时候，你才能把失去亲人的悲痛毫无保留地释放出来。我们还可以一起回顾你的童年——那段我曾经目睹的时光。

如果需要的话，我还会为你而工作，用自己辛勤劳动赚来的钱给你买面包、交学费。即便有一天你已经长大成人，我也会像从前一样爱你。我会用我的心随着你远游，伴着你成长，这一切的一切都是因为我们曾经一起长大，我们的血管里流着同样的血液！你懂吗？恩利科。

恩利科啊，将来要是有一天你遇到了什么困难，感到孤独的时候，我相信你一定会跑来找我的。你会对我说："西尔维娅，我的好姐姐，让我

和你在一起坐会儿吧，让我们一起谈谈我们小时候那些愉快的事。你还记得吗？说说我们的妈妈，我们家的事。那些日子是多么美好啊！"

那个时候，我一定会张开双臂欢迎你的。哦，亲爱的恩利科！请原谅我今天责备了你，要知道，我不会把这样的事情放在心上。即便你再使我感到不愉快，比起我们之间的感情，它们都算不了什么。你永远是我的弟弟，我将永远记住你曾经是一个可爱的婴儿，曾经无助地躺在我的怀抱里。我们有着共同的父母，曾经一起长大，我们一起度过了很多美好的时光，我曾经是你最亲密的伙伴，这一切才是最重要的。

　　请你在这个本子上给我写几句亲热的话吧，晚上，我过来的时候再看。另外，为了向你表示我并没有生气，我帮你抄好了每月故事《费鲁乔的献血》。我知道"小泥瓦匠"病了，老师让你来抄这个故事。可是你昨天好像累极了，很早就趴在桌子上睡着了。我心疼你，就熬夜帮你抄好了。我把它放在了你的小书桌左边的那个抽屉里，你去看看它在不在，好吗？

　　请给我写几句表示亲热的话吧，求你了！

你的姐姐西尔维娅

我连吻你的资格都没有！

恩利科

卡武尔伯爵

孩子，听说老师让你们写一篇描述卡武尔伯爵纪念碑的文章，我想这并不是很难，放心去写吧。但是卡武尔伯爵到底是一个怎样的人，现在你们可能并不清楚，你们对他的了解非常有限。

事实上他做过多年的皮埃蒙特首相，是他把皮埃蒙特的军队派到了克里米亚，并且在切尔纳亚河流域的战役中打败敌军，使在诺瓦拉战败的我军重新获得了胜利的荣耀。是他请求15万法国军队越过阿尔卑斯山，把奥地利的军队赶出了伦巴第地区。是他用卓绝的智慧、坚忍不拔的意志和不懈的努力，在革命最关键的年代里把握着意大利的命运，用强有力的手腕促进、维护我们祖国的统一。

将士们在战场上浴血奋战，而他却在内阁里经受着最严峻的考验。他伟大的事业随时都有被颠覆的危险，就像一座根基不稳的大厦，随时都有倾覆的可能。日日夜夜、时时刻刻，他都在痛苦和斗争中度过，每次可以放松一下的时候，他都觉得精神快要崩溃，身心俱疲。

正是他的凌云壮志和充满腥风血雨的事业让他少活了20年。然而，当他身患疾病、生命垂危的时候，他还在努力奋斗，一边是与疾病抗争，一边是想要再为他的祖国做些什么。

在他临终前躺在病床上的时候，他承受着巨大的痛苦，还在说："真奇怪，我怎么不能阅读了？我为什么不能再看书了呢？"

医生给他抽血时，他的体温不断地升高，但是他还在操心着国家大事。他心情迫切，对医生说："请你们治好我的病，现在我觉得我的脑袋昏沉沉的，我只有全心全意投入才能把国家大事处理好。"

　　当他生命垂危之际，全城的人民都万分焦急。国王来到他的病床前看望，他忧心忡忡地说："陛下，我还有很多话要对您说，还有许多事情要向您汇报。可是，我病了，我可能再也不能为您效劳了。我无能为力了啊！"为此，他绝望万分。

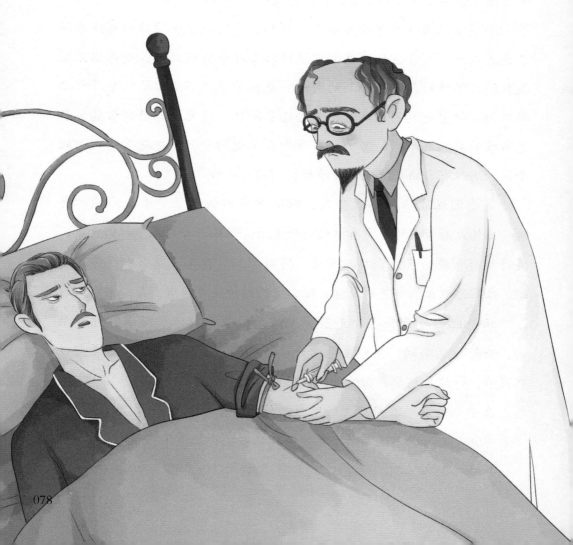

他的那颗赤子之心一直忧虑着祖国的前途命运。当时，刚归入意大利版图的几个省份和其他一些悬而未决的事，一直是他关注的焦点。在弥留之际，他一边喘气，一边叮嘱道："你们要好好地教育青少年，要用民主的方式治理国家，还人民以自由的权利！"

当死神快要降临在身上的时候，他开始用火一般的热情为曾经与他有过很大政治分歧的加里波第将军祈祷。同时，他也在为当时还没有获得解放的威尼斯和罗马两个城市祈祷。他对意大利甚至是整个欧洲的未来都有非常独到的政治远见。他还梦见外族入侵，焦急地询问准备抵抗的军队的方位以及将领的部署。他一刻都没有为自己考虑过，在人生的最后时刻，还是不断地为我们、为人民忧心。

他最大的痛苦，不在于他的生命即将消逝，而在于他要离开还需要他的祖国了。为了祖国的统一和兴盛，他在短短的几年时间里，就耗尽了这光辉的一生中所有的精力。在他死去的时候，他的口中还高喊着战斗的口号，他的死和他的生命一样伟大。

现在，你好好想一想，恩利科，和他的事业比起来，那些让我们烦恼的工作又算得了什么？和那些伟大的人物的巨大痛苦、付出以及他们的死亡相比，我们的伤心、失意又算得了什么？

那些人的心里承载的是整个世界啊！想想吧，我的孩子！下一次，当你走过那块巨大的大理石纪念碑的时候，不要忘记对它说："光荣啊！"

你的父亲

春 天

今天已经是4月1日了，距离学期结束仅有三个月了！

今天早上，阳光明媚，是一年中最美好的早晨之一。在学校里，我得到了一个好消息，所以非常高兴。科雷蒂对我说，因为他的父亲认识国王，后天他可以带我一起去觐见国王。而我的妈妈也答应我，那天带我去参观瓦尔多客大街上的幼儿园。

"小泥瓦匠"的身体又好多了。昨天晚上，我和父亲在路上遇到了正好经过的老师。他对我父亲说："他好多了，好多了。"但是，最重要的是，这是一个美好的春天的早晨。

从教室的窗户看出去，我看到天空是碧蓝色的，学校花圃里的树梢上长满了新芽，家家户户的窗子都敞开着，窗户上摆满了瓶瓶罐罐，里面的植物都变绿了。我们的老师还是没有笑，因为他从来都不笑，但是看得出来，他的心情也是不错的，以至于他额头上的那道深深的皱纹几乎都看不到了。

他一边在黑板上给我们讲题，一边开着玩笑。呼吸着从窗户外面进来的新鲜空气，他感到很愉快。因为那里面包含着清新的树叶的味道和泥土的芳香，让人忍不住想要去花园散步。

我们上课的时候，附近的街道上，铁匠在叮叮当当地敲着铁板；学校对面的一户人家里，一位母亲正给她的宝宝哼着摇篮曲；稍远处，传来切尔纳亚军营里的号角声。所有的同学都很高兴，连斯塔尔

迪都不例外。

一会儿，铁匠的敲打声更大了，女人的歌声也更高了。老师停止讲课，仔细听着，然后望着窗外，对我们说："天空在微笑，母亲在歌唱，勤劳而朴实的人们在劳动，孩子们在学习……这些都是生活中最美好的瞬间！"

放学的时候，我看到其他班的学生都像我们一样高兴雀跃。大家都排着队，跺着脚，唱着歌，好像从明天开始，学校要放假似的。女老师们互相开着玩笑，头上插着红羽毛的老师蹦蹦跳跳地跟在她们后面，就像小姑娘一样活泼可爱。学生们的家长都笑着、讨论着。克罗西的母亲，那个卖菜的女人，在她的篮子中放了很多紫罗兰，鲜花散发出沁人心脾的芳香。

看到我妈妈也在路边等着我，我从来没有这么高兴过。我跑过去对她说："我好高兴！今天早晨到底是什么让我这么高兴呢？"

妈妈微笑地告诉我，那是因为美丽的春天来了，而我又是一个心地善良的好孩子！

大病初愈

　　从父亲的老师家回来，我还是很高兴的。但是，我万万没有想到，在和父亲的这次快乐的旅行之后，我居然会一病不起。整整有十天的时间，我都没有出门。在这段时间里，不要说是去田野里走走，我连天空是什么颜色都没有看到。

　　当时，我病得真的很严重，几乎有了生命危险。我听到我的母亲不断地哭泣，父亲则一直注视着我，他的脸色变得苍白，很苍白。我的姐姐西尔维娅和我的小弟弟低声说着话，一个戴眼镜的医生时不时地来看我，说一些我根本听不懂的话。

　　真的，那一刻我真的病得快和大家说永别了。哦，我那可怜的母亲。大概有三四天的时间，我一直在昏睡，我什么都不记得，陪伴我的只有噩梦和黑暗。

　　隐隐约约中，我好像看到我二年级时的女老师来到我的床前，为了不吵醒我，她拼命用一块手帕按住自己的嘴巴，努力忍住咳嗽。我现在的老师好像也来过，我依稀地记得他亲吻了我，他的胡子扎得我脸疼。还有红头发的克罗西，金头发的德罗西，穿着黑衣服、来自卡拉布里亚的男孩儿。加罗内也来看过我，他还给我带来了一个橘子，非常新鲜，上面还有绿色的叶子。但是，他只待了一会儿就走了，因为他的母亲也病得严重。

　　后来，我就醒了，真的像做了一场梦。我知道自己的身体已经好

多了，因为我看到父亲和母亲的脸上都有了笑容，而我的姐姐西尔维娅也在哼着小曲儿。哦，多么悲伤的梦啊！

接下来的日子，我的身体一天比一天好了。"小泥瓦匠"来看我的时候又给我做了一个"兔脸"，我忍不住笑了，要知道这可是我生病以来第一次笑啊！"小泥瓦匠"病愈后，人瘦了好多。可怜的家伙，他的脸因此拉长了，但是扮起兔子来却更像了。科雷蒂和加罗菲也都来了，加罗菲还送了我两张他新制作的彩票。如果中奖的话，可以得到一把有五个刃的削铅笔的小刀，那是他从贝尔托拉大街的旧货商那里买来的。

昨天，普雷科西也来看过我，因为当时我正在睡觉，他不忍心吵醒我，就把脸贴在了我的手心里。他是从他父亲的打铁工厂里过来的，脸上还沾着许多煤灰，所以就把我的袖口弄脏了。我醒来时看到沾有煤灰的袖口，便知道普雷科西来过，心里很高兴。

才几天的工夫，树都抽新芽了，变得绿油油的。父亲把我扶到窗前，我看到许多孩子拿着课本跑着跳着，高高兴兴地去上学。不过用不了多久，我也可以像他们一样去学校了。我真的很想快点见到我的同学、我的课桌、我的校园和那熟悉的街道。我也迫切地希望他们能把这段时间我不在的时候发生的故事全都告诉我。

另外，我还想读书、写字，我觉得自己好像有一年的时间没看到过它们了。我可怜的母亲，她不仅瘦了，脸色也苍白了很多。可怜的父亲，他看上去也很憔悴。还有我那些要好的同学们，想当初他们来看我的时候，都是踮着脚尖悄悄地走近我，然后在我的额头上轻轻地亲吻。

现在想到总有一天我们大家都要分开，我就觉得很难过。我也许会和德罗西还有其中的几个同学继续一起学习，可是其余的人呢？上完五年级以后我们就要分别了，再也见不到了。即便我再生病，他们也不会再到我的床边来看我了。加罗内、普雷科西、科雷蒂，还有许多可爱的同班同学，他们都不会来了！

永远的朋友

恩利科，我的孩子，你为什么要这么说呢？见不见他们，是否能继续和他们做朋友，这完全取决于你啊！读完五年级，你就将开始读中学，而他们呢，可能马上就会参加工作，但是这并不意味着"永别"，因为你们还在同一个城市生活啊！

既然如此，你们为什么就不能再相见呢？以后当你上高中甚至上大学的时候，你照样可以去看他们工作的商店，或者去工厂找他们。看到你儿时的好友都长大成人，并且一个个都成了工作能手，你一定会感到很高兴，很快乐。

将来，无论科雷蒂和普雷科西在哪里，我都希望你还能跟他们一起玩。你去找他们，和他们待上几个小时，你会发现他们会教你很多东西。他们会和你谈起他们的工作、他们的技能，还有他们的生活、他们的世界。

你从他们身上可以更深刻地认识这个社会和国家，学到书本上无法传授给你的东西。所以，你一定要好好珍惜你现在拥有的友谊，并且认真地维护它，因为在以后的生命中，你也许再也不会得到这样真挚的来自社会不同阶层的友谊。一旦失去这份友情，你就只能生活在自己的阶层里，只能同本阶层的人打交道，那样就像只读一本书的书呆子一样狭隘。

所以，今后你一定要和你的好友保持联系，即便你们不在一起学

习和生活。但其实，从现在开始，你就要更加加深你们的友谊，因为他们都是工人阶级的孩子。孩子，你瞧，一个社会就像一个军队，上层社会的人就像是军官，下层社会的工人就像是士兵。但是，这并不意味着士兵不如军官高贵，因为人的贵贱在于人格而不在于金钱，在于人生价值而不在于身份。

　　如果我们真的要论功劳的话，他们也属于士兵，属于工人，因为他们付出了最多，但是从劳动成果中却分得最少。所以，在你所有的同学和伙伴中，你应该首先学会尊重和热爱工人和士兵的孩子，要懂得尊重他们的父辈所付出的辛劳和做出的牺牲。

　　不要用金钱和地位衡量一切，只有卑鄙小人才会那样做。想想我们现在所享受的一切，都是工人阶级和农民阶级用他们的劳动、血汗创造出来的。他们在车间里工作，在田野里耕作，用他们的智慧和劳动换来我们祖国的今天和明天。

所以，你不能忘了加罗内，不能忘了普雷科西，不能忘了科雷蒂和"小泥瓦匠"。你要爱他们，因为这些幼小的工人阶级的胸腔里跳动的是一颗颗王子般高贵的心。你要对自己发誓，不论自己以后变成什么样，都不能从你心中抹去这些童年时建立起来的珍贵友谊。

你要相信自己，假设再过40年，经过火车站时看到一个衣衫褴褛、满脸灰尘的机修工，而他正是加罗内的话，你一定会认出他来。不过，我想，其实你并不需要对自己发誓。因为如果这样的事情真的发生了，即便当时你已经是我们这个王国的参议大臣，你也会跳上他的机车，用双手抱住他的脖子。

你的父亲

加罗内的母亲

一回到学校，我就得到一个不幸的消息。加罗内有好几天都没有来学校了，因为他的母亲病得很厉害。星期六的晚上，她病故了。昨天早上，我刚到学校，老师就对我们说：

"可怜的加罗内，他遭遇了一个孩子可能遭遇的最大不幸——他的母亲病故了。明天，他就要回学校上课了。孩子们，我请求你们从现在开始时刻谨记他的不幸，要用理解和尊重来抚慰他受伤的心灵。当他走进学校的时候，你们要热情地和他打招呼，但同时一定要保持严肃。你们不能和他开玩笑，在他面前也不要毫无顾忌地大笑。记住了！"

今天早上，加罗内真的来上课了。不过，他比别的同学来得都要晚一些。看到他，我的心里非常难受，就像被打了一拳。他的双眼红肿，脸色苍白，站都有些站不稳，看上去就像病了一个月，和从前的加罗内一点儿都不像。他浑身穿着黑衣服，让人看着难受，大家盯着他看，谁也不敢大声喘气。

走进教室，往日的一幕幕都涌上他的心头。他的母亲活着的时候，几乎每天都来学校接他；每次考试前，她都会走到他的课桌前，俯下身子叮嘱他；上课的时候，他会经常想起母亲；一听到下课铃声，就会迫不及待地冲出去，和母亲一起回家。

想到这里，他再也忍不住，失声痛哭起来。

老师把他拉到身边，将他搂在怀里，对他轻声地说："哭吧，尽情

地哭吧，可怜的孩子。但是，你一定要
坚强。你的母亲虽然不在这里了，但
是她在天上看着你，爱着你。她一
直都会活在你的身边，直到有一
天，你重新看到她。因为你的灵
魂和她的一样真诚、善良。坚
强一些，孩子！”

说完，老师便陪着他走到了课桌前。加罗内的课桌离我很近，可是我根本不敢看他。他从课桌里抽出课本和练习册，他已经好多天都没有翻开过了。翻开阅读课的课本，上面正好是一幅母亲和孩子手拉手的插图，他一看，就把头垂在课桌上，忍不住又哭了起来。

老师做了一个手势，让大家先不要管他，接着便开始上课了。我本想对他说些什么，但是我真的不知道说什么好。于是，我用手抓住他的胳膊，在他耳边说道："不要哭了，加罗内。"

他没有回答，他的头也没有从课桌上抬起来，但是他把手放进了我的手心，让我握了好一会儿。

放学的时候，谁也不敢和他说话，大家都走到他的身边，用悲伤的、深切的眼神望着他。

看到我的母亲在门口等我，我马上朝她跑过去，想要拥抱她。但是，母亲却推开了我，一直朝加罗内看。一开始，我并不知道她为什么这样做，可是我马上感觉到了加罗内的眼神。他一个人站在一边，望着我。他的眼神里好像有一种不能言说的悲伤，好像在说："你可以拥抱你的母亲，我却永远拥抱不到母亲了。你有你的母亲，而我的母亲却已经去世了。"

于是，我理解了母亲的态度。我默默地走出校门，并没有牵她的手。

患佝偻病的孩子

今天我没有上学，因为我觉得我身体很不舒服。我妈妈要去残疾儿童学校给看门人的孩子办入学手续，我就跟着一起去了。但是，到了那里，妈妈却并没有让我进去。

亲爱的恩利科，你知道我为什么不让你进去吗？我不想让那些可怜的孩子在学校里突然看到一个健康又强壮的同龄人。他们会拿自己去对比，这会让他们感到多么难受啊！我想，这痛苦，他们一定已经承受得够多了。

每次走进这所学校，我就忍不住想哭。那里有六十多个孩子，既有男孩儿，也有女孩儿。他们有的手足僵硬扭曲，有的骨质疏松麻痹，有的身体佝偻矮小。但是，如果你仔细观察，就会发现许多孩子的面容都很清秀，一些孩子的眼中闪着智慧与爱的光芒。

其中，有一个小女孩儿，她的鼻子很尖，下巴也很尖，长得像一个老太太，但当她笑起来的时候却非常美丽。有一些孩子，你当面看，仿佛他们很健康，但是当他们转过身后就会发现……

哎，就这样，你的心会突然抽痛一下。学校里有一位医生，专门给他们看病。他经常让孩子们站在凳子上，撩起他们的衣服，用手拍他们鼓胀的肚子，或者抚摸他们红肿的关节。这些孩子都一一照办，一点儿也不觉得难为情。

可以看出来，很多孩子已经习惯了这样的检查。这些上学的孩子现在都已经处在身体发育期了，几乎感觉不到什么病痛了。但是，他们刚发病的时候遭受了多大的痛苦！

随着病情的加重，亲人渐渐对他们不抱希望。可怜的孩子，他们渐渐被冷落，独自被抛弃在某个房间或者是某处院子里。他们吃的是残羹剩饭，还要经常受到冷嘲热讽。即便不会这样，也会长期生活在绷带的束缚中，忍受矫形器的无情折磨。

不过现在，因为有了良好的治疗技术、丰富的营养和适当的体育锻炼，许多孩子的身体状况都有所好转。

学校里有专门的女老师教他们做体操。有时候，当我看到他们从桌子底下伸出那双裹着绷带、绑着夹板、关节肿胀至完全变形的下肢去做操的时候，真是心酸啊！这些小人儿的四肢本该被母亲的温情包裹，而不是这些冰冷的器械。有些孩子站不起来，就只能弯着腰、弓着背坐在那里，头靠在手臂上，手不停地抚摸着各自的手杖。还有一些，手一用力，马上会呼吸困难，才站到一半就又坐了下去，脸色变得煞白，却努力微笑着，以此来掩饰内心的痛苦和不安。

哦，恩利科，在你们这些健康的孩子看来，能够蹦蹦跳跳仿佛是件天经地义的事情，你们根本不珍惜自己的健康。我想起那些健康而漂亮的孩子，他们是母亲的骄傲。当母亲带着自己的孩子散步的时候，毫不掩饰内心的自豪和愉悦。而我却很想把那些可怜的孩子抱在胸前，让他们紧紧地靠在我的心口上。

如果我是一个单身的女人，一定会热切地对他们说："我不想离开这里了，我要把我的一生都奉献给你们，为你们服务，做你们的母亲，直到我生命的最后一天……"

有时候，你还会听到他们唱歌，他们的声音纤弱而甜美，充满了悲伤，完全发自内心。当老师表扬了他们，他们就会非常开心。老师在课桌中间走过的时候，他们会争相亲吻她的手臂和手，因为他们对爱护自己的人总是心怀感激。这是一群非常有爱心的孩子。

不仅如此，那些小天使们还很有天分。他们的老师告诉我，他们学习很用功。有一位很年轻很善良的女老师，她那慈祥的脸上时时笼罩着愁云，这也许是她每天要照顾这些可怜孩子的缘故。可爱的姑娘！在我看来，在所有以辛勤劳动来维持生计的人群里，你的工作是最神圣的，我的孩子！

你的母亲

牺　牲

　　我的母亲很善良，我的姐姐西尔维娅和母亲一样，有着一颗宽容而善良的心。昨天晚上我正在抄写每月故事，由于篇幅太长，老师让我们每个人各抄几页。我的姐姐西尔维亚蹑手蹑脚地走进来，低声对我说：

　　"你快和我一起去见妈妈。今天早上我听见爸爸妈妈在讨论，听起来好像爸爸的工作不是很顺利，他很难过，妈妈鼓励他不要灰心。这就等于我们家的经济要开始紧张了。你懂吗？我们没有钱了。我听爸爸说要做出一些牺牲才能东山再起。如果这样的话，那么我们也应该做出我们的牺牲。你说对不对？你跟我一起去吗？由我来对妈妈说，你只要点头同意，并且保证会照着我的话去做就可以了。"

　　说完，她就拉着我的手，和我一起去找妈妈。妈妈正在做菜，看起来心事重重。我坐在一旁的沙发上，姐姐坐在另一边对妈妈说："妈妈，我有话要对您说。哦，是我们有话要对您说。"

　　妈妈惊讶地望着我们。西尔维娅接着说："爸爸没有钱了，是吗？"

　　"你在说什么呀？"妈妈涨红了脸，接着又说："不是这样的，你知道了些什么呀！谁对你说的？"

　　"我知道的。"西尔维娅坚决地说，"好吧，妈妈，不管怎样，我们也要做出一些牺牲。您原来说会在5月底给我买一把扇子，而恩利科，他原来正在等您给他买一盒颜料。不过现在我们都不要了，我们不想浪费你们的钱。没有这些东西，我们一样会过得很快乐的，您说是吧？"

妈妈想要插话，但是西尔维娅还没有说完。"不，妈妈，您不要反对。就这样，我们都已经决定了，在爸爸没有重新赚到钱之前，我们不吃水果，也不要别的东西了。每天吃饭时，我们只要一碗汤就行了。早餐呢，我们就只吃一点面包，这样我们就可以在吃的方面节省一些钱。我知道，从前我们太浪费了。我们向您保证，我们一定不会抱怨的。我们会像从前一样开心的，妈妈。恩利科，你说是吗？"

我回答："是。"

"不管怎样我们都会快乐的，妈妈。"妈妈又想插话，西尔维娅用一只手堵住了她的嘴巴，重复了一遍她的话，接着她又说：

　　"如果您还要我们做出一些别的牺牲，比如说在穿着或者别的方面，我们也很愿意。甚至我们可以卖掉您送给我们的礼物，我把我所有的东西都交由您处置。我还可以帮您一起做家务，这样我们就可以不用雇佣人了。我整天都可以和您一起干活儿，您让我做什么我就做什么，我随时听候您的吩咐。"西尔维娅用双手搂住妈妈的脖子，又说：

　　"只要爸爸和您没有烦恼，只要我每天放学回家能看到你们两像从前一样心情愉快，和你们的西尔维娅和恩利科一起，我就满足了。要知道我是多么地爱你们啊！为了你们，我甚至可以付出自己的生命！"

　　哦，听了这些话，我妈妈高兴极了，我从来都没有看过她那么高兴。她拼命地亲吻我们，要知道她从来没有这样亲吻过我们。她一边哭一边笑，一句话也说不出来。最后，她告诉我们，西尔维娅搞错了，事情没有她想象的那么糟糕。

　　哦，上帝保佑！然后，她又对我们说了无数次"谢谢"。整个晚上，她的情绪都很高涨。父亲回来之后，她把一切都告诉了他。我可怜的爸爸，他什么都没有说。但是，今天早上，我坐在餐桌前，却发现……我们真的又惊喜又感动，因为我在我的餐巾下发现了我想要的颜料，而西尔维娅则发现了她想要的扇子。

夏　天

5月24日，星期三

热那亚少年马尔科的故事，是我们这一学年里倒数第二个有关小英雄的故事。现在，就剩下最后一位少年没有讲了。这个学期，我们还有26天的课、11个假日和两次月考。

学校里到处弥漫着期末考试特有的气氛。校园里的树木枝繁叶茂，有的挂满了花朵，操场上的体育器材都被绿荫覆盖着。同学们都已经换上了夏装。下课的时候看着各个班级的同学来来往往的景象，你就会觉得和几个月前有很大的区别。

真的很有趣：女生们浓密的披肩长发不见了，大多数女生把头发剪得短短的，有的还剃成了光头。大家戴着各式各样的草帽，背后垂着长长的丝带，穿着漂亮的衬衫，系着鲜艳的领结。低年级的学生更是穿得花枝招展，每个人的衣服上都有一些红色或蓝色的饰品，有的人衣领上还镶着花边或装饰着缨穗。

即便是穷人家的孩子，妈妈们也会想方设法给他们在衣服上钉几个鲜艳的由花布制作的饰品。一些孩子没有戴帽子就来上学了，看起来像刚从家里逃出来。有几个孩子穿着白色的体操服。德尔卡蒂老师班上的一个同学，从头到脚的衣服都是红色的，看起来活像一只煮熟的龙虾。不少孩子都穿着蓝色的水手服。

最滑稽的要数"小泥瓦匠"了。他戴着一顶超大的草帽，看起来就像顶着一个大灯罩。最好笑的是他藏在帽子底下的"兔脸"。科雷蒂也脱掉了他厚厚的旧皮帽子，换上了一顶灰绸子做的轻便旅行帽。沃蒂尼还是打扮得漂漂亮亮的，穿着一身苏格兰式的服装。

克罗西露着胸脯，普雷科西则披着他那铁匠爸爸的宽大的深蓝色衬衫，那衣服简直把他整个人都包在了里面。加罗菲呢？现在他不能穿他那件大斗篷了，于是他那些塞满各种各样小玩意儿的口袋便露出来了。那些东西都是他从旧货商人那儿换来的，另外他的口袋里还露出几张彩票的抽奖号码。

其他同学也带来了各种各样好玩的东西：吹气管啊，旧报纸折成的扇子啊，弹弓啊，花草啊，等等。有些同学的口袋里还会爬出一两只金龟子，它们慢慢地朝衣服上方爬。

很多低年级的学生都带着一小束、一小束的花来上课，准备送给他们的女老师。女老师们也都穿上了鲜艳的夏装，只有那个"小修女"依旧穿着一身黑衣。帽子上始终插着红羽毛的老师，今天依然如此，她的脖子上系了一条粉红色的丝巾，可是总是被那些小孩子的小手揉得皱巴巴的。她总是和他们一起笑，一起跑。

这是樱桃树和蝴蝶们的季节。在路上时不时能听到婉转的歌声，因为人们正高兴地在乡间散步。许多五年级的学生跳进河里游泳。大家都迫不及待地等待假期的到来。每天放学的时候，大家的心里都比前一天更高兴，但是也更着急。

只有加罗内还穿着孝服。每次看到他，我心里都特别难受。另外还有我二年级时的女老师，她走路的时候腰弯得更低了，咳嗽得越来越厉害，脸色苍白，非常憔悴。她和我打招呼的时候，神情是那么的悲哀。

诗 歌

恩利科，你开始感觉到校园生活的美好了吧？但是现在你只能从一个学生的角度来观察你的学校。30年后，当你像我一样陪着自己的孩子上学，从一个已经离开学校的局外人的角度来看它的时候，你会更加怀念你现在的生活。

在等你放学的时候，我经常在校园附近那些静谧的街道上散步。教室的百叶窗都紧闭着，我走到一扇窗户下，听到里面传来一位女老师和一位学生的对话。

"哦，我的孩子，'t'这个字母是这样写的吗？这样不对。要是你的父亲看到了，会怎么说呢？"

从另外一个窗户里传来一位男老师的声音："我买了50米的布，每米的价格是四个半里拉，然后我要把这些布再卖出去……"

再往前走一点儿，我听到头上插着红羽毛的女教师正在高声朗诵："彼得罗·米卡举着用来点燃导火索的手雷……"

隔壁教室里突然传来一阵叽叽喳喳的说话声，像是一群小鸟在叫，可能是老师有事出去了一会儿。

再拐过墙角，我听到一个学生在哭泣，他的老师一边给他讲道理，一边安慰他。从另一个窗户里传出阵阵琅琅的读书声，时不时地还能听到一两个伟人的名字，以及一些教育家们讲的道德和有关坚强勇敢的格言警句。

　　过了一会儿，整座教学大楼忽然变得寂静无声，你几乎无法想象这里坐着七百多个学生！突然之间，从某一间教室里又传来一阵哄堂大笑，可能是某个心情特别好的老师讲了一个什么小笑话吧！这里是一个充满了青春活力，让人感受到无限希望的地方。每一个路过的人都忍不住驻足倾听，并投去充满温情的目光。

　　紧接着听到一阵震耳的声响，学生们开始整理书包和讲义，然后是沙沙的脚步声。声响从一个教室传到另一个教室，从楼上传到楼下，仿佛不断扩散的好消息。校工摇着铃，宣布放学了。一听到这样的声响，等在外面的一群男女老少一下子涌到学校门口，焦急地等待着自己的孙子、孙女、孩子或者弟弟、妹妹。

低年级的学生从各个教室蜂拥而出，乱哄哄地涌进大厅。取帽子的、拿外套的，乱成一片，大厅的地板被他们踩得噔噔作响。校工不得不把他们赶回教室，让他们排好队再出来。最后他们终于排好队，迈着整齐的步子走出来。于是，家长们迎上去，纷纷问道：

"今天的课都听懂了吗？"

"明天有什么课啊？"

"昨天的作业得了几分？"

"月考是哪一天呀？"

即便那些不识字的母亲，也会把作业本打开看看，看看孩子前一天的功课有什么问题，老师给了多少分。

"怎么只有8分呢？"

"满分？得到了表扬吗？"

"这门课得了9分？"

家长们有人担心，有人欢喜，有人还在和老师讨论，询问教学和考试的安排。这一切是多么美好啊！这个世界是多么伟大，多么充满希望啊！

你的父亲

阅 兵

因为加里波第将军去世，国庆节庆祝活动推迟了一周。

今天，我们到卡斯特罗广场参观阅兵式。围观的群众站在两旁，军乐声中，参加阅兵式的士兵们排着整齐的队伍，从指挥官面前通过。喇叭声、乐曲声汇成了动听的旋律。在军队行进的过程中，父母指着那些士兵和他们的军旗，不停地向我讲述它们的历史。

走在最前面的是军事院校的学生兵，大约有三百多人，这些人都是未来的工程兵部队或者炮兵部队的军官。他们穿着黑色制服，昂首挺胸地走了过去。

然后是步兵：有参加过戈伊托和圣马蒂诺战役的奥斯塔纵队，有在卡斯特尔菲达尔多战争中战斗过的贝加莫旅。步兵一共有四个军团，它们一个紧跟着一个走了过去。每支队伍前面都由两个排头兵带领。他们的军服上都缀着红色的流苏，连起来就像是一个血红色的花环。他们排着一字长蛇阵，雄赳赳、气昂昂地走来。

步兵之后是工程兵部队，他们在战争中的地位就像是我们生活中的工人。他们的帽子上都装饰着黑色马尾，军服上也有红色肩章。

工程兵刚刚走过去，就看到后面一排排戴着又直又长的羽饰的士兵，他们是保卫意大利门户的阿尔卑斯山地兵。这些人个个长得高大强壮，脸色红润，头上都戴着卡拉布里亚式的帽子，衣服的翻领是碧绿色的，那是葱茏山地的象征。

　　山地兵还没有走完，人群便骚动起来。原来是老十二营的队列来了，他们曾因最先突破皮亚门防线攻入罗马而享有盛名。他们一个个生龙活虎，身穿棕色制服，昂首阔步；帽子上装饰着羽毛，随风飘舞。他们迈着矫健的步伐，就像一股黑色潮水滚滚而来。整个广场上都回荡着凯旋的号角声，听起来仿佛无数人在为他们欢呼。

　　可是，那声音不久后就被一阵轰隆隆的车轮声淹没了，原来是炮兵部队威风凛凛地开过来了。600匹骏马牵引着高大的弹药车，士兵们佩戴着黄色的骑兵绶带，坐在弹药箱上。长长的钢炮闪烁着冷冷的光芒，战车轰隆轰隆地前行，脚底下的大地都为之颤动。

接着是山地炮兵。他们的装备略显陈旧，他们的步履非常庄严，队列非常整齐。这些士兵都很强壮，他们骑的马匹也咄咄逼人。他们每到一个地方，就给那里的敌人带去死亡的恐惧。

最后是热那亚骑兵团。他们的钢盔在阳光下闪闪发光，他们的长矛岿然不动；战旗飘飘，伴随着声声马嘶。这个团队曾经如旋风一般横扫从圣卢西亚到自由镇的十个战场。

"啊！多好看啊！"我情不自禁地叫出声。

可是父亲却责备道："不要把军队会操当作一场好看的表演。所有这些充满活力、充满希望的年轻人，随时都会为了国家的召唤而奔赴战场。在那里，他们随时有失去生命的危险。所以，每当你听到人们像今天这样高呼'军队万岁！意大利万岁！'的时候，你都要想到他们身后的尸体可能已经堆积成山、血流成河了。只有这样想，你对他们的欢呼才能从心底迸发出来，而意大利的形象也会在你的心目中变得更加庄重，更加伟大！"

父　爱

6月17日，星期六

恩利科啊，今天你怎么了？你怎么可以用那样的口气对你父亲说那样的话？我想，如果是你的朋友科雷蒂或者加罗内，他们绝对不会像你今天这样对他们的父亲说话。恩利科啊，你怎么可以这样呢？快向我保证，以后再也不会因为你的父亲责备你，就用这么不礼貌的语言去顶撞你的父亲。

想想吧，如果有一天，父亲把你叫到他的床前，对你说："恩利科，我要走了，永别了！"你该怎么办？啊！我的儿子，真要到了那一天，当你走进你父亲的房间，望着父亲留下的书籍，想起你顶撞他、让他伤心的一幕幕情景，你一定会暗自后悔，会对你自己说："我为什么要那样对待自己的父亲？"到那时候，你才会知道你的父亲是多么爱你。

父亲在责骂你时，心里其实在暗暗地流泪，他的内心比你更加痛苦百倍。春天来了，他之所以责罚你，完全是因为爱你的缘故。我猜想，如果真的到了那一天，你一定会后悔万分。你一定会含着悔恨的泪水，在父亲的书桌——那张他为了儿女而日夜劳作的书桌上，留下深深的一吻。

现在你还不知道，或许你的父亲把其余的感情都藏起来了，他对你流露出的唯有慈爱。你不知道，有好几次，你操劳过度的父亲都害怕自己将不久于人世。他总是不停地向我提起你，对你的将来放心不下。

他常常提着灯走进你的房间，偷偷地看一眼你的睡姿，然后回去继续工作，通宵达旦。在这个世界上，生活着的每一个人都会碰到许多艰难和坎坷，但是只要有你在身边，只要看到了你，你父亲就不会再把这些艰难和坎坷放在心上，他的心情会变得平静而快乐。

这是因为你给父亲的爱使父亲得到了安慰，心灵上的痛苦和忧伤也因此得到了缓解。所以你试想一下，如果你一直用今天这样冷漠的态度对待你的父亲，他在得不到你的爱时将会怎样的悲伤呢？

　　所以，我的儿子啊！千万不要做这种忘恩负义的人。我想，将来就算你成了圣人或者伟人，也不足以报答父亲为你所做的一切！另外，我的儿子，你还要想一想：人生的道路上充满了未知数。你的父亲很可能在你还没有成年的时候，就因不幸而失去了生命，而这种不幸说不定就发生在三年后，也可能在两年后，甚至就在明天。

啊！我的恩利科，如果你的父亲离开了这个世界，那你周围的一切将会改变。你的母亲将穿上丧服，家里会空荡荡的。这时你将会感到多么寂寞，多么凄凉啊！所以，我的孩子，现在你就快到你父亲那里去吧。他还在房间里工作呢，快，悄悄地进去，把你的头轻轻地靠在他的膝盖上请求他的饶恕。祝福你！

你的母亲

感　谢

我那可怜的女老师本来想坚持教完这学年的，可就在距离结束只有三天的时候，她却离开了我们。等到后天我们去学校听完最后一篇每月故事之后，这个学期也就结束了。7月1日，也就是星期六，我们就要参加考试了。考完试，第四学年就正式结束了。如果我们的女老师没有离开我们，那该是多么愉快而充实的一年啊！

想想去年10月开学时的情景，我觉得自己有了许多变化。和那时候相比，我学到了许多新知识，阅读能力和表达能力都有了很大提高。那些大人们不会做的算术题我也会算了，还可以帮家里人做一些生意方面的账务。对于学过的知识，我基本上都可以掌握和理解，心里很高兴。但是我知道，我能够达到这个程度光靠我一个人的力量是肯定不行的，不知道有多少人勉励过我、帮助过我。

无论在什么地方——在家里，还是在学校里，甚至在街上，只要我曾经到过的地方，都有不同的人用各种不同的方式教我很多不同的知识。所以，在这里，我要感谢所有的人。

首先我要感谢我的老师，感谢您那样爱我，感谢您对我的关怀和爱护。我现在才知道，一切知识都是您耗费心血教导的结果。其次，我想要感谢德罗西。当我做不出功课时，是你热情地帮我讲解，让我弄明白了很多功课中的难点。还有斯塔尔迪，你坚韧的意志使我懂得了精诚所至，金石为开的道理。当然，还有温和可亲、慷慨大度的加罗内。你的善良和真诚深深地打动了我，我们所有人都被你优秀的品质所感染。

还有你们——普雷科西和科雷蒂。你们教会我在艰难困苦中不能丧失斗志，要互相帮助，共同进步。我感谢大家，感谢我所有的同学和朋友。

但是我特别想感谢的是您——我亲爱的父亲。您不仅是我的第一位老师，还是我的第一位朋友，您给了我种种有益的教诲，使我从中获得许多益处。您还教给了我许多关于生活的知识，使我逐渐成长起来。为了您的孩子们，您每天辛勤地工作，把忧伤和烦恼深深地埋藏在自己心底，还想方设法让我能够轻轻松松地学习、快快乐乐地生活。

我还要感谢您——我慈爱的母亲。您是最爱我的人，是上帝派来守护我的天使，我的欢乐就是您的欢乐，我的痛苦也曾让你伤心哭泣。您和我一起学习，一起体会生活中点滴的快乐和悲伤。现在我要对你们说："我感谢你们！我全心全意地感谢你们牺牲了自己，把爱和亲情注入我这12年的生命中！"

母亲最后的嘱咐

7月1日，星期六

恩利科，这个学年就这样结束了。在这最后的一天里，你一定要记住那个为朋友而奉献出自己宝贵生命的少年。他是那么勇敢，又是那么高尚！现在你就要和你的老师、同学们分开了。但是在这之前，我不得不告诉你一个令人伤心的消息，这次离别不仅仅是三个月，而是长久。

由于工作上的原因，你的父亲不得不离开都灵，家人自然要跟他一起走。今年秋天，你会到另外一所学校去念书，我知道这件事会让你很不高兴，因为你很爱你的学校。在这四年里，每一天你都会去学校两次，从中你体会到了学习的快乐。在这所学校里，你几乎每天都和你的老师、同学以及他们的父母见面；每一天结束的时候，你都会在校门口等待你的父亲或母亲微笑着来接你回家；在这所学校里，你获得了知识，增长了才干，也认识了许多朋友；在这所学校里，你遭遇过挫折，承受过痛苦，但是它们都会让你终身受益。

所以，让你离开母校，你一定会很伤心。但是，你必须怀着这份感情和你的母校告别。真诚地和大家告别吧！你的朋友们，也许有的人将来会遭遇不幸：或是失去父母，或是年纪轻轻便离开人间，当然其中有一些人可能是在战场上光荣牺牲的，但是他们中更多的人会成为正直勇敢的劳动者和勤劳正派的父母。说不定还会有人因成绩卓著，而成为对国家有贡献的名人。真挚地和他们告别吧！把你心中的那一份真

113

情留在这个大家庭里。你是在这个大家庭，从一个不谙世事的孩童长成一个知书达理的少年的。你的父母对这个大家庭充满了感激，因为她给了你无微不至的关怀。

恩利科，当她从我的怀抱里把你抱走的时候，你还是一个牙牙学语的孩子。现在当她把你还给我的时候，你已经是一个强壮、善良、勤劳的少年了。我该怎样感谢她呢？

你可千万不要忘记她啊！但是你又怎么能够忘记她呢？有一天，等你长大成人的时候，你或许会周游世界，欣赏到无数自然的美景或者令人肃然起敬的历史遗迹，然而童年的记忆永远不会在你的脑海中消失。

你会记得那幢朴素的白色小屋。它紧闭的百叶窗和小小的花园，是你知识的源头。在那里，你开出了第一朵智慧之花。有关它的一切你都会终生难忘，就像我们永远无法忘记，你呱呱坠地的那所小屋一样！

你的母亲

告　别

今天是这个学期的最后一天。下午1点，我们大家都到学校去领成绩单和升级通知书。学校附近的街上挤满了家长，学校大厅里也都是人。有的学生家长索性走进教室，一直挤到老师的讲台旁。

在我们的教室中，从四面墙壁到讲台边都挤得满满的。加罗内的父亲，德罗西的母亲，铁匠普雷科西，科雷蒂的父亲，内利的母亲，克罗西的母亲——也就是那个卖菜的女人，"小泥瓦匠"的父亲，斯塔尔迪的父亲，还有许多我从来没有见过的家长都来了。

教室里充满了各种嘈杂的声音，让人觉得这里仿佛是一个大众聚会的广场。但是老师一进教室，大家便马上安静下来。老师的手里拿着成绩单，开始当场宣读个人成绩和升留级情况。

"阿巴图奇，67分，升级；阿尔基尼，55分，升级……"

"小泥瓦匠"升级了，克罗西也升级了。

接着，老师又大声地说："埃内斯托·德罗西，满分70分，升级，并获得一等奖。"

在场的家长都认识德罗西，于是都齐声赞许道："真了不起，好样的，德罗西！"

德罗西晃动着满头金发，回头朝他的母亲望去，脸上露出迷人的微笑。他的母亲正朝他招手致意。

加罗菲、加罗内、卡拉布里亚的少年也都升级了。留级的有三四

个同学。其中有一个同学回头看到他父亲阴沉着脸站在门口做出回家要揍他的手势，便被吓得哭了起来。老师立刻对他父亲说：

"不，不要这样，先生。对不起，我想说的是，有时候并不全是孩子的错，谁都有运气不好的时候，这次您的孩子刚好没碰上好运而已。"

然后他又继续说："内利，62分，升级。"

内利的母亲听到这里，立即用扇子给了儿子一个飞吻。

斯塔尔迪得了67分，但是得了这样的好成绩，他连笑也没有笑一下，仍用两个拳头撑着自己的头不放。沃蒂尼是最后一个，他也成功升级了。今天他穿得很漂亮，头发梳得整整齐齐。

读完成绩，老师站起身来对大家说：

"同学们，今天是我和大家最后一次在这个教室里相聚。我们大家在一起相处了一年，现在我们都已经成了好朋友，不是吗？孩子们，想到今天要和你们道别，我就感到很悲伤。"说到这里他似乎有

些说不下去了，过了一会儿才又接着说：

"在这一年中，如果我曾经在不经意间对你们发了火，表现得太严厉，或者在某件事的处理上不够公正，那么请你们一定要原谅我。"

"哪里哪里！没有的事！"很多同学和家长都附和道，"不，老师，从来没有的事！"

老师继续说道："反正如果我做得不够好，就请你们原谅我。不要忘了你们的老师，好吗？来年我不会再教你们了，但是我还会经常看到你们的。无论如何你们都一直会留在我的心里。再见了，我的孩子们！"

说完，老师便走到我们中间来。大家都向他伸出手去，有人拉住老师的手臂，有人牵住老师的衣襟，难舍难分。还有许多人走上去亲吻他，最后我们50个人异口同声地说：

"老师，谢谢您！再见了，老师！老师，您多保重，希望您永远健康。请永远不要忘记我们！"

老师走出教室的时候，似乎在勉强抑制激动的情绪，我们也跟着

一起乱哄哄地走出了教室。其他教室的学生也像潮水一样纷纷朝大门口涌去，学生和家长夹杂在一起，喧闹不堪，纷纷向老师告别。四五个小孩抱住了那位头上插着红色羽毛的老师，另外还有近20个人包围着她，挤得她简直透不过气来。

绰号为"小修女"的女老师，帽子都被扯破了。她仍然穿着黑色衣服，但是她衣服上的纽扣孔里和口袋里都被塞满了各种颜色的花束。大家都为舍己救人的小英雄罗贝蒂感到高兴，因为今天是他终于可以丢开拐杖走路的第一天。

大家都在互相道别。

"新学年再见！"

"10月20日再见！"

"万圣节再见！"

于是我们也互相说着"再见"。

这一刻，所有人都把过去一年中的不快忘记得一干二净。向来嫉妒德罗西的沃蒂尼可是第一个向德罗西张开双臂拥抱的。我和"小泥瓦匠"也依依惜别，就在他最后一次做"兔脸"给我看的时候，我吻了他一下。多可爱的小伙伴啊！我去向普雷科西和加罗菲告别，加罗菲告诉我说我中了他这学期的最后一次"彩票"，说着便送给我一个脚上略有破损的陶瓷镇纸。

接着，我和大家都说了"再见"。可怜的内利和加罗内难舍难分，那情景真叫我们大家感动。

大家都围在加罗内身旁，向他告别。

"再见了，加罗内！"

"再见了，我们下学期见！"

不停地有人去拥抱他、去握他的手，或者向他表示祝贺。谁都知道这是个非同寻常的勇敢而高尚的少年。这一切把加罗内的父亲都看呆了，他望着大家微笑着，感慨万千。

我在大街上拥抱的最后一个同学是加罗内。我把脸贴在他的胸前，忍不住哭泣起来。加罗内最后一次吻了我的额头，然后我便跑到我的父亲和母亲身边去了。

父亲问我："你跟你所有的同学都道别了吗？"

我回答："是的。"

父亲又说："如果你曾经做过对不起哪位同学的事，现在赶快去向他道歉，请求他原谅你，并且把过去的不愉快都忘记。有没有这样的事呢？"

我说："没有。"

说着，父亲看了学校最后一眼，充满深情地说："那么，再见了。"

母亲也跟着说道："再见！"

但是我却什么话也说不出来。

经典名著小书包

姚青锋　主编

给孩子读的国外名著 ②

童　年

［苏］高尔基◎著　　胡　笛◎译　书香雅集◎绘

当代世界出版社
THE CONTEMPORARY WORLD PRESS

图书在版编目（CIP）数据

　　童年 /（苏）高尔基著；胡笛译. -- 北京：当代
世界出版社, 2021.7
　　（经典名著小书包. 给孩子读的国外名著. 2）
　　ISBN 978-7-5090-1581-0

　　Ⅰ. ①童… Ⅱ. ①高… ②胡… Ⅲ. ①长篇小说 - 苏
联 Ⅳ. ① I512.45

　　中国版本图书馆 CIP 数据核字 (2020) 第 243516 号

给孩子读的国外名著. 2（全5册）

书　　　名：童年
出版发行：当代世界出版社
地　　　址：北京市东城区地安门东大街70-9号
网　　　址：http://www.worldpress.org.cn
编务电话：（010）83907528
发行电话：（010）83908410（传真）
　　　　　　13601274970
　　　　　　18611107149
　　　　　　13521909533
经　　　销：新华书店
印　　　刷：三河市德鑫印刷有限公司
开　　　本：700毫米×960毫米　　1/16
印　　　张：8
字　　　数：85千字
版　　　次：2021年7月第1版
印　　　次：2021年7月第1次
书　　　号：ISBN 978-7-5090-1581-0
定　　　价：148.00元（全5册）

打开世界的窗口

书籍是人类进步的阶梯。一本好书,可以影响人的一生。

历经一年多的紧张筹备,《经典名著小书包》系列图书终于与读者朋友见面了。主编从成千上万种优秀的文学作品中挑选出最适合小学生阅读的素材,反复推敲,细致研读,精心打磨,才有了现在这版丛书。

该系列图书是针对各年龄段小学生的阅读能力而量身定制的阅读规划,涵盖了古今中外的经典名著和国学经典,体裁有古诗词、童话、散文、小说等。这些作品里有大自然的青草气息、孩子间的纯粹友情、家庭里的感恩瞬间,以及历史上的奇闻趣事,语言活泼,绘画灵动,为青少年打开了认识世界的窗口。

青少年时期汲取的精神营养、塑造的价值观念决定着人的一生,而优秀的图书、美好的阅读可以引导孩子提高学习技能、增强思考能力、丰富精神世界、塑造丰满人格。正如我国著名作家赵丽宏所说:"在黑夜里,书是烛火;在孤独中,书是朋友;在喧嚣中,书使人沉

静；在困慵时，书给人激情。读书使平淡的生活波涛起伏，读书也使灰暗的人生荧光四溢。有好书做伴，即使在狭小的空间，也能上天入地，振翅远翔，遨游古今。"

多读书，读好书。希望这套《经典名著小书包》系列图书能够给青少年朋友带来同样的感受，领略阅读之美，涂亮生命底色。

本书主编

2021年5月

目录

CONTENTS

第一章　父亲

父亲穿着一身白衣，静静地躺在地板上。房屋昏暗窄小，我站在角落里，只能隐约看到父亲光着的脚和无力的双手。

父亲一动不动，母亲跪在他旁边，一边哭一边为父亲梳头。我认出了那把梳子，是我先前用来当锯子玩的那把。在母亲小心翼翼的双手下，我终于看到了父亲的脸。

父亲看起来跟往常不同，深陷的眼窝有些吓人，嘴巴也没有合上，看不出来是在笑还是在扮鬼脸，我有些害怕。

身旁的姥姥一直在跟我说话，可是她拉着我的手抖个不停，我更害怕了。隐约听见姥姥是在让我去父亲身边，可我也开始发抖，似乎被钉在了地上，动弹不得。

"快，跟爸爸告别吧，孩子。他还不到年纪，可是他死了，你再也别想见到他了，亲爱的……"

姥姥的话语让我有些恍惚。我想起小时候我就是在一场大病中第一次见到姥姥的。

那时我虽然在病中，但对姥姥非常好奇，因为姥姥说她是走水路来的。

"从水里来的吗？"我当时又好奇又觉得滑稽。我虽然很小，可也见过世面。楼上住着几个大胡子波斯人，地下室住着贩羊皮的卡尔麦克老头儿，他们每天都会给我讲一些奇奇怪怪的事情，让我大开眼界，但我从来没听说过从水里来的人。

"是坐船从水上来，不是从水里来！你这个油嘴滑舌的小鬼！"

姥姥笑得眼睛眯成一条缝。从那一刻起，我便爱上了这个和气的老人。

可是现在，我只希望她领着我立刻离开这儿。因为所有的一切都变得不同了。

眼前的母亲仿佛变了一个人。她平时总是打扮得利利索索，坚强又严厉。

可现在的她，衣衫凌乱，头发也散了，跪在那里看也不看我一眼，只是一个劲儿地为父亲梳着头，不停地流泪。

　　门外忽然有人不耐烦地吼道："快点收拾吧！"我吓了一跳，抬头看了一眼，是镇上的警察，他身边还围着一些我不认识的陌生人。

　　记得有一次，父亲带我去划船，突然天上一阵雷响，我也是这样吓了一跳。当时父亲哈哈大笑，搂着我，大声说："别怕，没事！"

　　我又扭头看向父亲。一直为父亲梳头的母亲突然站了起来，紧接着又倒了下去，双目紧闭，面孔铁青，用尽力气喊道："都出去！关上门！"

　　我又吃了一惊。姥姥似乎知道发生了什么，便去箱子里拿了些东西，跪在不停翻滚的母亲身边，虽然还在流泪，脸上却是笑容。

　　"噢，圣母保佑！以圣父圣子的名义，瓦尔瓦拉，挺住！"

　　接下来的情景，我都不太记得了，在我眼里一切都变得很吓人——母亲在地板上滚来滚去，有时会碰着父亲的身体，可父亲一动不动，表情没有变化；一身黑衣的姥姥不停地跑进跑出，像一个滚来滚去的大黑球。

　　我又怕又累，眼皮开始打架。睡去的一瞬间，我似乎听到了婴儿的哭声和姥姥的感恩。

　　"噢，感谢我的主！生了个男孩！"

第二章　坟场

　　童年的记忆早就变得模糊。我能记起的一幕，是一个荒凉的坟场。

　　当时下着雨，坟场泥泞不堪，挖好的墓坑里全是水，还有几只青蛙，有两只已经爬到了黄色的棺材盖上。

雨点不停地落在大家的头上、身上。我的身边站着姥姥、警察和两个手拿铁锹脸色阴沉的乡下人，大家都没有伞。警察似乎很不耐烦，不停地催促着。

乡下人费劲地往坑里填着土，一锹、两锹……土落在水里，哗哗直响。那两只青蛙从棺材盖上跳了下来，试图爬出墓坑，可是土块很快又把它们埋了下去。

坟填平了。姥姥拍了拍我的肩膀，说道："走吧，阿廖沙！"

可是我俩谁也没有动，只有风吹散雨滴的声音和两个乡下人用铁锹平地时的啪叽啪叽声。

不知道过了多久，姥姥对我说："你为什么不哭？应该大哭一场才对！"

我没有回答。我很少哭，以前哭也是因为受了气，而不是因为疼或伤心。而且我一哭，父亲就会笑话我，说我不像个男子汉。

我们走在许多发黑的十字架之间，然后走向教堂。从教堂出来之后，我们坐上一辆小马车。雨还没有停，街道上满是泥泞，两边都是深红色的房子。

不知道为什么，我满脑子想的都是墓坑里的那两只青蛙。

"那两只青蛙还能出来吗？"

"可能出不来了，不过上帝会保佑它们的，没事！"

记忆中，我们从未如此频繁地念叨过上帝。

第三章　旅途

几天以后，姥姥、母亲带着我上了一艘轮船。

刚出生不久的小弟弟，静静地躺在一张小桌子上。

弟弟被白布整个包了起来，外面缠着红色的带子。他已经死了。

我从来没坐过船，窗外溅起来的水花让我有些害怕。姥姥用她那双温暖的手把我抱了起来，又把我放到了包袱上，我安心了一些。

窗外的雾气更浓了，仿佛一切都消失在雾中。

母亲脸色铁青，靠船站着，一动不动，似乎变成了另外一个人。我觉得她越来越陌生。

姥姥说："瓦尔瓦拉，吃点东西吧？少吃点，好吗？"

说了一遍又一遍，母亲好像没听见，依旧一动不动。

"萨拉多夫，那个水手呢？"母亲突然愤怒地说。

我吓了一跳。一个白头发、穿蓝衣服的人走进来，手里拿着一个奇怪的木匣。

姥姥接过木匣，把小弟弟的尸体放了进去。

姥姥和母亲拿着盒子出去了，我还在船舱里打量着那个穿蓝衣服的人。

"啊，小弟弟死了，是吧？"

"你是萨拉多夫吗？"

"不，萨拉多夫是个城市，就在窗外，你看。"

不知道什么时候雾气散去了一些。大片的黑色土地从窗外显露出来，像是刚从大面包上切下来的一块面包。

"他们把我弟弟带去哪儿了？"

"埋在地下。"

我告诉他，埋葬父亲时还埋了两只青蛙。他没有说话，抱起我来，亲了亲。

"你还小，有些事你还不懂！原上帝保佑你的妈妈。"

汽笛响了，但我并不怕。那个水手赶紧放下我跑了出去，边跑边说："来不及了！"

我也不由自主地跟着跑了起来。

　　我跟着人群下了船。有人对我嚷了起来："这是谁的孩子啊？"

　　我不知所措。有个白头发的水手跑了过来，把我抱起来说："噢，他是从舱里跑出来的，从阿斯特拉罕来。"

　　他把我抱回舱里，扔在行李上，吓唬我："再乱跑，我就要揍你了！"

　　我只好呆呆地坐在那里。船停了，没有人来管我。

　　他们不要我了？

　　门好像锁上了，铜门把手根本拧不动。

　　我惊慌起来，抓起桌上的牛奶瓶子，拼命向门把手砸去。瓶子碎了，牛奶顺着我的腿流进了靴子里。

　　然而无济于事，整个世界都安静了下来。我被抛弃了。

　　我躺在包袱上哭了很久，不知不觉睡着了。

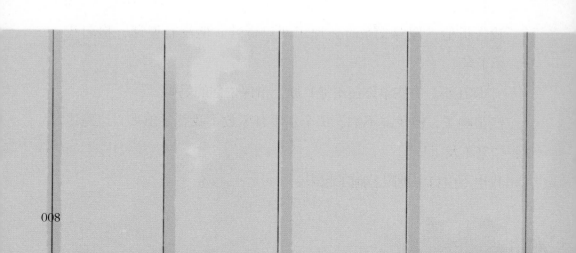

第四章　亲人

我醒来的时候，雾已经散了，窗外明晃晃的。姥姥不知道什么时候回来了，正坐在我身边。

姥姥的头发又多又长，一直垂到了地上。散开的头发显得她的脸很小，看上去有些滑稽。

她一边梳头一边自言自语："简直是上帝对我的惩罚，是他让我梳这些该死的头发！年轻的时候，这可是我用来炫耀的宝贝，可现在我快烦死了！"

姥姥虽然很生气，但语气却很温柔，我想她并不是真的讨厌头发。

母亲也变了态度。

"宝贝，你说说，昨天你怎么把牛奶瓶打碎了？小点声告诉我。"

她说每个字都是那么有耐心，温暖甜蜜，我顿时觉得眼前的一切都充满光明，还带着美丽的光环！我记住了母亲说的每一个字。

母亲是我永远的朋友，是我最了解的人，最知心的人。正是这份温暖，让我后来无论遇到任何挫折，都从未丧失过活下去的勇气，是母亲指引着我的生命走向未来。即便已经过去了40年，那些岁月依旧在我脑海里光亮如新，我依然能清晰地回忆起最初时的那些美好。

轮船在伏尔加河逆流而上，河水静静流淌，天空无比清澈，秋高气爽，两岸一片秋收前的景象。城市、乡村、山川、大地，还有水面上漂着的金色树叶，从船的两侧掠过，我看得入了迷。姥姥容光焕发，在甲板上时而走来走去，时而对着河岸发呆，热泪盈眶。母亲则截然相反，她永远沉默着，似乎从遥远的地方冷冷地观察着人世。

后来，船在尼日尼靠岸了，一大群人迎了上来。一个干瘦干瘦的老头儿走在最前面，他穿着一身黑，胡子是金黄色的，鹰钩鼻，绿眼睛。

"爸爸！"

母亲深沉而响亮地大喊一声，扑到了他的怀里。姥姥则像个旋转的陀螺，一眨眼就和所有的人拥抱、亲吻了一遍。她飞快地给我介绍着舅舅、舅妈、表哥、表姐，可我一个也没记住。

不过我最不喜欢姥爷。我闻到了他身上的敌意，有点怕他，还有点好奇。

第五章　姥爷

如今回想起来，我努力想忘掉那段岁月，但不可能做到。那是一段悲惨故事，黑暗、离奇而又残酷。

那段残酷而恐怖的岁月不单单我经历过，也是当时所有普通俄国人的真实生活。

一座低矮的平房大院矗立在前面。粉红色的墙壁非常肮脏，房檐很低，窗户是向外凸出的。院子里挂满了湿漉漉的布，地上到处堆着水桶，桶里五颜六色的液体浸泡着布。角落的小屋里，炉火烧得正旺，有东西煮开了锅，咕嘟嘟地响，空气中弥漫着一股特别难闻的味儿。

屋子里的人都匆匆忙忙，嘴里念叨着一些奇怪的词汇："紫檀——品红——硫酸盐。"孩子们则像一群偷吃的麻雀，窜来跳去。

后来从姥姥那儿我才知道，母亲来的时候，她的两个弟弟正强烈要求姥爷分家。家里充满了仇恨，而我们的到来似乎更加剧了这件事的严重程度。

当年母亲因违抗父命而结婚被扣下了嫁妆，两个舅舅为了嫁妆的归属吵翻了天。

姥爷用饭勺敲着桌子，脸涨得通红，尖着嗓子大叫道："都给我滚出门要饭去！"

母亲站起来，走到窗前，背冲着大家，一声不吭。

米哈伊尔舅舅突然跟雅可夫舅舅打了起来，两个人在地上滚成一团，喘息着、叫骂着、呻吟着。

舅舅呼呼地喘着气，被紧紧地按在地板上，胡子都扎到了地板缝里。人们好不容易才拉开他俩。

姥爷捶胸顿足，哀号着："你们可是亲兄弟啊！"

我早就跳到了炕上，看着眼前发生的一切，又好奇又害怕。

"哎，分家吧，老婆子！"

"分吧，老爷子！"

我一翻身，熨斗被碰倒了，稀里哗啦地掉进了脏水盆里。姥爷一个箭步扑过来，把我拎了起来，死盯住我的脸，好像第一次见到我似的。

"谁让你在这儿的？快滚！"

我飞快地逃出厨房。

姥爷身材消瘦，线条分明，圆领绸背心上有个破洞，印花布的衬衫也皱巴巴的，裤子上还有补丁。不知道为什么，姥爷那双尖利的绿眼睛老是盯着我不放，我非常怕他。

文静的娜塔莉娅舅妈脸圆圆的，眼睛澄澈见底。我非常喜欢她的眼睛，目不转睛地盯着看。

一天，姥爷问我："我问你，念熟《主祷文》了吗？"

舅妈赶忙帮我解围，"他记性不太好。"

姥爷一声冷笑，红眉毛一挑。

"那就得挨揍了！你爸打过你吗？"

我母亲说："马克辛从来没有打过他，让我也别打他，他认为用拳头是教育不出人才的。"

"真是个不折不扣的傻瓜！请上帝原谅我说一个死人的坏话。"

姥爷气呼呼地骂道。

我也气呼呼地噘起了嘴。

姥爷拍了拍我的头，又说：

"星期六吧，我要抽萨沙一顿！"

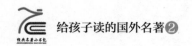

我心里开始琢磨"抽"是什么意思。我知道"打"是怎么回事——打猫打狗，还有阿斯特拉罕的警察打波斯人。

舅舅们惩罚孩子时，是用手指头弹他们的额头或后脑勺。我知道那一点都不疼，摸摸起包的地方，又可以去玩了。

有天晚上，吃过晚饭，米哈伊尔舅舅要跟那个眼睛快瞎了的格里高里搞个恶作剧。他让九岁侄子拿镊子夹着他的顶针在蜡烛上烧，烧得快发红时偷偷地放在格里高里手边，然后躲了起来。

可就在这个时候，姥爷来了。他坐下来，拿起了那只顶针。

我听见叫喊声跑进厨房时，姥爷正用烫伤了的手指头揣着耳朵，一边蹦跶一边吼：

"谁干的？你们这群混蛋！"

雅可夫舅舅也跑了进来，强忍着笑，不出声。姥姥切了一片土豆给姥爷擦着手指。

不知道为什么，姥爷很快消了气，将土豆皮敷到手指上，领着我走了。

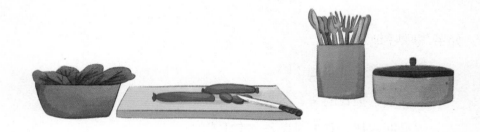

第六章　犯错

在这座房子里，我发现了新奇的东西：黄布遇到黑染料就会变成宝石蓝，灰布遇到红染料就会变成淡紫色。太奇妙了，我怎么也弄不明白。

我很想自己动手试一试，于是把这个想法告诉了雅可夫家的萨沙。

萨沙是个乖孩子，他总是围着大人转，跟谁都要好。谁叫他干什么，他都会听命服从。几乎所有人都夸他是个聪明伶俐的好孩子，只有姥爷不以为然，斜着眼瞟了一下萨沙，说：

"就会卖乖，讨人欢心！"

我也不喜欢雅可夫家的萨沙，不过我喜欢米哈伊尔家的萨沙。他性格温和，非常安静，从不引人注目。虽然他的龅牙经常露在嘴皮子外面，还常常以敲打牙齿取乐，但我并不觉得他蠢。相反，我觉得和他一起坐着很有趣。我们经常在傍晚的时候坐在窗前眺望西天的晚霞，看黑色的乌鸦在乌斯可尼耶教堂的金顶上盘旋。它们一会儿遮住了暗红的天光，一会儿又飞得不知去向，只剩下一片空旷的天空。我们一言不发，一坐就是一个小时，一种甜滋滋的惆怅充满了我的内心。

雅可夫家的萨沙讲什么都头头是道的。

他说："我知道，白的最好染！"

我准备用桌布做个实验。我们费了好大的劲儿才把桌布拉到了院子里，但刚刚把桌布的一角按入放有蓝靛的桶里，就被大人们发现了。

"完了，你得挨揍了！" 雅可夫家的萨沙说。

我觉得他说得对。

晚祷之前，我被叫进厨房。茨冈坐在昏暗的影子里，姥爷正在摆弄那些在水里浸湿的树枝，时不时地捞出一根，嗖嗖地挥舞起来。

雅可夫家的萨沙坐在厨房里的一个小凳上，不断地擦着眼睛，说话声都变了，像个老叫花子。

"行行好，行行好，饶了我吧……"

"快点快点，脱掉裤子！"

姥爷一边说着，一边抽出一根树枝来。

萨沙的号叫声陡起，杀猪似的叫声震耳欲聋，我的腿禁不住颤抖起来。

我的心随着姥爷的手一上一下。

"哎呀，我再也不敢了！桌布的事还是我告诉您的！"萨沙哭着说。

姥爷不急不慌地说：

"告密不等于无罪，这一下就是为了桌布！桌布的事，谁也跑不了！"

姥姥急忙扑过来，把我抱起来。姥爷一个箭步冲上来，推倒了姥姥，把我抢了过去。

我拼命地挣扎着，扯着他的红胡子，咬着他的胳膊，可是无济于事。

我显然不如萨沙抗揍，很快便疼晕了。后来又大病一场，趴在床上，待了好几天。

这次生病经历，深深地刻印在我的记忆深

处。因为在我病倒的几天里，我突然对成长有了更深的感悟，仿佛自己一夜之间长大了。

姥姥因为我挨打的事和母亲吵了架，不久以后，母亲就不见了，不知道她上哪儿去了。

有一天，姥爷突然来了。他坐在床上，摸了摸我的头。

他的手不仅冰凉而且焦黄，比鸟嘴还黄，那是

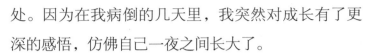

染布染的。

我看也不看他一眼，只想一脚把他踢出去。

姥爷摇头晃脑地坐在那儿，头发和胡子比平常更红了，双眼放光，手里捧着一堆东西：一块糖饼、两个糖果、一个苹果和一包葡萄干。

"你这家伙又抓又咬，所以就多挨了几下。你应该明白，亲人打你是为了你好，只要你接受教训。"

接着姥爷开始讲他年轻时候的事，干瘦的身体轻轻地晃着，红头发抖动着，绿眼睛放射着兴奋的光芒。

姥爷年轻时是个纤夫，为了谋生不辞辛劳，每天往返在伏尔加河畔。他沿着伏尔加河足足走了三趟，足足上万里路，才在第四个年头当上了纤夫队的头领。

姥爷一边说一边比划，有时候还跳上床表演怎么拉纤、怎么排掉船里的水。

好几个人来叫他，可我拉住他，不让他走。

他笑一笑，向叫他的人一挥手，说：

"等会儿……"

就这样，他一直讲到天黑，与我亲热地告了别。

姥爷并不是个凶恶的坏蛋，并不可怕。不过，他残忍地毒打我的事，我永远也不会忘记。

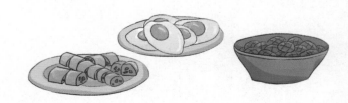

第七章　茨冈

　　我的伤还没有痊愈时，大家都来陪我说话，想方设法逗我开心。但我只记住了茨冈。

　　茨冈肩宽背阔，一头卷发，穿着金黄色的衬衫、新皮鞋，像过节似的，在一天傍晚来到了我的床前。

　　"啊，你来看看我的胳膊！"茨冈说。

　　黑暗中我看到他的牙齿在两撇小黑胡子下面闪闪发光。

　　他举起胳膊撸起袖子。

　　"现在还肿着！你姥爷当时简直是发了疯，我想用胳膊帮你挡树枝，然后趁机把你抱走，可是树枝太软了，我也狠狠地挨了几下子！"

　　茨冈一边说一边笑，很单纯，很可爱。他东张西望了一阵子，悄悄对我说：

　　"我告诉你，下次再挨打的时候，千万别抱紧身子，要放松、舒展开，要深呼吸，喊起来要像杀猪，懂吗？"

　　"难道还要打我吗？"

　　"你以为这就完了？他会不断地找碴儿打你！"茨冈说得十分平静。

　　"如果他把树枝甩下来后还要就势往后拉，那就是要抽掉你的皮，你一定要随着树枝扭动身体。记住了没有？我是老手了，小朋友，我浑身的皮都被打硬了！"

　　茨冈说完，开心地笑个不停。

　　我身体好了以后，慢慢发现茨冈在我们这个大家庭中的地位颇为特殊。

　　姥爷不怎么骂他，两个舅舅对他也算和善，从来不像对格里高里那样捉弄他。

　　格里高里已经被捉弄怕了，每次挨了烫，眉毛都会飞起来。后来，他在拿剪子、顶针、钳子、熨斗之类时，总要先在手指吐上唾沫，试探着拿；在拿刀叉吃饭以前，也会把指头弄湿。孩子们看了大笑不止。

　　不过，舅舅们在私下里还是常常咒骂茨冈，说他这儿不好那儿不好。

　　我问姥姥这是怎么回事。

　　她耐心地给我解释：

　　"他们怕茨冈跟你姥爷一起另开一家染坊，会对你的舅舅们十分不利。不过他们那点阴谋诡计早就被你姥爷看出来了。他经常故意夸

奖茨冈，可把你的舅舅们气得不轻！"

后来，在姥姥口中，我才知道茨冈是个被遗弃的孩子，是姥姥在一个阴雨绵绵的春夜里从门口捡回来的。当时，他被一块破围裙裹着，几乎冻僵了。

"唉，他妈妈没有奶水，又听说别人家刚生的孩子因奶水不够而夭折了，她便把自己的孩子放到这儿来了。"

我沉默着，不知道该说什么。

"唉，亲爱的阿辽沙，都是因为穷啊！你姥爷想把茨冈送到警察局去，我拦住了他。自己养吧，这是上帝的意思。我喜欢小孩子，茨冈也越长越水灵！开始，我叫他'甲壳虫'，因为他满屋子爬的那个

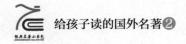

样子太像个甲壳虫了！"

姥姥眼里泪光一闪，低声笑了起来。

"你可以放心地去爱他，他是个善良的人！"

我记住了姥姥的话。

每逢周六，姥爷都要惩罚一下本周犯过错误的孩子。其他孩子便一窝蜂地躲到厨房里玩。茨冈不知从什么地方捉来几只黑色蟑螂，还用折纸给蟑螂做了"马头"和"雪橇"，四匹"黑马"拉着"雪橇"在黄色的桌面上"奔驰"起来。茨冈用一根小棍赶着它们，我们玩得开心极了。

茨冈还有一只小老鼠，他把它藏在怀里，喂它糖。他还告诉我们："老鼠是非常聪明的动物，神仙都特别喜欢它！"

那年他19岁，比我们四个人的年龄加起来还要大，可是跟我们玩的时候，他比哪个孩子都叫喊得厉害，和我们没什么区别。

第八章 节日

每逢节日之夜，姥爷和米哈伊尔舅舅都会出门做客，雅可夫舅舅则会拿着六弦琴来到厨房。

姥姥早已经摆好了一桌子丰盛的菜肴和一瓶伏特加。酒瓶是绿色的，瓶底上雕着精美的红花。

茨冈穿着节日盛装，忙得团团转；格里高里虽然不吱声，可他镜片后面的眼睛闪着光，几乎要盖过他脑门儿的光芒了。大家可以放开吃喝。孩子们人人手里有糖果，还有一杯甜酒！

吃到差不多的时候，雅可夫舅舅照例弹起了他的六弦琴。他摆一摆他的卷头发，眯着眼睛，轻轻拨动琴弦。曲子像一条急流的小河自远方的高山而来，从墙缝里冲进来，冲激着人们，让人顿感忧伤却又情不自已。

他的右手五指在黑色的琴弦上急速颤动，如一只快乐的小鸟舞动翅膀；左手指则飞快地拨动着琴弦。

灯影摇曳，屋里安静得出奇，只有炉子上的茶壶嘶嘶作响。大家都听得出了神。米哈伊尔家的萨沙张着嘴，口水流出来了也浑然不觉。

姥姥说："来吧，让茨冈给咱们跳个舞吧！"

茨冈毫不客气，拉拉衣服，整整头发，小心地走到厨房中间，红着脸微微一笑，说道：

"弹得快一点，雅可夫·瓦西里奇！"

吉他疯狂地响了起来。随着暴风骤雨般的节奏，茨冈踏着细碎的步子舞了起来，震得桌子上的碟碗乱颤。

茨冈两臂张开，鹞鹰般舞动着身体，舞步快如流星，整个人如一团火在燃烧。

跳到忘情处，茨冈大喝一声，往地上一蹲，像一只金色的燕子在大雨来临之前飞来窜去，衬衫抖动着，灿烂夺目。

我觉得，如果打开门，他定能跳到大街上去，跳遍全城！

人们不由自主地跟着他律动，好像脚下有火，不时地跟着他喊上几声。

格里高忽然走到姥姥面前，邀请姥姥跳一曲。姥姥犹豫了一下，然后很快站起来，整了整衣裙，挺直身子，昂起头，说道：

"雅沙，换个曲子！"

舅舅立刻换了一支较慢的曲子。

姥姥两手舒展，眉毛上挑，双目遥视远方，脚步轻盈，好像飘在空中一般在地板上滑行。

她若有所思，凝视、摸索、前进，时而眉头蹙起，时而慈祥微笑。

突然，她快速旋转起来，气场迸发，力量和青春一下子回到了她的身上，如同一朵怒放的鲜花。每个人的目光都被她吸引住了。

姥姥简直不是在跳舞，而是在用舞蹈讲故事。

节日里的每一个人都显得与众不同。人们每一个表情、每一句话、每一个动作都深深吸引着我，一种甜蜜的忧愁之情充满了我的心头。

欢乐永远伴随着忧愁，它们不可分割地交织在一起。

第九章　秘密

雅可夫舅舅喝醉了，捶胸顿足，泪流满面，撕扯着自己的衬衫，揪着自己的头发和胡须，哭喊道："我是个流氓、下流坯子、丧家犬！"

我问姥姥："舅舅为什么要哭？还打骂自己？"

姥姥对我一向有问必答，但这次她没有告诉我为什么，只是说：

"你迟早会明白的。"

我跑去染房问伊凡。他老是笑，也不回答，斜着眼看格里高里。

格里高里把我抱到他的膝盖上，大胡子盖住了我的半张脸。

"你舅舅犯浑，把你舅妈打死了！现在，他受到了自己良心的谴责。懂了吧？知道得太多是件危险的事，你可要小心点哟。"

格里高里的话让我有些害怕，尤其是他从眼镜片底下看人时，好像目光能洞穿一切。

我的心情非常沉重。我忽然看到了大院的另一幅景象：吵闹、威胁和窃窃私语。孩子们战战兢兢，无人照顾，尘土一般微不足道。

我记得我的父母不是这么生活的。他们干什么都会在一起，肩并肩地依偎着。夜里，他们常常聊到很晚，坐在窗子旁边大声唱歌，开心地笑。

可是这大院里，人们少有笑容。偶尔有人笑，你也不知道他在笑什么。

茨冈经常在姥爷打我的时候替我挡棍子，所以我最喜欢跟他玩。

　　每周五，茨冈都要去集市采购东西。他总是很晚才回来，雪橇上鸡鸭鱼肉应有尽有，大家兴高采烈地从雪橇上往下卸东西。

　　姥爷来了，问他："找回零钱没有？"

　　"没有。"

　　姥爷围着雪橇转了一圈儿，锐利的眼睛瞟了瞟雪橇上的东西，问：

　　"我看你弄回来的东西又多了，好像有的东西不是买的吧？"

　　姥爷说完这句话，皱着眉头走了。

　　姥姥后来给我解释，说茨冈买的东西还没偷的东西多。

　　"你姥爷给了他五个卢布，他只买了三个卢布的东西，其余那十多个卢布的东西都是他偷来的！大家夸他能干，他觉得尝到了甜头，谁知道就此养成了偷东西的习惯！"

　　"人家抓住小偷可是要打死的！"我说。

　　姥姥叹了口气，沉默了很久。

第十章 伤逝

过了不久，茨冈真的死了，不过并不是因偷东西而死的。

院子里有一个巨大的橡木十字架，已经靠着围墙放了很长时间了。听说这个十字架是雅可夫舅舅买的，他曾许愿要在妻子一周年祭日时亲自把十字架背到她坟上。过了秋天，雨水把十字架淋黑了，又丑又碍事。

那是刚入冬的一天，风雪交加的大冷天，两个舅舅把十字架扶起来，格里高里和另一个人把十字架扛到茨冈的肩膀上。

十字架非常沉，茨冈几乎站不稳。

格里高里打开门，嘱咐伊凡："小心点儿，千万别累坏了！"

茨冈和舅舅们走了之后，格里高里拉着我进了染房，把我抱到一堆准备染色的羊毛上面，把羊毛围到我的肩膀上，然后又开始给我讲这个院子里发生的各种各样的故事。听格里高里这样絮絮叨叨地讲，我心里特别高兴。

我永远忘不了那天，屋子里雾一般的蒸汽升到房顶的木板上变成了灰色的霜。透过房顶上的缝隙，可以看到一线蓝蓝的天空。

外面的风小了，雨也停了，阳光灿烂，雪橇在大街上发出刺耳的声音。

突然，院子里一片嘈杂。我冲到门口，看到茨冈被抬进了厨房。

他躺在地板上，眼睛一动不动地盯着天花板，血沫从嘴里流到脸上又滑到脖子上，最后流向地板，很快他的身体周围浸满了血。

人们议论纷纷。我有点站不稳，赶紧抓住了门环。

雅可夫舅舅战战兢兢地来回走着，低声说：

"他摔倒了……被压住了……砸在背上……"

格里高里怒吼道：

"是你们砸死了他！"

茨冈不停地吐血，低声哼叫着，声音越来越小，人也瘦了下去，身体渐渐扁平，贴在了地板上，好像要陷进去。

我等了很久，想着等茨冈休息好了以后站起来，然后坐在地板上吐一口唾沫，说道：

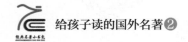

"吓，好热啊……"

可是没有。

姥姥、姥爷和其他人也来了。姥爷冲舅舅们吼道：

"你们这帮狼崽子！你们把一个多么能干的小伙子给毁了！再过几年，他就是无价之宝啊！"

他一屁股坐在凳子上，抽咽了几下，但是没有流泪。

"他是你们的眼中钉，这我知道！"

姥姥趴在地板上，两只手不停地摸着茨冈的脸和身子，搓他的手，盯着他的眼睛，一语不发，然后缓缓地站了起来，脸色发黑，二目圆睁，低吼道：

"滚！滚出去！可恶的畜生！"

除了姥爷，所有人都出去了。

茨冈就这样死了，无声无息地被埋掉了。没过多久，人们似乎就把他遗忘了。

第十一章 火灾

夜里，姥姥跪着祷告，一只手按在胸口上，另一只手不停地画着十字。

外面酷寒刺骨，银白色的月光透过窗玻璃上的冰花照着姥姥的脸。她的两眼在黑暗中闪闪发亮，如同夜空中的星星。

姥姥作完祷告，来到我的床前，我赶紧假装睡着了。

"又装蒜呢！小鬼，没睡着吧？"

她一这样讲，我就噗哧一声笑了。她也大笑着，抓住被子和边儿用力一拉，我被抛到空中打了个转，落到了鸭绒褥垫上。

我们会一起笑很久。

有的时候，她祈祷的时间很长，她会把家务事一滴不漏地告诉上帝，很有意思。

我非常喜欢姥姥的上帝，他跟姥姥是那么亲近。

"你见过上帝和天堂吗？"我问姥姥。

"没有。不过我知道。我亲爱的宝贝，不论是天上还是人间，凡是上帝的，一切都是美好的……"

然而我们的日子越来越坏了。

娜塔莉娅舅妈脸上常常有淤青，她在屋里乱喊乱叫的次数越来越多了。

格里高里总是说："瞎了眼去要饭，也比呆在这儿强！"

　　我希望他赶紧瞎了，那样我就可以给他带路了。我们一起离开这儿，到外面讨饭去。

　　有一天，姥姥正跪在那里虔诚地向上帝祷告，姥爷闯了进来，吼道：

　　"老婆子，着火了！"

　　姥姥腾地一下从地板上跳了起来，飞奔而去。

　　门外的景象实在太让人震惊了！火蛇乱窜，啪啪的爆裂声和姥爷、舅舅、格里高里的叫喊声响成了一片。染坊的顶子上，火舌舒卷着，舔着门和窗。寂静的黑夜中，火焰如红色的花朵，跳跃盛开着。

白雪成了红雪，墙壁好像在抖动，红光流泻，金色的带子缠绕着染房。冲着院子的厨房被照得金光闪闪，地板上飘动着闪闪烁烁的红光。

姥姥头顶一个空口袋，身披马被，飞也似的冲进火海，大叫着：

"混蛋们，硫酸盐，要爆炸了！"

姥爷忙着往姥姥身上撒雪，格里高里用铁锹铲起大块大块的雪扔向染坊，舅舅们拿着斧头在旁边乱蹦乱跳。

染坊的房顶塌了，红色的、绿色的、蓝色的旋风把一团团火吹到了院子里，几口大染锅疯狂地沸腾着，院子里充斥着一种刺鼻的气味，熏得人直流眼泪。

不知道过了多久，火被熄灭了。

警察把人们轰走了。一切又好像回到了以前。

第十二章　难产

姥姥在厨房安慰我。姥爷走进来，划了根火柴。火光照亮了他那满是烟灰的黄鼠狼似的脸。

"你去洗洗吧！"

姥姥这么说着，其实她自己的脸上也是烟熏火燎的。

姥爷叹了一口气，说：

"上帝保佑！"

这时有人在门外哭了起来。姥姥吹着手指头，走了出去。

姥爷轻声对我说：

"你姥姥怎么样？她岁数大了，受了一辈子苦，又有病，可她还是很能干！唉，你们这些人呢……"

姥爷沉默了一会儿，忽然想起什么，脱掉衬衫，洗了洗脸，一跺脚，吼道：

"是谁点着的火？混蛋，应该把他带到广场上抽一顿！

我一溜烟跑去睡觉了，可是刚躺到床上，一阵嚎叫声又把我吵了起来。

我爬到炕炉上观察情况，嚎叫声有节奏地持续着，波浪般拍打着天花板和墙壁。

姥爷和舅舅像没头苍蝇似的乱窜。姥姥吆喝他们，让他们躲开。

格里高里将柴火填进火炉，往铁罐里倒上水，晃着大脑袋来回走

着，像阿特拉罕的大骆驼。

"你的娜塔莉娅舅妈在生孩子。" 格里高里看到我说。

我印象中，我妈妈生孩子时并没有这么叫啊。

格里高里没有说话，从口袋里掏出一个陶制烟袋，开始抽烟。他把烟叶塞进烟锅，听着产妇的呻吟，前言不搭后语地说：

"看看，你姥姥都烧成了什么样了还能接生。你瞧瞧，生孩子多么困难。即使这样，人们还不尊敬妇女！你可得尊敬女人，尊敬女人就是尊敬母亲！"

他的絮叨让我打起了瞌睡。

半睡半醒之间，我仿佛听见嘈杂的人声、关门的声音、喝醉了的米哈伊尔舅舅的叫喊声，以及断断续续的奇怪的话。

突然，我一下子醒了过来，从炕上跳到了地下。火炕烧得太热了。

米哈伊尔舅舅突然抓住我的脚踝，一使劲儿，我仰面朝天地倒了下去，脑袋砸在了地板上。

"混蛋！"我大骂。

他突然跳了起来，把我抡起来又摔到地上：

"摔死你个王八蛋……"

我醒过来时，发现自己正躺在姥爷的膝盖上。

他仰着头，摇晃着我，念叨着：

"我们都是上帝的不肖子孙，谁也得不到宽恕，谁也得不到……"

我浑身疼，头很沉，一个字也不想说。

周围的一切太奇怪了：大厅里的椅子上坐满了陌生人，有神甫，有穿军装的老头儿，还有说不上是干什么的一群人。

桌子上还点着蜡烛，可窗外的曙色已经很重了。

所有人都一动不动，好像在谛听天外的声音。

我被雅可夫舅舅带到姥姥的房间。他低声说：

"你的娜塔莉娅舅妈死了！"

太热了，空气让人窒息。我突然想起茨冈死时的情景，地板上的血迹在慢慢流淌。

不知道过了多久，门缓缓地打开了。

姥姥几乎是爬着进来的，她是用肩膀开的门。

她对着长明灯伸出两只手，孩子似的哀叫：

"疼啊，我的手！"

第十三章　往事

冬去春来，分家了。

雅可夫舅舅分在了城里，米哈伊尔分到了河对岸。姥爷在波列沃伊大街上买了一套很有意思的大宅子：楼下是酒馆，上面是阁楼，后花园外是个山谷，到处都是柳树。

"看见没有？这可都是好鞭子！"

姥爷边走边说，踩着融化的雪，指着树枝对我眨了眨眼睛，说：

"很快就要教你认字了，到那时候，鞭子就更有用了。"

我并不搭理他。

这个宅子里住满了房客。姥爷只在楼上给自己留了一间，姥姥和我则住在阁楼。阁楼的窗户朝着大街，每逢节日的夜晚，都可以看见成群的醉汉们从酒馆里走出去，东摇西晃，乱喊乱叫。有的人是被人从酒馆里扔出来的。他们在地上打个滚儿，又爬起来往酒馆里挤。接下来就是叮叮嘡嘡的打架声。

我站在阁楼窗边看着这一切，是那么好玩儿！

姥爷每天一大早去两个儿子的染坊里转转，做个帮手，到了晚上便气鼓鼓地回来。

姥姥在家做饭、缝衣服，在园子里种种地，每天都忙得团团转。

心情好的时候，她吸着鼻烟，津津有味地打上几个喷嚏，说：

"噢，感谢圣母，一切都变得如此美好了！咱们过得多么安宁啊！"

可我一点儿也没觉得安宁。

房客们一天到晚在院子里乱哄哄地来来往往，邻居的女人们经常跑过来七嘴八舌议论街坊。姥姥仿佛成了所有人的姥姥，无微不至地关怀着每一个人。

她为人家接生，调解家庭纠纷，给孩子们治病，介绍一些生活常识。

"黄瓜什么时候该腌了，它自己会告诉你，没了土腥气就行了。

"格瓦斯要发酵才够味，千万别甜了，放一点葡萄干就行了。如果放糖的话，一桶里最多放半两糖。

"酸牛奶有西班牙风味的，有多瑙河风味的，还有高加索风味的……"

我整天跟着她在院子里转来转去，跟着她串门，几乎成了她的"尾巴"。有时候她在别人家里一坐就是好几个小时，喝着茶，讲着各种各样的故事。

在这一段生活记忆之中，除了这位成天忙个不停的老太太，我的脑子里就只剩空白了。

有一次，姥姥给我讲起了她自己的故事：

"我从小就是个孤儿。我母亲很穷，还是个残废，地主又赶走了她。她到处流浪，以乞讨为生。那时候，人们都很善良。秋天，我和母亲就留在城里要饭；到了春天，我们就继续向前走，走到哪儿就呆

在哪儿。我们去过穆罗姆，去过尤列维茨，沿着伏尔加河上游走过，也沿着静静的奥卡河走过。

"春夏之后，在大地上流浪，真是件美事啊！青草绒绒，鲜花盛开，自由自在地呼吸着甜而温暖的空气。有时候，母亲闭上蓝色的眼睛，唱起歌来，花草树木都竖起了耳朵，风也停了，大地在听她歌唱！

"流浪的生活实在很好玩，可我逐渐长大，母亲觉着再领着我到处要饭，真是有点不好意思了。于是，我们就在巴拉罕纳城住了下来。每天她都到街上去挨门挨户地乞讨，每逢节日就到教堂门口等待人们的施舍。

"我呢，坐在家里学习织花边。我拼命地学，学会了好帮助母亲。两年多后，我的手艺在城里出了名，人们都来找我织花边，我特别高兴，像过年似的！

"我说：'妈妈，你不用再去要饭了，我可以养活你啦！'她说：'你给我闭嘴，你要知道，这是给你攒钱买嫁妆的！'

"后来，你姥爷出现了。他可是个出类拔萃的小伙子，才22岁就已经是一艘大船的工长了！

"你姥爷的母亲很精明，她认为我手挺巧，又是讨饭人的女儿，很老实，就选了我。她是卖面包的，很凶……唉，别回忆这个了，干吗要回忆坏人呢？上帝心里最明白。"

说到这里，姥姥笑了，眼睛里闪闪放光。

第十四章　认字

在一个寂静的晚上，我和姥姥在姥爷的屋子里喝茶。

姥爷的身体有点不好了，他斜坐在床上，没穿衬衫，肩上搭着一条毛巾，隔一会儿就要擦一次汗，拿着茶杯的手一个劲儿地哆嗦。

姥爷仿佛换了一个人，变得温顺了。他喘着气，吸溜吸溜地喝着热茶。

"好好看着我啊，可别让我死了！"

他这口气简直像个撒娇的孩子，姥姥温和地说道：

"行啦，我小心着呢！好好躺着吧，别胡思乱想了。"

姥爷躺在那儿开始絮叨。姥姥不吭声，坐在那儿一杯一杯地喝红茶。

我靠窗而坐，仰头望着天空的晚霞——那时候，我好像是因为犯了什么错误，姥爷禁止我去屋外玩。

花园里有甲壳虫围着白桦树嗡嗡地飞；花园外的山谷里有孩子们喧嚣吵闹的声音；隔壁院子里桶匠正在工作，嘡嘡地响。

一种惆怅涌上心头，我真想去外面玩。

姥爷突然来了兴致，要教我认字。他手里有一本小小的新书，不知是从哪儿来的。他用滚烫的胳膊勾着我的脖子，把书摆在我的面前，他越过我的肩膀，用指头点着字母。

他身上的酸味、汗味和烤葱味熏得我喘不过气来。

"来来来，小鬼，你看看，这是什么字？"

我如果答对了，姥爷便不吱声；如果答错了，姥爷就会吼起来。

教了我一会儿，姥爷忽然跟姥姥谈起了我母亲，姥姥浑身一抖。

"死老头子，你提这干吗？"

"我其实不想说，可是心里太难受了！多好的姑娘啊，走了那条路……"

突然姥爷一推我，说：

"玩儿去吧，别上街，就在院子里、花园里……"

我飞也似的跑进花园，爬到山上。外边的孩子们从山谷里向我掷石子儿，我兴奋地回击他们。我一个人对一大群人，扔出去的石子儿百发百中，打得他们嗷嗷乱叫，躲进了灌木丛。这太让人高兴了。

我认字认得很快。姥爷对我也越来越关心，很少打我了。

第十五章　回忆

这天，姥爷躺在那把古老的安乐椅上望着天花板，讲起了他的陈年旧事。故事里有土匪，有忍饥挨饿的法国俘虏，还有一个喜欢免费给别人洗马的勤务兵米朗。那些俘虏后来都死了。真是个悲伤的故事。

天完全黑了，原本昏昏欲睡的姥爷开始讲他自己的事情了。我一点都不喜欢听那些，可是却总也忘不掉。不过，他从来没有和我谈起过我的父亲和母亲。

我们谈话的时候，姥姥偶尔会过来听。她坐在角落里一声不吭，好像她不在似的。

有时她会突然柔和地插上一句：

"老爷子，你记不记得咱们到木罗姆朝山去，多好啊！那是哪一年来着？"

姥爷想了想，认真地回答：

"那是在霉乱病大流行以前。就是在树林里捉拿奥郎涅茨人那年吧？"

接着，他们开始一起回忆过去，完全把我忘了。

可他们聊得并不开心。说着说着，姥爷脸色就阴沉下来。

"我们的心血都白费了。这些孩子们，没有一个有出息的！都是你！你把他们惯坏了。臭老婆子！"

姥爷越说越生气，向姥姥挥舞着瘦小的拳头，一拳打在了姥姥

脸上。

姥姥一个趔趄，差点儿摔倒，用手捂住嘴唇上流血的伤口，低声说："你又犯浑了！"

姥姥打开门，走了出去。姥爷却还在发火。

这是他第一次当着我的面打姥姥，我十分震惊。

姥爷扶着门框呼呼喘气，许久许久才痛苦地转过身来，慢慢走到屋子中间，跪下，捶着胸。

"上帝啊，上帝啊……"

我跑到楼上找到姥姥，我问她：

"疼吗？"

姥姥把血水吐到了脏水桶里，平静地说：

"没事，只是嘴唇破了。"

"他为什么打你？"

姥姥没有回答我，只是让我赶紧去睡觉。我上了床，一边脱衣服，一边看着她。

她走过来，摸了摸我的头：

"睡吧。我去看看他……你不要太向着我，也许我也有错……睡吧！"

外边的街道很安静，屋里很黑。姥姥说话的时候，她头顶上方青色的窗户外闪着星光。

她亲了亲我，走了。

我心里非常难过，从床上跳了起来，走到窗前，望着外面清冷的街道。

第十六章　噩梦

一天晚上，我正在跟姥爷念诗，姥姥在洗盘子和碗，雅可夫舅舅突然闯了进来。

他脸色不大对，也不跟任何人打招呼，把帽子一扔，挥着两手叨叨起来：

"爸爸，米希加疯了！他在我那儿吃饭，可能是多喝了两盅，又敲桌子又砸碗，还说要杀了您！您可要小心啊……"

姥爷的眼睛几乎瞪了出来：

"听见没有？老太婆！亲生儿子要杀他爹来了！"

他端着肩膀在屋子里来回走，心事重重，突然一把关上门，转身向着雅可夫说：

"你是不是不把瓦尔瓦拉的嫁妆拿到手便不甘心是不是？"

雅可夫一脸委屈：

"爸爸，这可不关我的事啊！"

"关不关你的事，你自己最清楚，我心里也清楚！"

姥姥默默地把茶杯收进了柜子里。

"我是来保护你的……"

"好啊，保护我！好极了！老太婆，快给这只狐狸一件武器。雅可夫·华西里耶夫，你哥哥一冲进来，你就对准他的脑袋打他！"

"既然不相信我，我就……"

"相信你？"

姥爷跺着脚狂吼：

"告诉你，什么鸡猫狗兔我都相信，可是你，我还要等等看！我知道，是你灌醉了他，是你让他这么干的！"

我不知所措。姥姥悄悄对我说：

"快，跑到阁楼的小窗户那儿去，等你舅舅米哈伊尔一露面，你就赶快下来告诉我们！"

我一下子觉得自己有了重任。

我一溜烟窜上楼，聚精会神地注视着街道。

鹅卵石的街道，灰色的监狱和消防瞭望塔，值班的救火员，低矮的教堂……一切的一切都蒙着厚厚的灰尘。所有窗户大概和我一样，等待着即将发生的事情。

一阵浓烈的气味飘过来，混合着大葱胡萝卜包子的味道。我浑身发抖，鸡皮疙瘩都起来了。

是他，米哈伊尔舅舅！

他东张西望地出现在巷子口，穿着棕黄色的上衣，帽子盖住了他的耳朵，盖住了他大半张脸，一只手插在裤兜里，另一只手摸着胡子。

我飞也似的跑下楼去。

"慌什么……他进了酒馆？好吧，你去吧！"姥爷说。

天黑了下来，窗户们都睁开了淡黄色的眼睛。不知道谁在弹琴，传出一阵阵悠扬而又忧郁的音乐来。独眼乞丐尼吉图什加在唱，疲倦而又沙哑的歌声传到了街上。这个大胡子老头儿的右眼是红色的，左眼则永远也睁不开。

我忽然有一种梦境般的疲惫感，希望有个人陪在我身边，最好是姥姥，姥爷也行！

还有，我父亲到底是个什么人？为什么姥爷和舅舅们那么不喜欢他？而姥姥、格里高里和叶格妮娅谈起他来都那么怀念？

我的母亲又去哪儿了呢？

我越来越频繁地想起母亲，逐渐把她想象成姥姥所讲的童话中的主人公。

我觉着她现在已经当了绿林好汉，住在路旁森林里杀富济贫，亦像安加雷柴娃公爵夫人或圣母似的周游天下。

……

楼下的吼叫声和杂乱的脚步声把我惊醒了。

我赶紧往窗外一看，姥爷、雅可夫和酒馆的伙计麦瑞昂正把米哈伊尔往外拉。

米哈伊尔抓住门框，硬是不走。人们打他、踢他，最后把他扔到了街道上。

酒馆哗啦一声上了锁，压皱了的帽子被隔着墙扔了出来。

一切又恢复了平静。

米哈伊尔舅舅躺了一会儿，慢慢地爬了起来，抓起一个鹅卵石，猛地向酒馆大门砸去。一声沉闷的响声以后，街道又恢复了刚才无声无息的状态。

姥姥坐在门槛上，弯着腰，一动不动：

"上帝啊，给我的孩子一点智慧吧！

"上帝啊，饶恕我们吧……"

第十七章　战争

到了第二年春天，我们家已经成了镇上的名人，每周都会有一群孩子跑到门口来欢呼：

"卡什林家又打架了！"

因为天一黑，米哈伊尔舅舅就会来到宅子附近，等待下手时机。他有时候会找几个帮凶，他们不是醉鬼就是小流氓。

花园里的花草树木、浴室、架子、长凳子、水锅，全都被砸了，连门也被砸烂了。

姥爷每次都站在窗前，脸色阴沉地听着人家破坏家里的财产。

姥姥在院子里跑来跑去，不停地叫着：

"米沙，米沙，干什么啊？"

回答她的是不堪入耳的咒骂。

有一回，也是这么一个令人不安的夜晚，姥爷病了，躺在床上，头上包着毛巾，在床上翻来翻去，大叫着：

"辛苦一生，攒钱攒了一辈子，最后落这么个下场！丢人现眼啊！无能的父母啊！"

姥爷突然站了起来，摇晃着走到窗前，像拿枪一样端着烛台，冲着窗口大吼：

"米希加，小偷！癞皮狗！"

话音未落，一块砖头哗的一声破窗而入！

还有一次，米哈伊尔拿着一根大木棒子砸门。

门内，姥爷、两个房客和高个子的酒馆老板的妻子各执武器，等着他冲进来。

姥姥在后面哀求道：

"让我出去见见他，跟他谈谈……"

姥爷毫不理会，紧盯着房门。门已经摇摇欲坠了。

我万分紧张，因为战斗马上就要开始了。

姥爷突然对其他人说：

"别打脑袋，打胳膊和腿……"

姥姥突然冲了上去，从小窗户伸出一只胳膊，向外面摆着手，让舅舅快走。舅舅不但没走，还一棍子打断了姥姥的胳膊。

在等待正骨婆到来的那段时间里，姥姥和姥爷并没有谈论自己的伤势，而是在争论家产如何分配。

第十八章　祈祷

姥姥每天早上都会站在圣像面前祈祷。祈祷的时候，她含笑的双眼炯炯有神，好像一下子年轻了许多。她抬起沉重的手，在胸前缓缓地画着十字。每天她都能找到新的词句来赞美圣母，每次我都会全神贯注地听她祈祷。

我觉得，只有祈祷才能真正使她恢复生命的活力。姥姥的上帝永远与她同在，她甚至会跟牲畜提起上帝；他觉得不论是人，还是狗、鸟、蜂、草木，都会从于她的上帝；上帝对人间的一切都是一样的慈祥，一样的亲切。

不过，早晨姥姥的祈祷时间一般不太长，因为要烧茶，如果到时候她还没把茶备好，姥爷会破口大骂的。

有一次，酒馆的女主人跟我姥爷吵架，便连我姥姥也一块骂上了。这件事可把我气坏了。有一天，趁着酒馆女主人下地窖，我悄无声息起合上了地窖的盖子，上了锁，还在上面跳了一通复仇者之舞。

随后，我把钥匙扔到了屋顶上，一溜烟地跑回了厨房。

姥姥正在做饭，没有立刻明白我为什么那么高兴，等她明白之后，立刻朝我的屁股上踢了一脚，让我赶紧把钥匙找回来。

后来，我躲在角落里默默地看着她和刚刚被放出来的胖女人和善地说话、大笑。

回到家里，姥姥对我说："以后不要再恶作剧了，小心我告诉你

姥爷，他非扒掉你一层皮不可！"

姥姥气呼呼地说着，我却从她眼睛里看到了笑意。

姥爷也常常祈祷，可是他的祈祷却与姥姥截然不同。

每天早晨，他洗嗽完毕，穿上整洁的衣服，梳理好棕色的头发，理理胡子，照照镜子，尔后小心翼翼地走到圣像前，在那块有马眼似的大木疤的地板上站定，士兵似的开始祷告："审判者何必到来，每个人的行为自有报应……"

屋子里一下子肃穆起来，似乎连苍蝇都飞得小心翼翼了。

我觉得姥爷很滑

稽，想笑，可是不敢。姥姥在一旁阴着脸，垂着眼皮，叹着气。

有一次，姥姥说："老爷子，上帝大概也觉着有点乏味了，你的祷告永远是那一套。"

姥爷气得脸都紫了。

"你从来都没有把你自己的心里话说出来。"姥姥接着说道。

姥爷涨红了脸，颤抖着，敲着桌子冲姥姥破口大骂。

时间久了，我渐渐觉得，姥爷有一个上帝，姥姥则另有一个上帝。

姥爷的上帝让我恐惧，产生敌意，因为他谁也不爱，永远严厉地注视着一切，一刻不停地在寻找人类罪恶的一面。他不相信人类，只相信惩罚。

姥姥的上帝则是热爱一切生物的，我沉浸在他爱的光辉之中。

只是一个问题始终困扰着我：为什么姥爷就看不见那个慈祥的上帝呢？

第十九章　惩罚

我对静悄悄的大街是没有多大兴趣的，但是孩子们在外面一闹，我就抑制不住地想要跑出去。

然而我没有什么朋友，街上的孩子们都看我不顺眼。我不喜欢他们叫我"卡什林"，他们却偏偏故意叫我"瘦鬼卡什林家的外孙"。

跟他们相比，我的岁数不算小，力气还可以，可终究寡不敌众，每次回家的时候都是鼻青脸肿的。

姥姥和姥爷让我不要到街上去玩了，可我并不在乎挨打，我只是特别厌恶他们捉弄别人——

他们让狗去咬鸡，虐待猫，追打犹太人的羊，凌辱喝醉的乞丐和外号叫"兜里装死鬼"的傻子伊高沙。

伊高沙皮包骨头的瘦长身材，穿一件破旧而又沉重的羊皮大衣，走起来躬腰驼背，摇来晃去，两眼死盯着脚前面的地皮。有时候他会突然站住，伸直身子，瞧瞧头顶上的太阳，整整帽子，就像刚刚醒来似的东张西望一阵子。

"小心点儿，你兜里有个死鬼！"孩子们大喊。

每当这时候，他都会撅着屁股，用颤抖的手笨拙地捡起地上的石子儿回击，嘴里骂着老套的脏话。

孩子们就用更恶毒的话跟他对骂。

有的时候，他瘸着腿去追，却被皮袍子绊倒在地。他双膝跪地，

两只干树枝似的手撑着地面。

孩子们趁此机会变本加厉地向他扔石头，胆大者抓一把土撒到他的头上，又飞也似的跑开。

最让我难过的是格里高里。

他成了盲人，沿街乞讨。一个矮小的老太婆牵着他的手。他木然地迈着步子，高大的身体挺得笔直，一声不吭。

那老太婆领着他，走到人家门口或窗前。

"行行好吧，可怜可怜这盲人吧，看在上帝的份儿上！"

格里高里沉默着，两个黑眼镜片直视着前面的一切，染透了颜料的手拉着自己长长的胡子。

每次看到他，我都难受极了。我会远远地躲开，然后跑回家去告诉姥姥。

"格里高里在街上要饭呢！"

"啊！"她惊叫一声。

"拿着，快给他送去！"

我不愿意去，于是姥姥亲自走到街上，和格里高里谈了很久。

他面带微笑，像个散步的老者捻着胡须，但都是三言两语，没有太多的话。

有的时候，姥姥把他领到家里吃点东西，但格里高里似乎并不愿意多来。姥姥似乎每次看到他，也很难为情。

平日里，我们对格里高里都避而不谈。只有一次，姥姥把他送走以后，慢慢地走回来，低着头哭泣。我走过去，拉住她的手。

"他是个好人，姥爷为什么要把他赶出去？"

她停住脚步，搂住我，几乎是耳语似的说：

"记住我的话，上帝不会放过我们的！他一定会惩罚……"

果然，十年以后，惩罚终于到了。那时姥姥已经永远地安息了。姥爷疯疯癫癫地沿街乞讨，低声哀告着：

"给个包子吧，行行好吧，给个包子吧！唉，你们这些人啊……"

从前那个牙尖嘴利的他，如今只剩下这么苍白又无力的一句：

"唉，你们这些人啊……"

第二十章　美好

　　我越来越多地待在家里。那段日子，午饭以后，姥爷通常会去雅可夫的染坊，姥姥就坐在窗户旁边给我讲有趣的童话，讲我父亲的事。

　　姥姥曾经从猫嘴里救下一只八哥儿，给它治好了伤，还教它说话。

　　姥姥常常一个小时一个小时地站在八哥儿跟前，没完没了地重复着：

　　"喂，你说：给俺小八哥儿——饭！"

　　八哥儿眨着眼睛。它会学黄鹂叫，松鸦和布谷鸟甚至小猫的叫声它都模仿得惟妙惟肖，可就是学不会说话。

姥姥从不灰心，不停地教着。

终于有一天，八哥儿突然大声地说了一句，好像就是那句"给俺小八哥儿——饭"。姥姥大笑起来，说道：

"我就说你行，你什么都会！"

姥姥把八哥儿教会说话了。它能相当清楚地要饭吃，远远地看见姥姥，就扯着嗓子喊："你——好——哇……"

鸟笼子原来挂在姥爷屋子里，可时间不长，姥爷就把它赶到顶楼上来了，因为它老是学姥爷说话。姥爷做祈祷时，八哥儿把黄蜡似的鼻尖从笼子缝里伸出来，叫道：

"球、球、球……秃、秃、秃……"

姥爷觉着它是在污辱他，把脚一跺，大叫：

"滚！把这个小魔鬼拿走，否则我杀了它！"

家里还有很多值得回忆的事，美好而有趣，即便是整天闷在屋子里有种无法排遣的压抑感，但多年以后回想起这段日子，我还是会发自内心地感叹一句：

"啊，那是一段多么美好的时光啊！"

第二十一章　搬家

姥爷突然把房子卖了，卖给了酒馆的老板，然后在卡那特街上另买了一处宅子。宅子里长满了草，宅子外的街道却很安静、整洁，一直通向远处的田野。

我觉得新房子比以前的房子更可爱。房子正面涂着让人感觉温暖的深红色，有天蓝色的窗户和百叶窗，左侧的屋顶上遮着榆树和菩提树的浓荫，十分美丽。

花园里有很多僻静的角落，最适合捉迷藏了。

花园不大，可是花草极其凌乱无序，这太让人高兴了。花园的一角是个矮小的澡堂，另一角是个杂草丛生的大坑，里面有一根粗黑的木头——原来的澡堂烧毁的痕迹。

花园挨着奥甫先尼可夫上校马厩的围墙，前面是卖牛奶的彼德萝芙娜的宅子。

彼德萝芙娜是个胖胖的女人，吵吵嚷嚷的，说起话来像爆豆。她的小屋是个半地下室，矮小而破旧，顶上长着一层青苔。两个小窗户像一双小眼睛，注视着远方的森林和原野。

原野上每天都有士兵走动，刺刀在阳光下闪着白色的光芒。

宅子里的房客都是陌生人，我从未见过。

住在前院的是个鞑靼军人，胖得像个皮球，经常坐在窗户边抽烟，鼓脸瞪眼地咳嗽，声音很奇怪，像狗叫。他的妻子同样又矮又胖，从早到晚嘻嘻哈哈的，弹着吉他唱着歌。

地窖和马厩上面的小屋里住着两个车夫——小个子的白发彼德和他的哑巴侄子斯杰巴，还有一个瘦高的鞑靼勤务兵瓦列依。

这宅子里最让我感兴趣的是一个叫"好事情"的包伙食的房客。他不太爱说话，有点驼背，不大被人注意，留着两撇黑胡子，眼镜后面的目光十分和善。

"好事情"租的房子在厨房的隔壁。每次让他吃饭或喝茶，他总是说："好事情。"

姥姥也就这样叫他，不管是不是当着他的面。

"辽尼卡，去叫'好事情'来喝茶！"

"'好事情'，您怎么吃得这么少？"

"好事情"的房间里塞满了各种各样的箱子，还有许多俄文书，我一个字也不认识。除此之外，还有许多盛着各种颜色液体的瓶子、铜块、铁块和铅条。

每天他都在小屋子里忙来忙去，身上沾满了各种各样的颜料，散发着一股刺鼻的味道。

他不停地熔化着什么，在小天平上称着什么。有时候烫着了手指头，他就会像牛似的低吼着去吹，摇摇晃晃地走到挂图前，擦擦眼镜。

有时候，他会在窗口或屋子中的随便什么地方站住，长时间地呆立着，闭着眼抬起头，一动不动，像一根木头。

我最喜欢爬到房顶上，隔着院子从窗口观察着他。

桌子上酒精灯的火光映出他黑黑的影子，他在破本子上写着什么，两片眼镜像两块冰片放射着寒冷的青光。

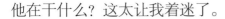

他在干什么？这太让我着迷了。

有时候他背着手站在窗口，对着我这边发呆，却好像根本就没看见我似的，这很让我生气。

有时候他会突然三步两步地跳回桌子前，弯下腰像是在急着找什么东西。

如果他是个有钱人，穿得好的话，也许我会望而生畏，可他穷，破衣烂衫的，这使我放了心。

在我心目中，穷人不可怕，也不会有什么威胁。姥姥对他们的怜悯以及姥爷对他们的蔑视，都潜移默化地让我认识到了这一点。

第二十二章　串门

这宅子里的房客好像都不大喜欢"好事情"，谈起他时都是一种嘲笑的口吻。

那个成天高高兴兴的军人妻子叫他"石灰鼻子"，彼德大伯叫他"药剂师""巫师"，姥爷则叫他"巫术师""危险分子"。

姥姥从来不让我打听他的事情，可越是这样，我越是好奇。

有一天，我鼓足了勇气走到他的窗前，控制着自己的心跳，问道：

"你在干什么？"

他好像被吓了一跳，从眼镜上方打量了我半天，向我伸出手来，那是只满是烫伤的手。

"爬进来吧！"

他让我爬进去，从窗户爬进去。啊，他果然是个不一般的人！

他把我抱了起来，问道：

"你从哪儿来？"

每天吃饭、喝茶都见面，他居然不认识我！

"我是房东的外孙……"

"啊，对了！"

他一副恍然大悟的样子，说：

"啊，房东的外孙，好事情！"

他放下我，站了起来。

"好好坐着，别动啊……"

我坐了很长时间。看他锉那块用钳子夹着的铜片，铜末落到了钳子的下面的马粪纸上。他把铜末放到一个杯子里，又放了点食盐似的东西，又从一个黑瓶子里倒了点东西出来。

杯子里立刻哗哗地响了起来，一缕呛人的烟冒了出来，熏得我一个劲儿地咳嗽。可他却颇有点欣然地说：

"怎么样，挺难闻吧？"

"是。"

"好事情，好极了！"

"既然难闻，那还有什么好的！"

"啊？你不懂。你玩过羊趾骨吗？"

"羊拐？"

"对，羊拐！"

"玩过。"

"来，我给你一个灌了铅的羊拐。"

"好哇！"

"那你快拿个羊拐来！"

他走过来，眼睛盯着冒烟的杯子，说道：

"我给你一个铅羊拐，以后你别再来了，好吗？"

这实在让人生气。

"你不给我铅羊拐，我也不来了！"

我噘着嘴走进花园，姥爷正忙着把粪肥上到苹果树根上。秋天了。

"过来，帮把手！"

我问："'好事情'在干什么？"

"他？他在破坏房子！地板烧坏了，墙纸弄脏了！"我要让他滚蛋了！"

蛋了！"

"应该！"我十分解气地叫道。

第二十三章　宴会

如果姥爷不在家。姥姥就会在厨房里举行非常有趣的晚会。

秋雨漫漫，大家无所事事，便都到了这儿来——车夫、勤务兵、彼德芙娜，还有那个快乐的女房客。

"好事情"总是坐在墙角的炉子边上，一声不吭，一动不动。哑巴斯杰巴和鞑靼人玩牌，瓦列依总是用纸拍鞑靼人的鼻子，一边拍一边说："魔鬼！"

彼德大伯带来一块白面包、一罐果酱。他把抹上果酱的面包片分给大家，每送给一个人都要鞠一个躬，嘴里说着："请赏光！"

别人接过去以后，他就会看看自己的手。如果上面有那么一两滴果酱，他就会舔掉。

此外，彼德萝娜带了一瓶樱桃洒，快乐女人带了糖果。

于是，姥姥最喜欢的娱乐——宴会——开始了。

外面秋雨绵绵，秋风呜呜，树枝摇曳，又冷又湿，屋子里却是温暖如春。大家紧挨着坐着，气氛和谐。

姥姥特别高兴，一个接一个地讲童话故事，一个比一个好听。她坐在炕炉沿上，脸庞被火光照亮，冲大家说道：

"好啦，我要开讲了，不过得坐在高处！"

我坐在姥姥身边，脚边是"好事情"。

姥姥讲了一个勇士伊凡和隐士米郎那的故事，故事十分美妙。

从前有一个凶恶的督军高尔康，他心狠手辣赛蛇蝎。他最恨谁？最恨隐士米朗那。米朗那扶弱助残好心肠。督军找来勇士伊凡，让他去杀掉隐士米朗那。伊凡知道米朗那是好人，可又不敢违抗命令，一路上心事重重。他一找到米朗那，米朗那就知道了他的使命，笑着对他说："上帝无所不知，他能看到一切善恶。拿出你的刀吧！"

伊凡满脸通红抽出了刀。

米朗那双膝跪地，对着小橡树行了个礼，开口说道：

"在你杀我之前，我要为人类祷告，请在我祷告结束后再杀掉我吧！"

于是，米朗那祷告到傍晚，傍晚转而到黎明，从春到夏，夏到秋，小橡树长成大橡树，橡树籽也长成了橡树林，米朗那的祈祷还在进行。

直到今天他还在祈祷，哭泣着诉说人间事，请上帝给人们以帮助，求圣母施人们以愉快的心情。

而他身边的勇士伊凡，盔甲衣衫都成了灰，赤身裸体立在原野中，夏天烈日晒、蚊虫咬，冬天冷风吹、冰雪埋。他一动也不能动，一句话也不能说。

这就是上帝对他的惩罚。

就算是忠于职守的勇士，也要分清是非善恶，助纣为虐没有好下场。

姥姥开始讲这个故事的时候，不知道为什么，"好事情"好像有一点心神不宁。他一会儿摘下眼镜，一会儿又戴上，两只手来回乱动，不停地点头、摸脸、擦额头，像是有满头大汗似的。

姥姥讲完，他一下站了起来，来回走着，激动地做着手势。

"太棒了，记下来，应该记下来，好极了……"

　　我看到他在哭，泪水顺着他的两颊往下流。他笨手笨脚地在厨房里奔走，磕磕绊绊的，很可笑，也很可怜。

　　大家都有点不知所措，姥姥说：

　　"可以，您写吧，我还有好多类似的故事呢……"

　　"就要这个，地道的俄罗斯味道！"

　　他站在厨房中间，双手在空中挥舞着，大讲特讲起来，其中有一句话反复地说：

　　"不能让别人牵着鼻子走。是的，是的！"

　　突然，他的话戛然而止，好像大梦初醒一样，看了看大家，不好意思地低下了头。

　　人们哄笑起来，姥姥叹息着。

　　彼德萝芙娜问："他生气了？"

　　"恐怕是单身汉的怪脾气吧！"瓦列依说。

　　大家都笑了。

第二十四章　邻居

我觉得"好事情"有点可怜。他一定是个有故事的人。

第二天中午，"好事情"满脸通红地找到我们，要跟我道歉，可是姥姥并不放心，敷衍了几句就把他打发走了。

他走了以后，姥姥闻了闻鼻烟，表情严肃地对我说：

"小心点，别老跟着他，人心隔肚皮……"

可是我偏偏觉得他有吸引力。我读懂了他身上的孤独，那是一种我能理解的触动心灵的东西。

我不由自主地又找他去了。他的房间里非常凌乱，一切都毫无秩序地乱摆着。他坐在花园的坑里，以头枕手，靠在那段烧黑了的木头上，出神地凝视着天边，好半天才自言自语似的说：

"过来坐会儿吧。"

我过去，挨着他坐下。

"好，坐着，别说话好吗？你看起来也是个偏脾气呀！"

"是。"我说。

"好事情。"他只回答了一句，就又沉默了。

秋天的傍晚，五彩缤纷的草木瑟瑟地在凉风中抖动，明净的天空有寒鸦驰过，寂静充斥着整个空间，忧郁的心也无声地凉了下来，人也变得有气无力，只剩下思想在飘荡。

我飘荡的思绪裹着忧伤的衣裳，在无垠的天际行走，翻山越岭，越海跨江……我倚着他温暖的身子，透过苹果树的黑树枝仰望泛着红光的天空，注视着空中飞翔的朱顶雀。

我看见几只金翅雀撕碎了干枯的牛蒡花的果实，在里面找花籽吃；看见蓝色的云彩下，老鸦正姗姗地向坟地里的巢飞去……多么美好的自然啊……

他似乎感应到了我的感受，问我：

"多么好啊！美吗？"

我没有吱声，天慢慢地黑了下来。他说：

"走吧……"

我起身准备回去，走到花园的门边时，他又说：

"你姥姥太好了！"

我们成了朋友。从那天起，我随时都可以去找他了。

我坐在他的破箱子上，不受阻拦地看他熔铅、烧铜。他手里不停地变换着工具：木锉、锉刀、纱布和细锯……他往杯子里倒各种各样的液体，看着它们冒烟，满屋子弥漫着刺鼻的气味。

有的时候，他不再工作。我们一起坐着遥望窗外，看秋雨在房顶上、草地上、苹果树枝上慢慢地飘洒。我们并不说话，如果想让我注意一下什么，他

也只是推我一下，向我眨眨眼睛。

而我一下子就能明白他要让我看什么。

比如，一只猫跑到一滩水前，瞅着自己在水中的影子，举起爪子要去抓。

一只大公鸡往篱笆上飞，差一点儿掉下去。它显然是生了气，喔喔大叫。

笨手笨脚的瓦列依踩着满地的泥泞走过去。他仰起头来看天，秋日的阳光照在上衣的铜扣子上，闪闪发光。他小心翼翼地抚摸着扣子，仿佛那是一枚奖章。

"好事情"成了我生活中必不可少的伙伴。无论痛苦时还是欢乐时，我都有点离不开他了。他虽然很少说话，却从来不打断我说话，这和姥爷不一样。

姥姥则变得心事重重，很少听别人讲话，也不过问别人的事了。

第二十五章　告别

　　有一回，姥姥带我去挑水，刚好看见五六个小市民正在打一个乡下人。

　　他们把乡下人按倒在地上，没命地毒打。

　　姥姥扔掉水桶，大步向他们冲去，同时向我喊了一声：

　　"快躲开！"

　　可我不知道怎么回事，一个劲儿跟着她跑，捡起石头子儿扔向那些小市民。

　　姥姥无所畏惧地用扁担挥打他们。又来了一些人，小市民们跑了。

　　乡下人被那伙人打得遍体鳞伤，流血不止。他哀嚎着，咳嗽着，血溅了姥姥一身。

　　我回到家，立刻就把这件事告诉了"好事情"。他一反往常的严肃，看着我突然说：

　　"太好了，做得对！"

　　他搂住我，激动地在屋子里走来走去。

　　我又跟他讲了我的故人克留会尼可夫。他是个大脑袋的孩

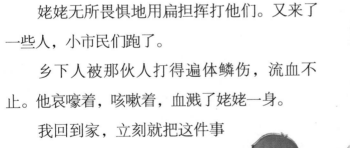

子，是个打架能手。我打不过他，谁也打不过他。

"好事情"听了，说："这是小事，都是些笨力气，真正的功夫在于动作的速度，懂吗？"

我觉得他说得非常有道理，从此我就更重视"好事情"的话了。

他常常跟我说一些我不太明白的话，比如："任何东西都要融会贯通，这可是件非常困难的事啊！"

我一点儿也不明白他在说什么，可莫名觉得他非常厉害。

然而家里人好像越来越不喜欢"好事情"，甚至连猫也不往他膝盖上爬了，我差点儿气哭了。

姥爷知道我常去"好事情"那儿，狠狠地揍了我一顿。

这事我没有告诉"好事情"，不过我说了别人对他的看法："姥姥说你在搞'邪门歪道'，姥爷也说你是上帝的敌人。"

他淡淡地一笑："这我早知道！"

然而没过多久，"好事情"要搬走了。他告诉我是姥爷让他搬走的。我不知道说什么好，只是拉着他的袖子不松手。

"别生气，也不要哭……"他对我说。可他自己的眼泪却滚了下来。

晚上，他走了。

我走出门，看他上了大车，震动的车轮摇摇晃晃地走在泥泞的路上。我跟他挥手告别，这次他并没有说"好事情"。

我和我们祖国中的无数优秀人物中的第一个人的友谊，就这么结束了。

第二十六章　彼德

　　我的回忆就像一个密密麻麻的蜂巢。成长历程中各式各样的知识和思想，我都仔细地搜集、存储了起来。如果是现在的我，我会懂得挑选和取舍，而童年的我并不懂。

　　"好事情"走了以后，我和彼德大伯挺要好。他也像姥爷那样，干瘦干瘦的，个子矮小很多，头发是浅灰色的，像个小孩儿扮成的老头儿。他满脸皱纹，眼睛却非常灵活，每次眼睛滴溜溜转的时候，烟雾就从他的大烟斗里不停地冒出来，非常滑稽。

　　他讲起话来嗡嗡地响，满口俏皮话，好像在嘲笑所有的人。

　　彼德大伯有一匹衰老的白马，皮包骨头，两眼昏花，脚步迟缓，浑身的肮脏使它变成了一匹杂色马。彼德不打它，也不骂它，还叫它丹尼加。

　　彼德大伯认字，把《圣经》读得烂熟，还经常和姥爷争论圣人里谁更神圣。他们批评那些有罪的古人，甚至破口大骂，有的时候，他们的争论完全是为了抬杠而抬杠。

　　平日里，彼德大伯很喜欢说话，似乎是个快乐的人。可有时他坐在角落里，半天不说一句话。不过我对彼德大伯印象很好。

我们那条街上搬来了一个脑袋上长了瘤子的老爷。他有个很奇特的习惯，每逢周日或假日就会坐在窗口用鸟枪打鸡、猫、狗和乌鸦，有时候还向他不喜欢的行人开枪。

有一回他击中了彼德大伯。

原来，彼德大伯每次听到枪声时，总是匆忙地把破帽子往头上一戴，跑出门去。他挺胸抬头，在街上来回走，生怕打不中他似的。

这一次，子弹真的打中了他的肩膀和脖子。姥姥一边用针给他挖子弹，一边说：

"你是不是傻？小心打瞎你的眼！"

"我就是逗他玩！他算哪门子射手？什么样的神射手我没见过？马蒙德·伊里奇小姐的丈夫是位军人，啊，那枪法，简直无与伦比！让傻子伊格纳什加站在远处，在他腰上系一个小瓶子，瓶子悬在他的两腿之间。啪的一枪，瓶子碎了！伊格纳什加傻笑着，高兴透了。只有那么一次，不知是什么小东西咬了他一口，他一动，子弹打中了傻子的腿！"

我吓了一跳，彼德大伯却毫不在意，继续笑着讲：

"没什么好担心的。傻子不需要什么手啊脚啊，凭他那副傻相就有饭吃了。"

我吓出一身鸡皮疙瘩。这太可怕了，我心里想。

彼德大伯曾问过我："你姥爷打你，你生气吗？"

"生气！"

可是彼德大伯说，姥爷是为我好才打我的。

我恼了。从此我不愿再听彼德大伯讲故事了。

第二十七章　邂逅

过节的时候，两个萨沙表哥都来了。

我们在屋顶上奔来跑去，看见贝德连院子里有个穿绿色皮礼服的老爷正坐在墙边逗几只小狗玩。

一个萨沙表哥建议去偷他一只狗，我们很快制定了一个机智的偷窃计划。

两个表哥跑到贝德连的大门前，我从这儿吓唬他，把他吓跑以后，他们就进去偷狗。

"怎么吓唬呢？"

一个表哥说："往他头上吐唾沫！"

我对他的主意不屑一顾。

因为比这坏得多的行为我可见多了。我毫不犹豫地执行了我的任务。

后果很严重，姥爷当着贝德连他们的面痛打了我一顿。

因为我执行任务时，两个表哥正在大街上玩，自然把事情推得一干二净。

彼德大伯来看我了。不知道为什么，他穿着过节时的衣服：

"好啊，少爷，对他就该如此，应该用石头砸！"

这时我注意到了彼德大伯那张皱纹累累的脸，说话时肌肉哆嗦

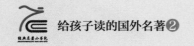

着，跟姥爷别无二致。

"滚开！"

我大叫一声，从此再也不愿意跟他说话了。

没过多久，又发生了一件事。

贝德连家里有很多美貌的小姐，军官们和大学生们常来找她们。他们家的玻璃窗是亮堂堂的，快乐的歌声和喊叫声总是从后面传来。

不知道为什么，姥爷非常不喜欢他们家，还用极其下流的字眼骂这家人。彼德大伯解释给我听，把我恶心坏了。

与他们家形成鲜明对照的是奥甫先尼可夫家。

我觉着他们家颇有童话色彩：院子里满是草坪，清洁而幽静，中间有口井，井上有一个用木柱子支起来的顶棚。房子的窗户很高，玻璃是模糊的，阳光下映出七彩的光。大门边上有个仓库，也有三个高高的窗户，却是假的，是画上去的。

我觉得这院子有种十分与众不同的气质。

偶尔，院子里有一个瘸腿老头儿在走动，雪白的胡子，光光的头顶。此外还有一个络腮胡子的负责照顾马的老头儿。

院子里似乎总有三个孩子在玩。他们灰衣灰帽灰眼睛，只能从个头高矮来区分。我看见两个哥哥尤其对他们矮胖的弟弟好，他们和睦而快乐地玩着我所不熟悉的游戏，彼此之间有一种善意的关切。

他如果摔倒了，他们也像平常人那样笑，但不是恶意的、幸灾乐祸的。他们会马上把他扶起来，看看是不是摔着了，和蔼地说：

"看你笨的……"

他们不打架，不骂人，又团结又快乐。有一次，我爬到树上冲他

们吹口哨，他们一下子都站住了，看着我，又商量着什么，我赶紧下了树。

我想他们立刻就会向我扔石子儿了，所以在所有的衣服口袋里都装满了石子儿。

可等我又爬到树上后，发现他们都到院子的另一个角落里去玩了。

我感到有点惆怅。他们跟别的孩子套路不一样。

虽然我很想跟他们一起玩，可是他们并没有邀请我，我只好每天在树上看着他们玩。

有一回，他们捉迷藏，小弟弟绕着井跑，不知道该往哪儿藏。最后，他越过井栏，抓住井绳，把脚放进了吊桶里，吊桶一下子就顺着井壁掉了下去，不见了。

我稍一愣，立刻果断地跳进了他们的院子，和二哥同时跑到井栏边抓住了井绳，没命地往上拉！大哥也跑来了，很快小弟弟被拉了上来。他手上有血，身子全湿了，脸上也蹭脏了。

二哥抱起他，为他擦着脸上的血迹。大哥皱着眉说：

"回家吧，瞒不住了……"

"你们得挨打了？"我问。

他点点头，向我伸出手来：

"你跑得真快！"

我很高兴，可还没来得及伸出手去，他们就心事重重地走了。

一切都太快了。我扭回头来，看见跳进院子时扒着的那根树枝还晃呢，一片树叶从上面掉了下来。

之后，三兄弟一个星期没再露面。

第二十八章　朋友

后来，我们就熟悉了。我知道了他们的身世——生母去世了，爸爸给他们找了个后妈。这让我想起姥姥讲的童话里那些恶毒的后妈，所以我开始有些同情他们。

我给他们讲童话故事里亲生母亲如何复活归来的故事，他们听得很认真。天色渐晚，红色的落霞在天空上悠闲地散步，洒在他们身上。

一个白胡子老头儿来了。他穿着一身神父式的肉色的长衫，戴着皮帽子，一上来就冲我吼："快走，不准上这儿来了！"

我很生气，不知道哪里来的勇气，也冲他吼：

"我没来找你，老鬼！"

他气坏了，拎着我找我姥爷告状。

我很快就挨揍了，被扔到了彼德大伯的马车里。

没想到彼德大伯也不让我跟那几个孩子玩。

"你是个混蛋！"我生气了。

他满院子追，一边追一边喊："我混蛋？我叫你知道我的厉害……"

我一下子扑到了刚走到院子里的姥姥身上。他向姥姥诉起苦来：

"这孩子让我没法活了！我一个老头子，他竟然骂我母亲，骂我是骗子，什么都骂啊……"

我震惊极了，他竟当着我的面撒谎！

姥姥强硬地回答他。

"彼德，你在撒谎！他不会骂那些词的！"

如果是姥爷，他一定会相信这个坏蛋，并且揍我一顿。

从那之后，我们之间的关系急转直下。他故意碰我、蹭我，把我的鸟儿放去喂猫，添油加醋地向姥爷告我的状。

我偷偷地拆散他的草鞋，不露痕迹地把草鞋鞋带解松，他穿上以后就会断开。有一回，我往他帽子里撒了一大把胡椒，使他打了一个小时的喷嚏。

我充分运用了体力和智力来报复他。他则时时刻刻地监视着我，抓住我任何一个犯禁的事都会立即向姥爷报告。

我仍然和那三个兄弟来往。我们在围墙之间一个僻静的角落里凿了一个洞。三兄弟在那边，我在这边，我们悄悄地说着话，玩得很愉快。

他们跟我讲了他们苦闷的生活，我也跟他们讲了很多关于姥姥的事。大哥叹了一口气，说：

"可能姥姥都是很好的。以前，我们也有一个好姥姥……"

他十分感伤地说起"从前""过去""曾经"这类词，好像他是个老人，而不是个才11岁的孩子。我记得他手指纤细，身体瘦弱，眼睛明亮得像教堂里的长明灯。

两个弟弟也很可爱，让人非常信任他们，经常想替他们做点愉快的事。当然，我更喜欢他们的大哥。

有好几次，我们正讲得起劲儿的时候，彼德大伯便突然出现在背后。他阴沉沉地说：

"又到一起啦？"

新一轮的战争警报立刻拉响。

第二十九章　惊变

彼德大伯的哑巴侄儿到乡下结婚去了，只剩他一个人住。屋子里有一股臭皮子、烂油、臭汁和烟草的混合味道。

他睡觉不灭灯，姥爷非常不高兴。

"小心烧了我的房子，彼德！"

"放心吧，我把灯放在水盆里了。"

他眼睛看着旁边，回答道。

不知从什么时候开始，彼德大伯的身体变差了。他脸上没了光泽，走路也摇摇晃晃的，像个病人。平时不参加姥姥的晚会了，也不请人吃果子酱了。

一天早晨，姥爷在院子里扫雪，门咣当一声开了。一个警察破门而入，手指头一勾，让姥爷过去。

姥爷赶紧跑了过去，他们谈了几句。

"在这儿！什么时候？"

他有点可笑地一蹦，说道：

"上帝保佑，真有这回事吗？"

"不要声张！"警察训斥他。

姥爷只好沉默，一回头看见了我，吼道：

"滚回去！"

那口气，跟那个警察一模一样。

于是我躲起来，看着他们。他们向彼德大伯的住处走去。警察说：

"他扔掉了马，自己藏了起来……"

我偷偷跑去告诉姥姥。她摇了摇满是面粉的头，一边和着面，一边说：

"许是他偷了东西吧……好啦，去玩吧！"

我又回到院子里。

姥爷再一次让我滚回去。

然后他带着姥姥，到另一个房间里耳语了半天。

我立刻意识到，这里发生了可怕的事。

这一整天，他们俩总是时不时地互相望上一眼，偶尔三言两语。

惊恐的气氛笼罩了一切。午饭吃得很潦草，好像等待着什么似的，压抑的空气让人窒息。

傍晚时，来了一个红头发的胖警察，他坐在厨房的凳子上打盹。姥姥问：

"怎么查出来的？"

"我们什么都查得出来。"

门洞里突然响起了彼德罗芙娜的叫声："快去看看吧，后院是什么啊！"

她一看见警察，立刻返身向外跑。警察一把抓住了她：

"你是什么人？你看到了什么？"

她惊恐地说："我去挤牛奶，看见花园里有个像靴子似的东西。"

姥爷跺着脚大叫：

"胡说八道！围墙那么高，你能看见什么？"

"哎哟，老天爷啊，我为什么要胡说？我走着走着发现一行脚印通到你家围墙下，那儿的雪地被踩过了。我往里头一看，发现他躺在那儿……"

"谁？谁躺着？"

大家好像都发了狂，一起向后花园涌去。

彼德大伯仰躺在后花园的地上，头耷拉着，右耳下有一处深深的伤口，红红的，像另外一张嘴。

他赤裸的胸脯上有一个铜十字架，浸在血里。

一片混乱，场面几乎失控。姥爷大叫：

"不要毁了脚印，保护现场！你们为什么糟蹋我的树莓？啊？"

直至深夜，外面都挤满了陌生人。警察指挥着，大家忙碌着。

姥姥在厨房里请所有的人喝茶。一个长着麻脸、大胡子的人说：

"他是耶拉季马，真实姓名还没查出来。哑巴一点儿也不哑，他全招了。另外一个家伙也招了，他们早就开始抢劫教堂了……"

"天啊！"

人们纷纷惊呼起来。我并不知道他们在说什么。我躺在床上往下看，只觉得所有的人都变得那么小……

第三十章　重逢

星期六的早晨，天气晴朗，小鸟们在挂霜的树枝间跳跃，地上落下片片霜花，阳光下闪烁着耀眼的光芒。我到彼得罗芙娜的菜园子里逮鸟，忙了老半天也没逮着。

不过我并不失落，我更热爱打猎的过程，对结果并不怎么在乎。后来冷得实在受不了了，我收起网和鸟笼，翻过围墙回家去了。

刚跳到院子里，就看到院子里停着一辆马车，马车上冒着浓浓的水汽，马车夫吹着快乐的口哨。我正要走进厨房，突然听到隔壁传来一句清晰的话。

"怎么办吧？杀了我吗？"

是母亲的声音！

我猛地蹿出门去，一头撞上正往屋里走的姥爷。他抓住我的肩膀，瞪着眼说：

"你母亲来了，去吧！"

可是我的手有点不听使唤，不知道是冻的还是激动的，老半天我才推开门。

"我的天啊，这是怎么了！"

母亲眼里闪着泪花，一下子站了起来。她的眼睛更大了，头发也更黄了，她穿着红色的长袍子，一排黑色的大扣子从肩膀斜着钉到下襟。我以前从来没见过这种衣裳。

母亲用鹅油擦了我的耳朵，有点疼。她身上有股香味挺好闻，这多少减轻了我的疼痛。我依偎着她，许久许久说不出话来。

夜里，姥姥、姥爷去做晚祷，屋子里只剩下了母亲和我。她招手让我去她身边。我有说不完的话要跟她说。母亲静静地听着，许久不说话，眼望着地板，摇着头。

"姥爷为什么生你的气？"我问。

她的身子一震，咬着嘴唇，异样地看着我，然后哈哈大笑起来。

"嗨，这种话可不是你能说的，懂吗？"

其实我并不懂。

桌子上蜡烛的火影不停地跳跃，窗户上银白的月光如水一般流淌进来。母亲来回走着，仰头望着天花板，好像在找什么东西，心神不宁。

我忽然觉得，母亲在这个家里呆不久，她总有一天会离开我。

母亲吹灭了蜡烛，屋子里的灯影不再摇曳。月光清楚地印在地板上，显得那么凄凉而又安详。我们依偎着坐着，一直到姥姥姥爷回来。晚饭异常丰盛，大家小心翼翼地端坐不语，好像怕吓着谁似的。

第三十一章　报复

后来，母亲开始教我认字、读书，背越来越多的诗。我总在试图改写那些无聊的诗句，一些词汇在我脑子里乱飞，弄得我无论如何也记不住原来的诗句了。我自己也觉着奇怪，一念诗，脑子里就有很多不相干的词句跳出来，像是一群排成行的蟑螂。我把它们整理起来，算是自己编出来的诗。

为此我没少挨训，可我并不在乎。真正让我感到不好受的是母亲在姥爷家的处境。她总是一副愁眉不展的样子，常常一个人站在窗前发呆。

刚回来的时候，她行动敏捷，充满朝气，可是现在眼圈发黑，头发蓬乱，好些天不梳不洗了，让我感觉很难受。她应该永远年轻、永远漂亮，比任何人都好！"

母亲越来越爱生气，爱大吼大叫。我隐隐约约觉得，姥爷在计划一件使姥姥和母亲非常害怕的事情。

他常到母亲的屋子里大嚷大叫，叹息不止。有一回，我听见母亲在里面高喊了一声：

"不！这办不到！"

砰的一声关上了门。

当时姥姥正坐在桌子边缝衣服，听见门响，自言自语：

"天啊，她到房客家去了！"

姥爷猛地冲了进来，扑向姥姥，挥手就是一巴掌，然后甩着打疼的手，叫喊：

"臭老婆子，不该说的不许说。"

"老混蛋！"姥姥安详地说，"我不说。我不说别的，你所有的想法，凡是我知道的，我都说给他听！"

姥爷把姥姥按在地上打。我从炕上捡起枕头，从炉子上拿起皮靴，没命地向姥爷砸去。后来姥爷被水桶绊倒了，他跳起来破口大骂，最后恶狠狠地向四周看了看，回他住的阁楼去了。

姥姥吃力地站起来，呻吟着坐在长凳子上，慢慢地整理凌乱的头发。

"我去叫我妈来，我害怕！"

她摆摆手，说：

"你敢？没让她看见就谢天谢地了，你可千万别去叫她！"

"疼吗？"我问姥姥。

"没事，明天洗洗澡就好了。"

她温和地央求我：

"乖孩子，别告诉你妈妈，听见没有？他们父女的仇恨已经够深的了。"

"好，我不说！"

"我的脸没破吧？"

"没有。"

"太好了，那就神不知鬼不觉了。"

我很受感动，对姥姥说：

"你真像圣人，别人让你受罪，你却不在乎！"

这是我第一次亲眼看见姥爷这么粗暴地殴打姥姥。我坐在炕炉台上，想着怎么替姥姥报仇雪恨。我感到忍无可忍，我恨自己想不出一个好办法来报复！

两天以后，我上楼找姥爷的时候，看到他正坐在地板上整理一个箱子里边的文件，椅子上放着他的宝贝教历。12张灰色的厚纸，每张纸上按照每月的日子分成方格，每个方格里都有圣像。姥爷拿这些教历当作宝贝，只有特别高兴的时候才让我看。

我突然间有了个报复的好主意：我要毁掉这些教历！

趁姥爷走到窗户前去看一张印有老鹰的蓝色文件时，我抓起几张教历，飞跑下去，然后拿起剪刀毫不犹豫地剪掉了一排人头，可又突然可惜起这些图来，于是又沿着方格的线条剪。

姥爷追了下来。

"谁让你拿走教历的？你在干什么？"

他抓起地上的纸片，贴到鼻子尖看。很快，他的胡子颤抖起来，呼吸加快加粗，把一块块纸片吹落到地上。"你干的好事！"

他大吼着，一把把我推了出去。姥姥接住了我。姥爷打她、打我，狂叫：

"打死你们！"

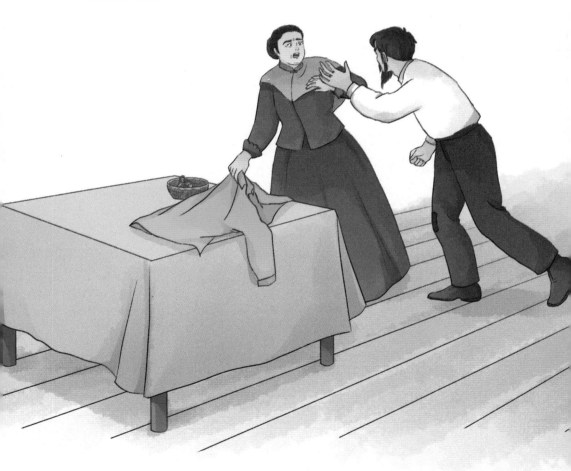

母亲跑来了。她挺身护着我们，推开姥爷。

姥爷躺到地板上，号叫不止："你们，你们打死我吧！啊……"

他撒着泼，两条腿在地上乱蹬，胡子可笑地翘向天，双眼紧闭。

母亲看了看那些剪下来的纸片，说："我可以用细布重新装裱一下修复，那会更结实。"

姥爷站了起来，一本正经地整了整衬衣，哼哼唧唧地说："现在就得贴！我把那几张也拿来……"

他走到门口，又回过身来，指着我说："还得打他一顿才行！"

"该打！你为什么剪？"母亲问我。

"我是故意的！看他还敢打姥姥！不然连他的胡子我也剪掉！"我气呼呼地说。

姥姥责备地看了我一眼："你不是答应不说的吗？"

母亲抱住姥姥："妈妈，你真是我的好妈妈……"

第三十二章　插曲

母亲刚回来不久，就和一个女房客——军人的妻子成了朋友。她几乎天天晚上到她屋里去，贝连德家的漂亮小姐和军官也去。

姥爷对此非常不满意：

"该死的东西，又聚到一起了！一直要闹到天亮，你甭想睡觉了。"

时间不长，他就把房客赶走了，然后不知从哪儿运来了两车各式各样的家具，把门一锁。

"不需要房客了，我以后自己请客！"

果然，一到节日就会来许多客人。姥姥的妹妹马特辽娜·伊凡诺芙娜，是个吵吵闹闹的大鼻子洗衣妇，穿着带花边的绸衣服，戴着金黄色的帽子。跟她一起来的是她的两个儿子：华西里和维克多。

华西里是个快乐的绘图员，穿灰衣留长发，人很和善。维克多则长得驴头马面，一进门，边脱鞋边哼小曲，这很让我吃惊，也有点害怕。

雅可夫舅舅也带着吉他来了，还带着一个一只眼的秃顶钟表匠。钟表匠穿着黑色的长袍子，态度安详，像个老和尚。他总是坐在角落里，笑眯眯的，很古怪地歪着头，用一个指头支着他的双重下巴颏。他很少说话，老是重复着这样一句话：

"不劳驾您了，啊，都一样。"

第一次见到他，让我突然想起很久很久以前的一件事。

那个时候，我们还没搬过来。一天，听见外面有人敲鼓，声音低沉，令人感到烦躁不安。一辆又高又大的马车从街上走过来，周围都是士兵。一个身材不高、戴着圆毡帽、戴着镣铐的人坐在上面，胸前挂着一块写着白字的黑牌子，低着头，好像在念黑板上的字。

我正想到这儿，突然听到母亲在向钟表匠介绍我。

"这是我的儿子。"

我吃惊地向后退，想躲开他，把两只手藏了起来。

他的嘴可怕地向右歪过去，抓住我的腰带把我拉了过去，轻快地拎着我转了一个圈，然后放下。

"好，这孩子挺结实……"

我爬到角落里的皮圈椅上，这个椅子特别大，姥爷常说它是格鲁吉亚王公的宝座。我坐在上面，看大人们怎么无聊地欢闹，观察钟表匠脸上古怪又可疑的变化。

他的鼻子、耳朵、嘴巴，能随意变换位置似的。他的舌头偶尔会伸出来画个圈，舔舔他的厚嘴唇，显得特别灵活。我感到十分震惊。

他们喝掺着甜酒的茶，喝姥姥酿的各种颜色的果子酒，喝酸牛奶，吃奶油蜜糖饼……大家吃饱喝足以后，脸色红红的，挺着肚子懒洋洋地靠在椅子里，请雅可夫舅舅弹个曲子。

他低下头，开始边谈边唱，歌曲一点也不欢快。姥姥说：

"雅沙，弹个别的曲子，嗯？"

"马特丽娅，你还记得从前的歌吗？"

洗衣妇整了整衣裳，神气地说："我的太太，现在不时兴了……"

舅舅眯着眼看着姥姥，好像姥姥在十分遥远的天边。他还在唱那

支令人生厌的歌。

姥爷低低地跟钟表匠谈着什么，比划着。钟表匠抬头看看母亲，点点头，脸上的表情变幻莫测。

母亲坐在谢尔盖也夫兄弟中间，和华西里谈着什么话。华西里吸了口气说：

"是啊，这事得认真对待……"

这种无聊的晚会搞过几次以后，在一个星期日的下午，钟表匠又来了。我和母亲正在屋子里修补开了线的衣服，门突然开了一条缝。姥爷说：

"瓦尔瓦拉，换换衣服，走！"

母亲没抬头，说：

"干吗？"

"上帝保佑，他人很好，在他那行是个能干的人，阿廖沙会有一个好父亲的……"

母亲依旧不动声色地说：

"这办不到！"

"不去也得去，否则我拉着你的辫子走……"

母亲脸色发白，唰地一下站了起来，三下两下脱掉了外衣和裙子，走到姥爷面前说：

"走吧！"

姥爷大叫：

"瓦拉瓦拉，快穿上！"

母亲撞开他，说：

"走吧！"

"我诅咒你！"

姥爷无可奈何地叫着。

"我不怕！"

她迈步出门。姥爷在后面拉着她哀求道：

"瓦尔瓦拉，你这是毁掉你自己啊……"

他又对姥姥叫着：

"老婆子，老婆子……"

姥姥挡住了母亲的路，把她推回屋里来。

"傻丫头。没羞！"

进了屋，姥姥指点着姥爷，说：

"唉！看看你都干了什么！"

母亲拾起了地板上的衣服，然后一个字一个字地说：

"我不去，听见了没有？我明天就走！"

我跑进厨房，坐在窗户边，感觉像在做梦。一阵吵闹之后，外面静了下来。我出来的时候，正碰见那个钟表匠往外走。他低着头，用手扶了扶皮帽子。

姥姥两手贴在肚子上，朝着他的背后鞠着躬。

"这您也清楚，爱情不能勉强……"

他在台阶上绊了一下，一个趔趄跳到了院子里。姥姥赶紧画着十字，不知是在默默地哭，还是在偷偷地笑。

第三十三章　转变

冬天，一个十分晴朗的日子，外面的雪亮得刺眼。我的小鸟在笼子里嬉戏，黄雀、灰雀、金翅雀在唱歌。阳光斜着射进屋子里，照在桌上，盛着格瓦斯和伏特加的两个长颈瓶泛着暗绿色的光。

可是家里却没有一点欢乐的气氛。我把鸟笼拿下来，想把鸟放了。

姥姥突然跑进来，边走边骂："该死的家伙，阿库琳娜，老混蛋……"

她从炕里掏出一个包子，发现已经烧焦了。姥姥更愤怒了，恶狠狠地说：

"你们这群混蛋！我把你们都撕烂……"

她一边骂一边痛哭起来，泪水滴在那个烤焦了的包子上。

我不知道发生了什么事，吓得不敢说话。

姥爷和母亲到厨房里来了。母亲上前抱住姥姥，劝说着。

姥爷疲惫地坐在桌子边，把餐巾系在脖子上，眯着浮肿的眼睛，念叨着：

"行啦，行啦，咱们也不是没吃过好包子，上帝很吝啬，他用几分钟的时间就算精了几年的账……，他可不承认什么利息！"

姥姥气呼呼地打断他："行啦，吃你的饭吧！听见没有！"

母亲眼睛闪着亮光，笑着问我："怎么样？刚才吓坏了吧？"

我好像已经不怎么害怕生活中的这些事了。他们所有激烈的言辞和动作，再也不能打动我了。

很多年以后，我才逐渐明白，因为生活的贫困，俄罗斯人似乎都喜欢与忧伤相伴，而不以不幸为羞惭。漫长岁月中，忧伤就是节日，灾难就是狂欢；在一无所有的面孔上，伤痕也成了点缀……

从那以后，母亲变得坚强起来，理直气壮在家里走来走去。而姥爷越来越沉默了，整天心事重重，不言不语。他几乎不再出门，一个人呆在阁楼上读书。

他读的是一本神秘的书——《我父亲的笔记》。这本书藏在一个上了锁的箱子里，每次取书前，姥爷都要先洗手。

这本书很厚，封面是棕黄色的，扉页上有一行花体题词：献给尊敬的华西里·卡什林，衷心地感激您。下面的签名字体非常奇怪，最后一个字母像一只飞鸟。

我问过他好几次：

"这是什么书？"

他总是严肃地说：

"你不需要知道！等我死了，会赠给你的。还有我的貂绒皮衣。"

他和母亲说话时，态度温和多了，说话也少了。他总是专注地听完她说话，一挥手，说：

"好吧，好吧，你爱怎么着就怎么着吧……"

姥爷把一个箱子搬到母亲屋里，把里面各式各样的衣服首饰摆到桌椅上，有挑花的裙子、缎子背心、绸子长衫、头饰和项链……

姥爷说："我们年轻的时候，那好衣服多了！特别阔！唉，好日子一去不返了！"

母亲拿了几件衣服去了另一个房间，回来时穿着青色的袍子，戴着珍珠小帽，向姥爷鞠了个躬，问：

"好看吗？爸爸。"

不知怎么回事，姥爷为之一振，张开手绕着她转了个圈，做梦似的说：

"啊，瓦尔瓦拉，如果你有很多钱，如果你身边都是些好人……"

母亲现在住在前屋，常有客人出入，常来的有马克西莫夫兄弟。一个叫彼德，是个身材高大的军官；另一个叫耶甫盖尼，个子也很高，眼睛特别大，像两个大李子，他惯常的动作是一甩长发，面带微笑地用低沉的声音讲话。

圣诞节过得非常热闹。母亲屋里一天到晚高朋满座，他们都穿着华丽的服装。母亲也打扮起来，常常和客人们一起出去。她一走，家里顿时沉寂下来，有一种无法言说的寂寞。

姥姥在屋里转来转去，不停地收拾东西。姥爷靠着炉子，自言自语：

"好啊，好……咱们看看吧，咱们走着瞧吧……

第三十四章　煎熬

舅舅又结了婚，继母把萨沙赶出了家门。在姥姥的坚持下，姥爷只好让他进了这个家。过了圣诞节，母亲把我和米哈伊尔舅舅家的萨沙送进了学校。

上学很无聊，我们厌烦透了。有一天，走到半路，萨沙细心地把书包埋进雪里，然后就走了。我一个人走到了学校，我不想惹母亲生气。

三天以后，萨沙逃学的事被家里人知道了。挨揍是少不了的，我

也在劫难逃。痛揍我们一顿之后，姥爷雇了一个专门护送我们上学的小老头儿。

可这也没用。第二天，走到半路，萨沙突然脱了鞋，扔了出去，然后穿着袜子跑了。小老头儿大叫一声，忙去捡鞋，尔后无奈地领着我回家了。全家人一起出动，到晚上才在一个酒馆里找到正在跳舞的萨沙。

大家都很沉默，也没打他。他悄悄地对我说：

"父亲、继母、姥爷，谁也不疼我。跟他们在一起实在没法活了！我找奶奶问问强盗在哪里，咱们投奔他们去吧，怎么样？"

我不想和他一起跑，我那时的理想是当一名留着浅色大胡子的军官，因此我必须去上学。

萨沙说："也好，将来你是军官，我是强盗头儿了。咱们打起来，谁胜谁负还难定呢！不过，我不会杀死你的！"

我们就这么约定了。

姥姥把萨沙的顽劣归咎于萨沙的后妈，每天都要大骂她一通。

后来我得了天花，也没法去上学了，他们把我绑在顶楼上，我做了许多怪梦。有天晚上，姥姥比平常来得要晚，这使我有点惊慌。不知道夜里什么时候，我似乎发现她躺在台阶上，脸朝上，脖子上流着血，有一只绿眼睛的猫正一步步向她逼近……我一下子慌了，打开窗户跳了下去，躺在雪地上，很久很久都没有人发现我。后来我的两条腿失去了知觉，在床上躺了三个月。

这段煎熬的日子特别痛苦，但也是种成长。无数个风雪之夜，忧郁的风声吹得烟囱呜呜咽咽。乌鸦长鸣，半夜狼嚎，我动弹不得，只能在这无边的黑暗里静静地思考。终于，胆怯的春天小心翼翼地从窗外来到了我身边。猫儿开始歌唱；冰柱断裂，融雪成水，嘀嗒有声；马车铃声也比冬天多了。

不知道什么时候姥姥开始喝酒了。我很疑惑，不知道姥姥为什么变成这样。

那天，她没喝酒，疲惫地说：

"我梦见了你的父亲，好像看见他走在旷野里，手拿一根核桃木的棍子，吹着口哨，后面跟着一条花狗……不知道为什么我总是梦见他，他的灵魂还在四处漂泊……"

姥姥连着好几个晚上都在给我讲父亲的故事。

第三十五章　爱情

　　我的爷爷是个军官，因虐待部下而被流放到西伯利亚。我的父亲就是在西伯利亚出生的，从小生活得很苦，经常被爷爷打，于是从家里跑出来，等再被爷爷找到，差点儿被打死。我奶奶很早就死了，父亲九岁那年，爷爷也死了。

　　父亲自此开始了流浪，在市场上给盲人带路，十六岁那年到了尼日尼，二十岁成为一个好木匠。他做工的作坊在柯瓦里赫，与姥爷的房子相邻。

　　姥姥笑着说：

　　"有一回我和瓦尔瓦拉在花园里采果子，你父亲从墙外跳了进来。

　　"我问：'年轻人，为什么跳墙？'

　　"他跪下说：'阿库琳娜·伊凡诺芙娜，我的身体与灵魂都在你面前，瓦尔瓦拉也在这儿。请帮帮我们吧，在上帝名义下，我们要结婚！'

　　"我呆住了。回头一看，你母亲面孔涨红，躲到了苹果树后面，正给他打手势呢！

　　"那时候，你姥爷还是个阔佬，声名显赫，颇为骄傲。你父亲说他和你母亲已经私订终身了，我一听，差点儿晕了过去！"

　　姥姥笑了起来，尔后又闻了闻鼻烟，擦了擦眼泪，叹了口气，接着说：

　　"你还不知道什么是结婚，什么是婚礼，不过你要知道，一个

　　姑娘没有举行婚礼就生了孩子，那可是一件非常不得了的事！你长大后，可别做这种孽啊！你要善待女人，要可怜女人，要真心实意地爱她们，不要只图一时的快乐。这是我的金玉良言！"

　　她在椅子里陷入沉思，猛地一震，才又讲了起来。

　　"唉，傻孩子们啊！最后商量定了，再过一星期就举行婚礼。结果，你姥爷的一个仇人为了气他，偷偷把这个消息告诉了他。"

　　姥姥闭上眼睛微微笑着，说：

　　"你姥爷当时简直成了一头发了疯的野兽！他以前可是常说要把瓦尔瓦拉嫁给贵族，嫁给老爷！他把你的两个舅舅叫出来，拿上火枪，纵马去追！就在千钧一发之际，瓦尔瓦拉的守护神提醒了我，我拿来一把刀子把车辕的皮带割开一个口子。他们在路上翻了车，差点儿没摔死！等他们赶到教堂，婚礼已结束，瓦尔瓦拉和马克辛幸福地站在教堂门口。上帝万岁!

"他们一拥而上要揍你父亲,可他力大无比,把米哈伊尔扔出去好远,摔断了胳膊,别人都不敢再动了。

"你姥爷临走时说:'瓦尔瓦拉,永别了,你不是我的女儿,我再也不想见到你了!'

"回家以后,他不停地打我,我一句话也不说,反正生米已经煮成熟饭!"

这和姥爷所讲的出入很大。他曾说母亲的婚礼是公开的,他也参加了。究竟哪个更真实,我不想追究,只觉得姥姥讲得更美,更让我喜欢。

姥姥讲故事时身子晃来晃去,好像坐在船上。讲到什么可悲可怕的事时,她会伸出一只手去,好像要在空中挡住什么东西。她有一种盲人似的对一切都容忍的善良,这一点深深地打动了我。

"开始我还不知道他们住在哪儿,后来有人偷偷告诉了我。我给他们带了茶、糖、杂粮、果酱、面粉、干蘑菇和钱。钱是从你姥爷那儿偷来的。只要不是为了自己,偷是可以的!

"后来你父亲愿意放弃你母亲的嫁妆,老头子也想通了,他们便搬回来住了,就在花园里的一间小屋里,你就是在那儿出生的!

"唉,我非常喜欢你父亲,可你的两个舅舅不喜欢他。有一年冬天,他俩拉着你父亲去滑冰,一下子把他推进了冰洞……幸好你父亲命大没被淹死,可还是病了两个多月。最后他们离开了这个家,去了阿斯特拉罕。

"好了,我讲完了……"

姥姥喝了一口酒，若有所思地仰望着灰蓝色的天空："你父亲不是我生的，可我当他是亲生儿子一般亲近！"

有几次，姥姥正讲故事时，姥爷进来了，东闻西嗅，看看这儿，看看那儿，然后盯着我说："阿廖沙，她刚才喝酒了？"

"没有。"

姥爷虽然不太相信我说的话，可是也没有证据，骂骂咧咧地走了。姥姥向我一挤眼，笑了。

可是不知道为什么，我心中总有一种疑惑，一种说不清将要发生什么的预感，这使我对姥姥的故事和童话的兴趣大减，总是心不在焉的。

"为什么说父亲的灵魂不得安宁呢？"

"这是上帝的事，凡人无从知晓。"

这种回答，我并不满意。

夜里，仰望天空，心中涌现出许多让我默然神伤的悲惨故事。故事的主人公都是父亲，他一个人拄着棍子往前走，后面跟着一条长毛狗……

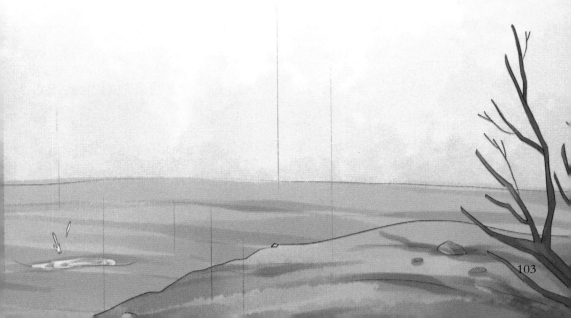

第三十六章　再嫁

终于有一天，我的腿能动了，我迫不及待地连爬带走来到母亲的房间，发现屋子里有几个陌生人在说话。一个老太婆穿着绿衣服、戴着绿帽子，脸上黑痣正中间的一根毛也是绿色的。

"这是谁？"我问。

"这是你的新奶奶……"姥爷不快地回答。

母亲指了指耶甫盖尼·马克西莫夫，说："这是你的新父亲……"

我闭上眼睛，谁也不搭理，我希望这一切都是个噩梦。姥姥抱着我上了楼，把我放在床上，便一头扎在被子里大哭起来，哭得浑身颤抖。

我没哭。一直到我假装睡着了，姥姥才走。

母亲订婚以后，出了一趟门。家里冷冷清清，毫无生气，空气中隐藏着一件不用说而人人自明的让人忧郁的事情。

这天早上，姥姥打开窗户，小鸟的欢叫声一下子涌了进来，大地上冰雪消融，一种醉人的气息扑面而来。我独自来到了花园里。小草冒出尖，苹果树发了芽，彼德萝芙娜房顶上的青苔愉快地闪着绿光，各种各样的鸟儿在令人心醉的空气中欢叫不止。

彼德大伯死去的那个坑里胡乱堆着些乱草，一点儿春意也没有。

我只觉得无比烦躁，想要摆脱这一切杂乱的、肮脏的东西，想把所有的大人赶开，一个人住在这儿。

"你怎么老噘着嘴？"姥姥和母亲不止一次这样问我。

我也说不清楚。我并不是生她们的气，只是有点厌恶家里发生的事。

那个绿老婆子还是常来常往，吃午饭、吃晚饭、喝晚茶，一副一切尽收眼底的神态，有点咄咄逼人的意思。我决心捉弄她一次。

一次吃饭时，她瞪着眼说：

"喂，你，阿辽沙，你怎么总是狼吞虎咽的？那么大块东西，会噎着你的，亲爱的！"

我从嘴里掏出来一块，递给她：

"行，您拿去吃了吧……"

我被母亲赶到了阁楼上。姥姥来了，她捂着嘴哈哈大笑起来，说：

"老天爷，上帝保佑，你怎么这么调皮……"

可我一点儿也不觉得好笑。我一个人爬到了屋顶上，在烟囱后头坐了很久。

还有一回，我在继父和新奶奶的椅子上涂了胶水，把他们俩都粘在了椅子上！

于是我又被姥爷揍了。

母亲把我拉过去，搂在怀里说："亲爱的，你怎么了？怎么老发脾气？你这样，我会难受死的！"

她的泪水滴在我的头上，我更难受了。从那以后，我就不再捉弄他们了。

有一次，母亲说："我们很快就会结婚，然后去莫斯科。等我们回来，你就同我们住在一起。你上了中学，再上大学，然后当医生，或者……随便你想干什么吧，只要有了学问……好了，去玩吧！"

母亲一连串的话并没有使我高兴起来，我只想说："别出嫁，和

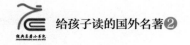

我在一起吧！”

不过，我什么也没说。母亲总是唤起我很多很多的思念，可临到说时，我却说不出来了。

心烦意乱的时候，我就跑到花园里砌墙。我把那个坑用砖头砌整齐，把彩色玻璃碴儿抹到砖缝里，阳光一照，五光十色的。

有一次，姥爷跑来帮我，边挥铁锹边说：

“咱们种上向日葵，那才好看呢……”

突然，他一动不动地僵在那里，泪水滚落了下来。

“你怎么啦？”我问他。

姥爷支支吾吾道：“啊，我，我出汗了。”

他沉默了一会儿，忍不住叹了口气，说：

“唉，你这些劲儿全白费了……这栋房子我要卖掉了！秋天吧，给你母亲做嫁妆，但愿她从此能过上好日子……”

姥爷扔了铁锹，驼着背走了，边走边叹气。

白费力气就白费力气，我非要干成不可。我心里莫名烦躁，不小心一铁锹砍在了自己脚上……

结果就是，我没法去参加母亲的婚礼了。

这天，我靠在大门口，看着她小心地拉着马克西莫夫的手从外面回来，大家都不作声。

母亲马上换了衣服，去收拾东西了。继父对母亲很尊重，我对他略微有了点好感。

第二天早上，他们早早就要启程。母亲抱着我，用一种陌生的眼神看着我，吻了吻我的脸，说：

"再见了……"

"你告诉他，让他听我的话！"姥爷抬头望着天空说。

"好，要听你姥爷的话！"

我本来期待着母亲再说点别的什么，却被姥爷给打断了，真讨厌。

他们坐上了敞篷马车。马车一角勾住了母亲的长衫下摆。她拉了几下，也没拉开。

"你去帮一把！"姥爷命令我。我没动，我怕母亲看到我脸上的泪水。

他们走了。

母亲好几次回过头来，挥着手娟。姥姥扶着我痛哭。姥爷的泪也流了下来，哽咽地说：

"不……不会有……什么……好结果的……"

我看着马车拐了弯儿，心中的天窗好像被关上了一样，十分难受。街道上一个人影也没有，荒凉而寂寞。

姥爷拉着我说："你命里注定和我在一起啊！"

第三十七章　灰色

我和姥爷在花园里忙了一整天，锄地，修整篱笆，把红莓绑起来，碾死青虫，还把一个装着鸟儿的鸟笼安装好。

"很好。你要学着自己安排自己的一切！"姥爷说。

我非常珍视他的这句话。他躺在草坪上，不慌不忙地教导我：

"你母亲再生了孩子，就比对你亲了，你得靠自己了！没看见你姥姥又喝起酒来了吗？"

他顿了顿，沉默了许久才又开口。

"这是她第二次酗酒了，第一次是米哈尔伊尔要去服兵役时……她这个老糊涂，愣是让我给那个混账儿子买了个免税证。要是他去当了兵，没准儿会变成了好人呢！

"唉，我快死了。我死了，就剩下你一个了，自己的日子还得自己想办法，懂吗？要独立，不要听任别人的摆布！生活中要为人老实，可也不能任人欺负！别人的话不是不能听，但怎么做要自己拿主意！"

太阳西沉，天空中晚霞如火，橘红、橙黄之色染在鹅绒缎般的绿草坪上。渐渐的，一切都黑暗了下来，一切都好像膨胀了、扩大了。温暖的昏暗中，吸饱了阳光的树叶低垂了下来，青草也垂下了头，香甜的气息弥漫开来。

夜幕合上了。仰望星空，时间久了，感觉自己好像也飞了起来，不知不觉进入了梦中。偶或有人声、鸟语或是刺猬之类动物的走动声，也异常清晰起来。

一觉醒来，光明和鸟鸣一起到来。空气在流动，露水湿了衣衫，草坪上升起一层薄雾似的水汽。天越来越蓝，云雀飞向高高的天空，一种喜悦从心底里流淌出来。在这样快乐祥和的氛围里，就想立刻跳起来赶紧去干点什么，仿佛害怕错过这难得的美景。

这是我一生中对自然和人生感悟最多的一个阶段。在这个令人难忘的夏天里，我的自信和朦胧的人生观形成了。我变了，不愿意再和别人来往。奥甫先尼可夫家孩子们的叫喊声再也吸引不了我了，两个萨沙的到来也不能引起我一点兴奋感，我不愿意和他们在一起。

姥爷常和姥姥吵架，把她赶了出去。一连好几天，姥姥都住在雅可夫或米哈伊尔家里。姥爷自己做饭，烫了手，破口大骂起来，一副丑态。

秋天，姥爷把房子卖了，家里的东西都卖给了收破烂儿的鞑靼人。他们拼命地讲着价钱，互相咒骂着。

姥姥看着，一会儿哭一会儿笑，嘴里不停地念叨着：

"都拉走吧，都拉走吧……"

花园也没了，我欲哭无泪。

有一天，外面下着雨，母亲和继父突然回来了。他们满身疲惫。母亲挺着大肚子，迫切地要躺下来睡觉。

我又惊又喜，并不知道发生了什么。晚饭后，他们在房间里低声说话。姥爷喝了一口茶，说："这么说，都烧光了？"

"我们俩能逃出来已经是万幸了。"

"噢，噢，水火无情嘛……"

母亲把头靠在姥姥身上，低低地说着什么。

"可是，"姥爷突然提高了嗓门，"我也听到了点风声，根本就没有闹过什么火灾，是你赌博输光了……"

一时间，又是死一般的寂静，滚茶的沸腾声和雨打窗户的声音特别大。

他们很快大吵了起来。继父声音最大、最可怕。我吓坏了，赶紧跑了出去。

之后的事，我记不太清了。不知为什么，我们住进了索尔莫夫村的一所破房子里。我和姥姥住厨房，母亲和继父住在窗户临街的西房里。

房子对面就是黑乎乎的工厂大门。早晨伴着吵闹的汽笛声，人们涌进大门；中午，大门打开，黑潮般的工人们又涌了出来，狂风把他们赶回各自的家中；入夜，工厂上空不时地升起浓烟，让人感到恐惧和厌恶。

天空永远是铅灰色的，单调的铅灰色还覆盖了屋顶、街道和目力所及的所有地方。

第三十八章　救星

　　姥姥似乎成了佣人，打水、洗衣、做饭，每天都累得要死要活，不住地叹气。有时候，忙完了一天的活儿，她便穿上短棉袄去城里看望姥爷。

　　母亲变得越来越丑，脸黄了，肚子大了，一条破围巾永远围在头上。她常站在窗口发呆，好几个钟头一动不动。

　　她不让我上街，因为我一上街就会打架，每次回来我都带着伤，打架成了我唯一的娱乐。每当这时，母亲就会用皮带抽我。可是她每打完我一次，我就会更经常性地跑出去打架。一次，她把我打急了，我说，再打我，我就冻死在外面！

　　愤怒和怨恨占据我心中爱的位置。

　　继父整天绷着脸，不搭理我们母子俩。

　　在母亲生孩子前，他们把我送到了姥爷那儿。没过多久，继父因克扣工人工资被赶出了工厂，母亲把我送进了学校。上学时，我穿的是母亲的皮鞋，大衣是用姥姥的外套改做的，我的装扮引起了同学们的嘲笑。

　　老师是个光头，经常流鼻血。每当这时，他便用棉花塞住鼻孔，还不时地拔出来检查检查。

　　我一点儿都不喜欢他。有一次，我把西瓜放在门框上，他一进门，西瓜一下子就扣到了他的头上。

　　我因此挨了顿揍。后来我开始逃学，漫无目的地走在村子里，东张西望地玩到放学为止。就这样，尽管我的学习成绩还可以，可还是被通知退学，我傻眼了。母亲的脾气越来越不好，她总是打我。

　　可就在这个时候，救星来了，他就是驼背的赫里山夫主教。

　　他用一只手摸着稀疏的胡子，以慈善的目光看着我，要给我讲《圣经》里的故事。可是这些故事我早就知道了，于是他让我给他讲。我讲了一个又一个，看得出来，他是真喜欢听我讲。

　　"为什么逃学？"他问我。

　　"上学很无聊。"

　　"什么？无聊！不对吧？如果你觉得无聊，你的学习成绩就不会这么好了。这说明还有别的原因。"

　　他没再追问，而是从怀里掏出一本小书，在上面题了字，并说：

　　"小朋友，彼什柯夫·阿廖沙，你要学会忍耐，不能太淘气！有那么一点点淘气是可以的，但太淘气了别人就会生气的。知道吗？小朋友。"

　　"知道了。"

　　临走时，他拉着我的手，悄悄地说："啊，你得学会克制自己，是吧？我心里知道你为什么淘气！好了，再见，小朋友！"

　　我的心里异常激动，久久不能平静。老师让别人都走了，只把我一个人留了下来。

童年

我很注意地听他讲话，发现他是那么的和蔼。

"以后你可以上我的课了。不过，别淘气了，老实坐着。"

这样，我在学校里算是搞好了关系，可却在家里却闹出一件事：我偷了母亲的一个卢布。

一天晚上，他们都出去了，留下我看孩子。我随意地翻看着继父的一本书，猛然发现里面夹着两张钞票，一张是十卢布的，一张是一卢布的。

我心想：一个卢布可以买《创世纪》，还可以买一本讲鲁滨孙的书——这本书我是在学校里知道的。我发现，有好几个人都读过鲁滨孙的故事。

我自作主张买了那本书，换来了一顿痛揍。母亲劈头盖脸地打了我一顿，还没收了我的书。不知道她把书藏到哪儿去了，我再也没找到，这比打我还让我难受。

好几天没去上学，再到学校时，很多人都喊我"小偷"。这肯定是继父传出去的消息。我给人家解释，可没有人听。

我对母亲讲，我再也不去上学了。

"你胡说。别人怎么知道你拿卢布？"

"你去问他啊！"

"那一定是你自己乱说的！"

我说出了那个传话人的名字。

她哭了，可怜地哭了。

我回到厨房里，听到母亲的啜泣声。

"天啊，天啊……"

113

在母亲的协助下，我在学校的处境又恢复到了从前，可他们又要把我送回姥爷那儿了。

一天傍晚，我在院子里听见母亲声音嘶哑地喊道："耶甫盖尼，我求求你了，不要再去她那儿了！"

一阵沉默之后，母亲吃力地号叫：

"你……你是个不折不扣的恶棍……"

然后就是暴打的声音。

我冲了进去，见继父衣着整齐地在用力踢着瘫倒在地上的母亲！

我抄起桌上的面包刀——这是父亲为我母亲留下的唯一的东西——拼命刺向继父的后腰。

母亲看见了，一把推开了继父。他的衣服被划破了。

继父大叫一声，跑了出去。

母亲搂住我，吻着我，哭了。我告诉她，我要杀了继父，然后自杀。

直到今天，我的眼前还常常浮现那个混蛋穿着带有鲜艳花饰的裤子，用脚尖踢向一个女人的胸脯！这些铅一般沉重的记忆一直折磨着我。我经常自问：值得吗？

丑恶也是一种真实，要想将它们从我们的生活中清除掉，就必须了解它们，尽管它们是那么沉重，那么令人窒息、令人作呕，可是俄罗斯人的灵魂却勇敢地闯了过来，克服并战胜了它们！丑陋、卑鄙和健康、善良一同长在这块广阔而又肥沃的土地上，后者点燃了我们的希望，幸福它们不会永远遥不可及！

第三十九章　流浪

我又搬到姥爷那里住了。姥姥没变，姥爷则更干瘦了，棕红色的头发变成了灰白色，绿眼睛总在疑神疑鬼地东张西望。

我这才知道，姥姥跟姥爷分家了。姥爷拿走了她几乎所有的家当——旧衣服、各种各样的物品、狐皮大衣，卖了700卢布。他把这笔钱都借给了他的教子，生利息去了。他的教子是个做水果生意的犹太人。

他丧失了最后一点儿廉耻心。他几乎寻遍了每一个老朋友，逐一向他们诉苦，利用人家对他的尊敬借来大笔大笔的钱，并把所有钱都借给了一个毛皮匠和他的妹妹，以此生利息。

他们在日常开销方面是严格分开的。今天由姥姥买菜做饭，明天就由姥爷来做。该姥爷做饭的时候，吃得就特别差，而姥姥则总是买最好的肉。茶叶和糖也分开了，但是煮茶时用得是同一个茶壶。每次煮茶，姥爷连茶叶的大小和质量都要跟姥姥斤斤计较。圣像前长明灯的灯油也是各买各的。

共同生活了五十年后，他们竟然走到了这一步！

看着姥爷的所作所为，我感到又好笑又令人生厌，而姥姥只觉得可笑。

我也开始挣钱了。每逢节假日，我便走街串巷去捡牛骨头、破布片、烂纸和钉子。平常放学后也去捡，每个星期天都拿去卖，一下子能挣到三五十个戈比，运气好的时候挣得会更多。

姥姥每次接过我的钱时，都会急忙塞进口袋里，夸奖道：

"真能干，好孩子！咱们俩完全可以养活好自己！"

有一次，我看见她拿着我的五十戈比哭了，一大滴泪水挂在她那大鼻尖上。

比卖破烂更挣钱的事，是去奥卡河岸的木材栈或彼斯基岛偷木柴和木板。

不过，我们几个孩子认为从彼斯基岛上拿木板可不算偷，大家都很愿意干这件事。趁着阴天或晚上的时候，我们四个人从侧面分别潜入目的地，趁看守人不注意，拖上木板往回跑！

看守人从来没有发现我们，即使发现也追不上。我把拖来的木料卖掉后，把钱分作六份，每个人能分得五戈比甚至七戈比。有了这点钱，

吃一天饱饭没什么问题。但是，每个人都有各自的用途。

维亚赫尔必须每天给他母亲买四两半伏特加，否则就会挨揍。

柯特斯罗马想攒钱买鸽子。

丘尔卡得给他母亲花钱看病。

哈比攒钱是为了回家乡。他舅舅把他从家乡带到这儿来便去世了。哈比不知道家乡的地名，只知道是在卡马河岸边，离伏尔加河不远。

与拖木板相比，我们更喜欢捡破烂。在春雪消融或大雨滂沱之后捡破烂，就更有意思了。在沟沟渠渠中，我们总能找到破铜烂铁，有时还能捡到钱！

是的，流浪街头，自由自在，何苦之有？相反，我心中常常涌动着一种伟大的感情。我太爱我的伙伴们了，总想为他们做点事。不过，街头的流浪为我在学校的生活造成了麻烦。他们叫我"捡破烂的""臭要饭的"，还说我身上有垃圾味！

我感到莫大的污辱，因为每次去学校前我都会换上干干净净的衣服。

读完三年级，学校奖给我一本福音书、一本克雷洛夫的寓言诗和一本《法达·莫尔加那》，还有一张奖状。姥爷见到这些奖品，表现出异乎寻常的兴奋，还说要把书锁到他自己的箱子里。

当时，姥姥已经病倒好几天了。她没钱，也几乎没吃的了。

我把书卖了，换了五十五戈比，交给了姥姥。

结束了校园生活，我又开始了街头流浪。春回大地，野外的森林成了我们最好的去处，每天大家都很晚很晚才回来。然而，快活的日子并没有持续太久。

第四十章　人间

　　没过多久，继父被解雇了，然后失踪了，不知去向。母亲带着小弟弟搬回姥爷家，我担负起保姆的职责。姥姥则在城里一个富商家里给人家画棺材罩上的圣像。母亲干瘦干瘦的，几乎脱了相。小弟弟也饿成了皮包骨头，不知名的疾病折磨着他，使他像一只奄奄一息的小狗。

　　姥爷摸摸他的头，说道："他是饿的啊，可是我的食物有限，不够你们吃啊……"

　　母亲靠在墙上，叹着气说："他吃不了多少……"

　　"是没多少，可你们几个人加起来就太可怕了……"

　　我每天都要抱小弟弟。他很高兴，甜甜地笑。我太爱这个笑容了，好像我的想法他都知道似的。

　　吃午饭时，姥爷亲自喂弟弟。弟弟吃了几口之后，姥爷按了按他的肚子，自言自语："饱了没有？"

　　黑暗角落里传来母亲的声音："您不是明明看见他还在伸手要吗？"

　　"小孩子，不懂事！吃饱了还要！"

　　姥爷让我把弟弟抱给母亲。母亲迎着我站了起来，伸出枯枝般的胳膊。

　　母亲几乎变成了哑巴。她经常躺在床上，身体一天不如一天。

　　最让我讨厌的是，每天天黑以后姥爷都要提到关于死的话题。他躺在黑暗中，嘴里嘟囔着："唉，忙了一辈子，落了个这样的下

场……死期已至！有什么脸去见上帝？"

母亲是在8月一个星期天的中午去世的。

那时候，继父刚从外地回来，姥姥和小弟弟已经搬到他那儿去了，母亲很快也要搬过去。

早晨，母亲低声对我说："去找你继父来！快点！"

我看到她的眼里闪过一种异样的光芒。

继父正在做弥撒，姥姥让我去买烟，于是母亲让我去找继父的事便被耽搁了点时间。等我回到家时，惊讶地看到母亲梳妆整齐地坐在桌边，仪态与从前毫无二致。

"您好点了？"我有种莫名的惊恐。

她看了我一眼，眼神冰冷刺骨，然后说："过来！你又去哪儿疯玩了？"

我还没开口，她就把我抓了过去，用刀背拍了我一下，但刀子马上就从她手里滑落了。

我捡起刀。与此同时，母亲无力地放开了我，从椅子上站起来，慢慢地移到床边，躺下，虚弱地说："水……"

我赶紧舀了碗水。她只喝了一点点，然后推开了我的手，嘴唇动了动，好像苦笑了一下，脸上浮起一片阴影，并迅速笼罩了整个脸庞……

我端着水杯站在她旁边，不知站了多久。姥爷进来了，我说："母亲死了！"

他向床上瞟了一眼。"胡说！"又径直去屋里拿东西了。

继父终于来了，他搬了把椅子坐到母亲身旁。突然，他从椅子上跳了起来，大叫道："她死了！快来人啊！"

……

葬礼上，当大家向母亲的棺材撒土的时候，姥姥像个盲人似的在坟地里跌跌撞撞。她碰到十字架，碰破了头，被好心的邻居带回屋里休息了。姥姥洗脸时，邻居对我安慰道："唉，生而为人，必有这么一回……不论贫富，早晚进棺材……"

母亲下葬几天以后，姥爷对我说："阿廖沙，你可不是奖章，老把你挂在脖子上我可受不了！去，去，走吧，到人间去吧……"

于是，我就走入了人间。

经典名著小书包

姚青锋　主编

给孩子读的国外名著 ②

小王子

［法］安东尼·德·圣·埃克苏佩里◎著　　胡　笛◎译　书香雅集◎绘

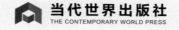

当代世界出版社
THE CONTEMPORARY WORLD PRESS

图书在版编目（CIP）数据

　　小王子 /（法）安东尼·德·圣－埃克苏佩里著；
胡笛译 . -- 北京：当代世界出版社，2021.7
　　（经典名著小书包：给孩子读的国外名著 . 2）
　　ISBN 978-7-5090-1581-0

　　Ⅰ . ①小… Ⅱ . ①安… ②胡… Ⅲ . ①童话－法国－
现代 Ⅳ . ① I565.88

　　中国版本图书馆 CIP 数据核字 (2020) 第 243521 号

给孩子读的国外名著.2（全5册）

书　　　名：小王子
出版发行：当代世界出版社
地　　　址：北京市东城区地安门东大街70-9号
网　　　址：http://www.worldpress.org.cn
编务电话：（010）83907528
发行电话：（010）83908410（传真）
　　　　　　13601274970
　　　　　　18611107149
　　　　　　13521909533
经　　　销：新华书店
印　　　刷：三河市德鑫印刷有限公司
开　　　本：700毫米×960毫米　　1/16
印　　　张：8
字　　　数：85千字
版　　　次：2021年7月第1版
印　　　次：2021年7月第1次
书　　　号：ISBN 978-7-5090-1581-0
定　　　价：148.00元（全5册）

打开世界的窗口

　　书籍是人类进步的阶梯。一本好书，可以影响人的一生。

　　历经一年多的紧张筹备，《经典名著小书包》系列图书终于与读者朋友见面了。主编从成千上万种优秀的文学作品中挑选出最适合小学生阅读的素材，反复推敲，细致研读，精心打磨，才有了现在这版丛书。

　　该系列图书是针对各年龄段小学生的阅读能力而量身定制的阅读规划，涵盖了古今中外的经典名著和国学经典，体裁有古诗词、童话、散文、小说等。这些作品里有大自然的青草气息、孩子间的纯粹友情、家庭里的感恩瞬间，以及历史上的奇闻趣事，语言活泼，绘画灵动，为青少年打开了认识世界的窗口。

　　青少年时期汲取的精神营养、塑造的价值观念决定着人的一生，而优秀的图书、美好的阅读可以引导孩子提高学习技能、增强思考能力、丰富精神世界、塑造丰满人格。正如我国著名作家赵丽宏所说："在黑夜里，书是烛火；在孤独中，书是朋友；在喧嚣中，书使人沉

静；在困慵时，书给人激情。读书使平淡的生活波涛起伏，读书也使灰暗的人生荧光四溢。有好书做伴，即使在狭小的空间，也能上天入地，振翅远翔，遨游古今。"

多读书，读好书。希望这套《经典名著小书包》系列图书能够给青少年朋友带来同样的感受，领略阅读之美，涂亮生命底色。

本书主编
2021年5月

献给莱昂·维特

我希望孩子们能够原谅我，把这本书献给一个大人。

首先，我有一个相当重要的理由：这个大人是我在世界上最好的朋友；另一个理由是：这个大人什么都能够理解，甚至理解孩子们读的书；还有第三个理由：这个大人居住在法国，他整天挨饿受冻，他真的需要一些鼓励和安慰。

如果我所说的这些理由都还不够好的话，就让我把这本书献给小时候的他吧。所有的大人都曾经是小孩子，虽然只有少数的人记得。所以，我将我的献辞更改为：

献给童年时的莱昂·维特

第一章
我的一号作品和二号作品

导读：

　　我六岁的时候画了两幅画，一幅是蟒蛇吞大象的图，但大人们说那是一顶帽子。我只好又画了一幅透视图，让大人们能看见大象在蛇的肚子里。再拿给他们看，他们还是看不出那是什么，反而劝我别在这方面浪费时间。我的画家梦破灭了。

　　六岁那年，我看了一本书，书名叫《亲历的故事》。这本书描写的是原始森林里的故事。我对书里的一幅插图非常好奇，那幅图上画着一条大蟒蛇正要吞一头很大的动物。我觉得这幅图画得太奇妙了。

　　书里是这样描述蛇是怎样吃它的猎物的——"蟒蛇逮到猎物后，总是整个儿吞下去，不需要咀嚼。吞下猎物之后，蟒蛇就没有办法动弹了，接下来它要消化它肚子里的食物。消化完食物，它可以不吃不喝连续睡六个月。"

　　我开始想象原始森林里的那些动物，想象在那里一定会有奇遇，一定很有意思。于是，我了拿起彩笔，开始画一幅画。我把它命名为一号作品，因为这是我长到六岁画出的第一幅画。

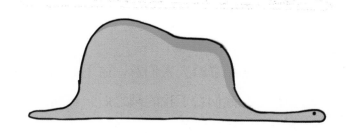

　　我认为自己这幅画画得好极了，称得上大人们所说的"杰作"。我就把这幅画拿给大人们看。我问他们："看到这幅画，你们害怕不害怕？"

　　大人们根本就不以为然，反而会说："你只不过画了一顶帽子，有什么可害怕的呢？"

　　天啦，他们竟然说我画的是一顶帽子！

　　我画的根本不是什么帽子，我画的是一头大蟒蛇正在消化它肚子里吞下去的大象！他们怎么看不懂呢！

　　为了能让他们看得懂，我决定画一幅蟒蛇的透视图，把蛇肚子里的东西画出来，好让大人们能看懂。唉，对这些大人真是没办法，他们一点想象力都没有。他们不认真看小孩子的东西，还要小孩子给他们解释。于是，我画出了我的二号作品：

我把我的二号绘画作品拿给大人们看，这下他们应该能够看懂我画的是什么了吧。但是，他们看了我的画之后，都劝我不要再画什么蟒蛇了，不管是平面图还是透视图，都不要再画了，要我把兴趣放到我的功课上去，去学习那些地理啊、历史啊、算术啊，还有语法啊什么的。我估计他们还是没有看懂我的第二幅画，觉得我根本就不是画画的料，所以要我打消画画的念头。

我当画家的梦想从六岁那年开始，也在六岁那年破灭了。我的一号绘画作品和二号绘画作品都没有获得成功，这让我有点灰心丧气。那些大人，让我怎么说他们好呢。他们不能理解我画的是什么，我就耐心地向他们解释啊，结果他们又说我画得不好，让我不要再做画画这件事情了。做小孩子也真是太累了。

既然不能走上画画这条道路，那我做什么职业好呢？后来我学会了驾驶飞机。我开着飞机，差不多把全世界都飞了个遍。当初大人们要我好好学习的地理，对我驾驶飞机的确有很大帮助。我现在一眼就能辨认出飞机的下面是中国还是美国的什么地方。在夜里飞行偶尔会出现迷失方向的情况，但靠着我的地理知识，我也是能够很快找到正确方向的。我掌握的这种本领对我非常有用。

我在开飞机的工作中，同许多重要的人物打过交道。从小到大，我同大人们一起生活了好多年，总是同他们接触，跟他们离得很近，观察他们，但是我对他们的看法还是跟小时候一样，感觉他们并不能真正理解我。

我在飞行中曾经遇到过一些大人物。我观察他们，如果觉得他们当中哪一个看上去像是头脑清楚的，就把我一直保存的一号绘画作品拿出来测试一下，看看他能不能理解我画的是什么。可是，每次我都很失望，因为他们的回答都是"这是一顶帽子"。我还能同他们谈什么呢？我不可能同他们谈蟒蛇，也不会谈原始森林，更不会谈什么星星了。我只能跟他们谈他们能懂的内容，什么桥牌啦、高尔夫球啦、政治啦，甚至谈谈领带。结果，那个与我交谈的大人表示非常高兴认识我，认为我是一个能跟他们谈得来的人，是个通情达理的人。

第二章
给我画一只绵羊吧

导读：

　　我的飞机出了故障，只好降落在沙漠。在沙漠里，我遇到了小王子。他要求我给他画一只绵羊，我画了一只，他觉得不像，我又给他画了一只，他还是不满意。我只好给他画了一只箱子，告诉他绵羊在箱子里，他非常高兴。

　　我一直过着非常孤独的生活，因为遇不到一个能够跟我真正交谈的人。六年前，这种情况有了改变。究竟是怎样改变的呢？且听我慢慢说来。

　　当时，我的飞机出了故障，只能被迫降落在非洲的撒哈拉大沙漠。可能是飞机上的什么零件坏了，但我的飞机上既没有能修飞机的机械师，也没有能帮我出出主意动动手的乘客。我必须一个人面对这件事情，自己动手排除飞机故障。对我来说这可是一件重大的事情，我必须慎重对待，因为修不好飞机，我可能就会把性命丢在这大沙漠里了，更何况飞机上携带的饮用水只够我用一个星期。人要是没有水喝，会比没有食物吃还要糟糕。

　　这是我一个人在这大沙漠上过的第一个夜晚，周围没有任何人家。之前听说过那些靠着小木筏漂流在大洋中的遇难者，感觉自己比他们还要孤立无援，因为他们可能还会被经过的船只发现，而我在这大

沙漠里只能看着天，没有人知道我所处的险境，没有人能够看到我，唉……迷迷糊糊靠着飞机睡到天将要亮的时候，我忽然被一种很奇特又很轻微的声音弄醒了，我惊讶得不敢相信自己的耳朵。我听见那个声音在说："劳驾——给我画一只绵羊吧！"

"什么？"我像被雷击中了一样，一下子跳了起来！这是人的声音，我周围有人！我使劲儿揉了揉眼睛，仔细地向周围看。瞧，我看见了什么——一个小男孩正站在那里，很认真地注视着我！他说："给我画一只绵羊吧。"

　　我不知道他从哪里来，也不知道他为什么要对我提这样的要求，但是我一下子感到自己不那么孤单了。你问我他长什么样子，看我后来给他画的肖像画你就知道了。看，这是我给他画得最好的一幅肖像：

　　当然，他本人长得比我画的这幅肖像帅气多了。这也不能怪我啊，我六岁的时候就想当画家来着，但是大人们断送了我当画家的前程。除了画过大蟒蛇的平面图和透视图之外，我就再也没有画过任何别的东西，根本没有学过专业绘画。

对于突然出现在我面前的这个孩子，我除了惊讶还是惊讶。我瞪大了双眼看着他，以确定我不是眼睛花或出现了幻觉。当时，我身处荒无人烟的沙漠绝境中，我能肯定周围千里内都没有人家。他是怎么到的这沙漠！

可是，这小家伙衣服整洁，人干干净净，看上去并不像是迷路后在荒野里走了很长时间的样子。看起来，他并没有显得很累，也不显得很饿或很渴，他一个小人儿在大沙漠里更没有显出很害怕的样子。倒是我对他的出现一时间震惊得说不出话来。过了好大一会儿，我才镇静下来，能够开口说话。

我问："你，你，你怎么在这儿？你，你，你在这儿干什么？"

他不回答我的问题，只是重复着我当初听到的话，声音还是那样轻："劳驾——给我画一只绵羊吧……"

看来，画绵羊这件事对他来说好像是一件很重要的事情呢。

说实话，在这个有生命危险、方圆千里没有人烟的地方，出现了这样一个神秘的孩子，出现这样神秘的事情，太让我震惊了，震惊得让我不敢违抗这个孩子的话。尽管我觉得这个要求很荒唐，也很可笑，但我还是从衣服口袋里掏出了一张纸和一支钢笔。

可是，我马上想起来，我主要学习的是地理、历史、算术和语法，至于画画，就只在六岁的时候画过大蟒蛇吞大象，但是谁都认为那只是一顶帽子。于是，我口气不是很友好地对小家伙说我不会画画。

他好像不需要我有多么好的绘画能力，执着地说："没关系。给我画一只绵羊吧。"

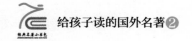

我从来没有画过绵羊啊，我只好把绘画作品一号——蟒蛇平面图又画了一遍。

他说："不对！不对！我不要蟒蛇肚子里的大象。蟒蛇太危险了，而大象又太庞大，太占地方了。我的家非常小，我就需要一只绵羊。给我画一只绵羊吧。"

天啦，终于有人知道我六岁时画的不是帽子了！我遇到了一个理解我的人。这个孩子，他知道我画的是什么！

冲着他对我的这份理解，也冲着他对画绵羊的执着，我即使再不会画画，也要为他画出一只绵羊来！

瞧，我的绵羊画好了。但这小家伙仔细地看了又看，立即就看出了问题："不对，这只羊病得太厉害了。"惭愧，我也不知道这只羊生病了。可是，我真的是不会画绵羊啊。

他并不气馁，对我说："再给我画一只吧。"

我又画了一只。这回不是病羊，而是——这个可爱的小朋友亲切地对我微微一笑，宽容地对我说："你瞧瞧——这不是绵羊，这是山羊，山羊是有犄角的……"

我哪里知道这些呀，我已经尽力了，还请你们不要怪我。听他这样一说，我又重新画了一幅，把那犄角去掉了。

可是这只羊还不是他想要的绵羊。他说："这只羊太老了。我想要一只能长久活着的绵羊。"

我心里着急呀，不是着急画不出绵羊，而是着急要赶快动手拆我的飞机发动机，赶快修好我的飞机，离开这个鬼地方。我再也没有耐心跟这个孩子玩这种游戏了，就随便画了几笔，怕他再烦我，赶紧撂下一句

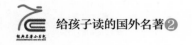

话："这是只箱子，你要的绵羊就装在箱子里面。"

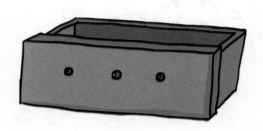

我本来是糊弄他的，不料他总是给我意想不到的惊讶。他脸上露出惊喜的神色，眉开眼笑地说："这正是我想要的！你觉得这只绵羊需要吃很多青草吗？"

这孩子难道真的相信这箱子里有绵羊吗？再说，画出来的绵羊哪里会真的去吃什么青草呢。我问他："你为什么这样问呢？"

"因为我的家园非常小。"他回答。

"那也肯定够了，我给你画的是一只小小羊。"我只得接着他的话说。

他低下头看了看画，说："也不是特别小……呀，小羊睡着了……"

这是一个多么奇特的孩子！他的想象力真是太丰富了！

这个孩子正是我要给你们介绍的。他，就是小王子。我们就是这样认识的。

第三章
你是从哪颗星球来的

导读：

　　我终于知道小王子是从别的星球来到地球的，我想多了解他，但是问他问题他总是不回答。我要给他画一根拴小绵羊的绳子和木桩，他说不需要，说小绵羊跑不了多远，因为他的家很小。这又使我确定，他的星球不大。

　　小王子究竟是从哪里来到沙漠的？我好不容易才弄清楚。我们两个人的交流沟通真是不容易。他总是向我提许多问题，可是我问他什么问题他好像全都没有听见，从来不回答我。我只能从他那些话语中慢慢梳理，渐渐了解到一点他的情况。

　　他见到我的飞机时，就问我："这是个什么玩意儿？"

　　"这不是玩意儿，它能飞。这是一架飞机，是我的飞机。"

　　这个孩子可没见过飞机呢。说起我的飞机，我是非常骄傲的，现在我就很自豪地告诉他，我能驾驶这个大家伙在天上飞。

　　"那么，你是从天上掉下来的吗？"他叫道。

　　"是的，"我只得承认，"我的飞机出了故障，我不得不降落到这个地方，要进行修理。"

　　"哈哈，这可太有意思了！……"他咯咯地笑起来。他笑起来的声音是很好听的，他的童音清脆悦耳。但我听得很是恼火。我的飞机从天上掉下来，对我来说是一件多么不幸的事情，他，小王子，却在幸灾乐祸地大笑，一点儿也不考虑我的情绪。我希望别人能以严肃的态度对待我的不幸。

他笑完又补充了一句："这么说，你也是从天上来到这里的？那你是从哪颗星球来的呀？"

嗯？我脑子里闪过一道亮光。他这话可不寻常呢，他这不就是说他是从天上来到这里的吗？对，我得弄清楚，我要问他！

"你是从另一颗星球来的吧？"我突然问他，想趁他毫无防备时回答我。

可是，他并不回答我，只是注视着我的飞机，然后轻轻地摇了摇头说："老实说，你这玩意儿，不可能来自特别遥远的地方……"

是啊，他说得对，我哪里是来自别的星球的呢，我只不过从地球的上空掉到了地球上面。听他这话的意思，他是来自遥远的地方的，而且是从另一颗星球上来的！我等着他说话，等着他说他来自哪颗星球。但是他半天不说话，只是沉浸在他自己的遐想之中。

过了一会儿，他从口袋里掏出了我给他画的那只绵羊，全神贯注地欣赏起这个宝贝来。

可是，我被他的话勾起了抑制不住的好奇心。他说"别的星球"，那"别的星球"究竟是什么星球呢？那颗星球又在哪里呢？我好想知道啊。

我只好从小绵羊这件事情上开始说。我问："小家伙，你是从哪里来的？你的家在哪里啊？你要把我给你的这只小绵羊带到哪里去呢？"

他默默地想了一会儿，说："你给我画的这只箱子可真好，我的小绵羊晚上就可以在里面睡觉了。"你瞧，他还是没有回答我的问题，这真是叫我哭笑不得。

"当然了。如果你再乖一点儿的话，我还可以给你画一根绳子，让你白天的时候把小绵羊拴住。对了，要拴住小绵羊，我还要再画一根木桩呢。"我接着他的话说，想引导他说出更多的话来，要让他再求我给他画拴羊的绳子和木桩。

"要把小羊拴住？为什么要拴住它？你怎么想要拴住它？"他听了我的建议后，非常反感地问我。

"不拴住它，它就会乱跑啊。它要是跑丢了，你到哪里去找它呢？"我说。

小王子又咯咯地笑起来。他问我："你要让小羊跑哪里去呀？"

"随便哪里，它会一直往前跑的……"我说。

他止住了笑，脸上露出严肃的表情来："没关系的，我的家小极了！"

他这样说着的时候，语气中带着一点儿忧伤。他又轻声补充了一句："小羊就是一直往前跑，也跑不了多远……"

我现在知道了，小王子的那颗星球肯定很小，连一只小羊跑出去都丢不了。

第四章
关于 B612 号小行星

导读：

　　我推测小王子来自B612号小行星。现在，我和小王子分别已经有六年了。这六年里，我时刻思念着他。我决定把小王子的故事写下来，并尝试着把他画下来。虽然画得不太好，但总算把他画出来了。

　　在跟小王子的谈话中，我了解到了第二个重要的信息，那就是：小王子居住的那个星球，可能比一幢房子大不了多少。

　　我为什么这样推测呢？因为我很早就知道除了地球之外，还有木星、火星、金星等大行星，这些大行星都被命了名，但是宇宙里还有成千上万颗行星没有被命名，它们中有的体积大，有的体积小，那些很小的行星用望远镜都观测不到。天文学家一旦发现了一颗小行星，就会给它们编上号作为它们的名称，比如把它叫作第325号小行星。

　　我有充分的理由说明，小王子来自B612号小行星。1909年的时候，一位土耳其天文学家用望远镜观察到了这颗小行星，并给它编号为B612号小行星。只不过，从那以后再也没有人观察到过这颗小行星。

　　在一次国际天文学的年会上，土耳其天文学家介绍了他发现的B612号小行星。但是，当时他穿着一身土耳其民族服装，参加会议的人觉得他不像科学家，对他的发现置之不理，那些人谁都不相信他得出的结论。你们看，大人们总是这样以貌取人，或者按服装来判定一

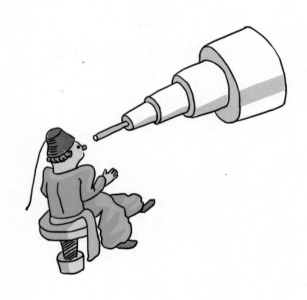

个人，而不是根据严肃的科学依据。

后来，土耳其的一个很严厉的统治者下令全国都要穿欧洲式样的服装，如果有谁不服从命令，就要被判处死刑。于是，在1920年国际天文学年会上，那个土耳其天文学家穿着一身非常华丽的西装，再次向参加会议的人们论证他对这颗小行星的发现。这一回，所有人都承认他的发现，同意他的看法了。B612小行星从此闻名天下。

我用了这么长时间反复地介绍有关B612小行星的情况，是为了照顾大人们。那些大人们只相信数字。举个例子说吧，你告诉他们你新交了一个朋友，他们根本就不会问你："你的这个朋友嗓音好听吗？他最喜欢玩什么游戏？他喜欢收集蝴蝶标本吗？"他们只会问你："他几岁了？有几个兄弟？他父亲能挣多少钱……"他们非得弄清这些数字不可。因为只有弄清了数字，他们才认为了解了这个人。再比如，你要向

大人们介绍一座漂亮的房子，你根据自己的观察告诉他们："那是一座非常漂亮的红砖房子，窗户上爬满了绿色的植物，屋顶上还有鸽子在咕咕地叫着……"但他们只是迷茫地看着你，因为他们从你的介绍中根本想象不出那房子的样子。所以，你必须换一种说法，才能让他们对这房子有印象。你得这样告诉他们："我看见了一座大房子，价值十万法郎呢！"他们立马就从十万法郎想象出那房子的样子了，然后高声赞叹："那可太漂亮啦！"你看，这些大人真是让人不能理解。

现在，你如果要向大人介绍小王子，告诉他们确实有小王子这个人，他是一个非常可爱的孩子，他喜欢咯咯地笑，他喜欢小绵羊，并且他还向我要了一只小绵羊。一个人想要一只小绵羊，应该可以证明这个人是真实存在的吧？可是，大人们不相信啊。他们会耸耸肩，认为你一个小孩子说出的话不可信。假如我换一种说法，说："他来自

B612小行星。"他们就立即相信了小王子的存在，不再向你提出那些毫无意义的问题了。大人们就是这种德性，小孩子要宽容一些，要对他们有耐心，跟他们说话要讲究方法。

我知道小王子是真实存在的，我才不会根据天文学家的那些编码去确认一些事情呢。现在，我非常愿意像讲童话故事那样来给你们讲讲小王子的故事。我想这样开始讲述我的童话故事：

"从前，有一个小王子居住在一个很小的星球上。他感到孤单，他想交一个朋友……"这样是不是比"他来自B612星球"这样的表述要真实且生动得多？这样说话的人才是懂生活的人呢。

我不喜欢别人以轻率的态度来读我这本书。一提起与小王子在一起的往事，我就会陷入悲伤的情绪中。六年了，他带着我画的小绵羊离开我已经有六个年头了。我在这里一再提起他，就想准确地把他描述出来，也怕自己把他遗忘了。忘记一个好朋友是多么不应该啊，更何况并不是每个人都能找到一个好朋友的。我也害怕将来我会变得像那些大人一样，对孩子生动的描绘不感兴趣，只对数字感兴趣。

为了这个缘故，我买来了一盒颜料和几支铅笔，我要把小王子的样子画下来。但是，你们是知道的，我只在六岁的时候画过一幅关于蟒蛇的平面图和透视图，就再也没有画过别的什么了。也就是说，我绘画的水平还停留在六岁的时候。在我现在这个年纪想再拿起画笔来画，该是一件多么吃力的事情啊。不管怎样，我还是要画，我想尽力把小王子画得像一些，再像一些。不过，对于结果，我不敢想象。我真的不能保证以我的绘画水平能把小王子的真实面貌画下来。我画了好几幅了，一幅肖像画得还可以，再画一幅就不像了。他的身体高矮，我根本掌握不准，一会儿把他画得特别高大，一会儿又把他画得特别矮小。还有，对他衣服的颜色我也吃不准，不知道自己画的与他那时穿的衣服的颜色是否相同。

我只好一边画一边摸索，先这样画一下，再那样画一下，总算勉勉强强地把他的形象画出来了。不过我还是不能保证不出错，也可能在重要的细节上我都出错了，就像画绵羊时画出了山羊的犄角一样。这还要请你们原谅，我真的很难把小王子画得准确，因为我问他什么，他从来都不回答，我对他的了解也就局限于他说的那些话。说不定他以为他说的我都懂，他以为我是和他一样的人呢。可是，老实说，我没有他那样的本领，我不能透过我自己画的盒子看见里面的绵羊。可能是我的年龄比他大，我变得越来越像大人，没有孩子的想象力了吧。

第五章
孩子们，要警惕猴面包树啊！

导读：

　　小王子的星球上有一种野蛮生长的植物——猴面包树。要是让这树长大，他那小小的星球就要被撑破了。所以小王子整天不停地劳动，拔除猴面包树的幼苗，防止它长大。他想让我给他画的小绵羊去吃掉猴面包树的幼苗。

　　我已经和小王子相处两天了。这两天里，从他的谈话中我渐渐地了解到一些情况，比如他所在的那颗星球的情况，他是怎样从那颗星球出发并在各个星球之间不断旅行的。当然，这些并不是他主动告诉我的，是他在不经意中流露出来的，而我就一点一滴地把这些信息捕捉到了。就这样，在我俩相处的第三天，我从他那里了解到了猴面包树的事情。

　　当然，话题还是从小绵羊开始的，我还是要感谢我画的那只小绵羊，它让我和小王子有了交谈的话题。当时，小王子仿佛心中有一个巨大的疑问，他突然问我："听说绵羊喜欢啃灌木。这是真的吗？"

　　"是的，这是真的。"我回答。

　　"啊，那我可太高兴了！"他兴奋地说。

　　我真搞不懂这孩子的脑子里在想什么。绵羊啃灌木这件事怎么就会让他那么高兴呢？我还没想明白呢，他又问了一句："那么，小绵

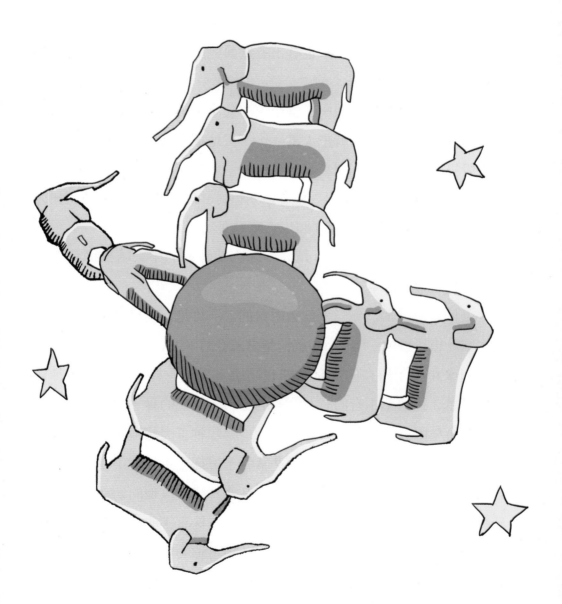

羊也会啃猴面包树的，对不对？"

"那可不成。猴面包树可不是灌木，那是参天大树，有教堂那么高呢，你就是带一群大象来也够不着猴面包树，那些大象连一棵猴面包树也啃不着！"我说。

一群大象来啃猴面包树？这个说法让小王子感觉很有趣。他乐得咯咯笑起来，说："那就把大象一头一头地摞起来……"他那神情真是可爱极了。

小王子是个聪明的孩子，他立即就想到了。"猴面包树长成大树之前也是小树苗呀！我的小绵羊可以去啃猴面包树的幼苗啊。"

"你说得千真万确。可是你为什么要让你的羊去啃猴面包树苗呢？"我满脸疑惑地问。

他回答："嗯，你马上就会明白的。"可是，我真是不明白，我绞尽脑汁想啊想啊，终于有点搞清楚是怎么回事了。

原来小王子所在的那颗星球也同所有星球一样，生长着各种各样的草木，这些草木有的有益，有的有害。它们的种子掉在土地里，一般都会休眠一段时间。可是有一天，哪颗种子突然睡醒了，伸伸懒腰，发出美丽的小嫩芽来。小嫩芽从泥土里探出头来，小心翼翼地寻找阳光，然后使劲往上长。如果是小红萝卜或者玫瑰的幼苗，就可以任由它们自然生长。可是如果长出来的是一株有害的植物，就要立即把它拔掉。小王子的星球上就有一种特别可怕的种子——猴面包树的种子。猴面包树的小树苗一长出来就要立即拔掉，要不然它会疯长，长成大树了就永远也除不掉了。它会霸占整个星球，它的根能把星球穿透。如果星球太小的话，那个星球就会被它撑爆！是不是很可怕？

所以，小王子就必须不停地劳动。每天早晨，漱洗完毕之后，他就开始认真地清除星球上猴面包树的幼苗。猴面包树的幼苗和玫瑰花的幼苗长得很像，要仔细辨别才能区分开，一旦认出是猴面包树，立即把它拔掉，不能让它生长。

"每天都做这种劳动，真是非常枯燥，不过倒也让我感觉特别轻松。"小王子说。

有一天，小王子要我花点心思画一幅画，画的主题是"要拔掉有害的树苗"。他要我用这幅画让地球上的孩子都懂得这个道理。他说："把自己的工作往后推，有时候不及时去做也没有多大的关系，但是对付猴面包树如果马虎一点儿的话，那就要酿成大祸了！我就知

道有一个懒汉，他住的星球上有三棵小树苗长出来了，他没有及时处
理，结果……"

我知道他说的结果肯定是那个星球被小树苗长成的大树毁灭了。
于是，我就按照小王子说的画出了那个遭了大难的星球。我从来不喜
欢板着面孔对小孩子进行说教，不过我得让孩子们知道猴面包树的危
害。我要告诉他们："孩子们，要警惕猴面包树啊！"

我是很尽力、很用心地画这幅画的，因为我要提醒我的朋友们：
要提防身边的危险，不能像我本人一样，危险到了身边都不知道。当
然，也要让小朋友们都懂得这个道理。

你们发现没有？我把这棵猴面包树画得特别宏伟，看上去特别有
气势。为什么这本书里的其他插图不是这样的呢？实话跟你们说吧，
我心里是想把那些插图都画得很宏伟的，可是我的功夫不行，画不出
宏伟的感觉，所以都没有成功。为什么这幅图画成功了呢？那是因为
我画画时心情非常非常焦急啊，我急着要让你们知道猴面包树的危
害，所以笔下一使劲儿，宏伟的效果自然就出来了。

第六章
有一天，我看了四十三回日落

导读：

    小王子生活中唯一的乐趣就是看日落。在他感到忧伤的时候，他就默默地坐在他的星球上看日落。他所在的星球很小，所以他一天能看到很多次日落。他来到地球以后，也总是想着看日落。但是，在不同的地方，日落的时间是不一样的。地球比他的星球大多了，所以并不是随时都可以看到日落的。

    我感觉到小王子是不快乐的，他的心里有着忧伤。因为他生活中唯一的乐趣是观赏日落时候美丽的晚霞。你问我怎么知道这个。因为我俩相识的第四天，他跟我说："我特别爱看日落。咱俩去看日落吧……"

    我笑着对他说："现在不行，还要等一等。"

    "等什么？"他似乎迫不及待。

    我指指天上："等太阳落下啊。"

    他先是吃了一惊，然后一下子明白过来，自己也笑了，说："我总以为是在自己的家里呢！"

    你们都是知道的吧，不同的地方，日落的时间是不一样的。比如美国的正午时分，正是法国的日落时间，如果你人在美国却想去观赏法国的日落，你必须在一分钟内赶到法国去。可是，这完全是不可能

的，因为美国离法国太远了。

　　不过，小王子的星球那么小，自转一圈肯定要不了多大会儿。他只要挪挪他坐的椅子，转眼就能从日出看到日落了。在他那里，他想看随时都能看见日落。

　　"有一天，我看了四十三回日落！"他说。过了一会儿，他又说："人在特别忧伤的时候，就喜欢看日落……"

　　我问："你看四十三回日落那天，真的特别忧伤吗？"

　　他没有回答我。

第七章
它连带刺的花儿也吃吗

导读：

　　小王子听说绵羊连带刺的花儿都吃，就问花儿的刺有什么用。听我说花儿的刺没有什么用后，他就非常担心，也很生气我不重视他的问题。他痛哭起来。我丢下手里的活儿，把他抱在怀里，安慰他。

　　第五天，小王子像是想某个问题想了好长时间，他突然问我："绵羊如果啃吃灌木，那它也会吃花儿吧？"

　　"羊碰到什么就吃什么。"我回答。

　　"它连带刺的花儿也吃吗？"他又问。

　　"对，它也吃带刺的花儿。"

　　"那，那花儿长了那些刺有什么用啊？"他似乎不满意我的答案。

　　我也不知道花儿长刺有什么用。当时，我根本顾不上他的心情。我正忙着呢，正想把飞机发动机上的一颗螺丝钉拧下来，但那颗螺丝钉拧得太紧了，我越急越拧不下来。我自己的心情也糟糕透了，意识到飞机的故障很严重，而喝的水快要没有了，还不知道后面会出现什么事情呢。

　　"长了那些刺有什么用啊？"小王子一旦提出问题就一定要问到底，得不到答案他就绝不放弃。

　　我拧不下螺丝钉，心里恼火得要命，就随口应付道："那些刺什么用也没有，花儿的心眼儿不好，她长那些刺是为了害人！"

　　"哦！"他应了一声，沉默了一会儿。他不满意我对花儿的评价，恼恨地对我说："你的话我才不信呢！鲜花多娇弱啊，她长那些刺，只不过是想保护自己，给自己吃一颗定心丸，让别人不敢去惹她，她怎能去伤害别人？我现在知道了……她想得太天真了！"

　　我没有心情回答他，我正跟我的螺丝钉较劲儿呢。"再拧不下你来，我就一锤子把你打飞！"

　　小王子丝毫不理解我的苦恼，仍在说："你真以为花儿的刺……"

　　"得啦，得啦！我什么也不以为！刚才我只是随口说说。我正忙着呢！你没看见我有要紧的事要做吗？"我没好气地说。

小王子吃惊地盯着我，重复着："要紧的事！"

我的手上拿着锤子，手指沾满了油污，正弯下身子对着那机器。在他眼里，我的样子和那些物件一定都很丑陋吧？

"你这样说话太像那些大人了！"他指责我。

这话让我心里羞愧，我也曾经这样指责过那些大人。他仍不打算放过我，接着又说："你把事情都弄混了，你把什么都搅在一起！"

看来他是真的生气了。他的一头金发在风中乱晃着，说："我曾经到过一颗星球，那里住着一位红脸膛的先生。他从来没有闻过一朵花香，也从来没有见过一颗星星，从来没有爱过任何人。他除了做加法，就没有干过别的事情。他也跟你一样，整天不停地说'我是个严肃、认真的人！我是个严肃、认真的人！'这让他自豪极了。可是，那红脸膛不是一个人，而是一株蘑菇！"

我吃惊地问："一株什么？"

"一株蘑菇！"他气得脸色煞白。

"几百万年以来，花儿都是长刺的，羊却照样吃花儿。花儿费了那么大的劲儿好不容易长出了那些刺，你却说那些刺毫无用处。你不觉得这个问题一定要弄清楚吗？这不是一件很严肃的事情吗？羊为什么要吃带刺的花儿呢？它们之间为什么要有这样的战争？假如世界上有一种独一无二的花儿只生长在我的星球上，却被一只小绵羊糊里糊涂地一口吃掉了，怎么行呢？我一定要弄清楚这件事。这难道不重要吗？"小王子涨红着脸激动地说。

"世界上有亿万颗星球，但是只有一朵那样的花儿。如果有一个人喜爱这朵花儿，即使他与花儿不在同一颗星球上，这个人望着满天的星星也会感到非常幸福。他会对自己说："我喜欢的那朵花儿就在那里呢，在某一颗星球上……'可是他要是知道花儿被羊吃了，对他来说就如同顷刻间所有的星辰都熄灭了！这样的事情难道不重要吗？"小王子失声痛哭起来，再也说不下去了。

夜晚来临了。我把工具丢在一边，那些锤子、螺丝钉什么的统统都不管了！还有我现在面临的饥饿、缺水、死亡危险，也不去想了。我现在只想去安慰一个需要安慰的孩子。我把小王子抱在怀里，轻轻地摇晃着他，对他说道："你喜爱的那朵花儿一定不会有危险的。我会给你的那只小羊画一副嘴套，再给你的花儿画一副保护它的盔甲……我要……我再……"

我都语无伦次了，不知道该说什么，只觉得自己的嘴太笨了。我怜爱、疼惜这个带着忧伤的孩子，不知道怎样才能打开他的心扉，触碰到他的感情世界，让他生活得快乐一些。我完全被他的眼泪征服了！

第八章
我那时太年轻，不懂得如何去爱她

导读：

　　小王子的星球上长出了一朵美丽的花儿。这朵美丽的花儿对小王子提出了很多要求，也说了许多假话，有时候还会表现得自相矛盾。虽然小王子尽量满足她的要求，尽力保护她，但也对她爱慕虚荣并且说假话感到很不高兴。他不知道他的花儿只是不太会表达，她那些做作、过分的行为其实是变着法儿在表示她对小王子的感情。

　　小王子怕绵羊会吃掉那独一无二的花儿，都急得哭了。我了解了一下，在他的星球上，一直长着一些素色的、单瓣的花儿。那些花长在草丛里不占多大地方，清晨开放，晚上就凋谢了，而最独特的那朵花儿是一粒被风吹来的种子落地发芽长出来的。小王子一开始就看到这花儿的幼苗与众不同，他还以为是猴面包树的变种呢。幸亏当初没把她拔掉，而是观察了一段时间。

　　你们都知道猴面包树是会疯长的，但是这棵小苗没有再长大长高，她停止生长，开始孕育花朵了。小王子见她长出了一个很大的花蕾，心想着，这花蕾一定会开出一朵很美丽的花来。谁知她并不着急着开放呢，她在那绿色的闺房里左打扮右打扮，似乎在挑选衣服，又似乎在挑选衣服的颜色。她不想让自己像丽春花那样开出皱巴巴的花，她要让自己的每一片花瓣都光艳照人、美不胜收！

看，她出来了！她太娇媚了，她那一身装扮太神奇了！怪不得她准备了好多好多天呢！终于在一个美好的早晨，恰好在日出时分，小王子见到了她美丽无比的花容。

她这样精心打扮之后，从闺房里走出，还打着呵欠呢。她说："呵，人家刚睡醒哟……请您原谅……我还没有梳洗打扮呢……"

小王子被她的美丽惊呆了，情不自禁地赞美她："您真美啊！"

"算是吧，"花儿的声音温温柔柔的，一点儿也不谦虚，"我可是跟太阳同时出生的呢……"

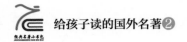

　　小王子已经看出这花儿有些自大，但他不在意，因为她实在是太妖媚动人了！

　　"现在是该用早餐的时候了吧？您能不能费心……"她说得柔媚又婉转。

　　小王子听了，十分惭愧，赶忙去提来一壶清水，对着花儿喷洒。

　　这花儿既爱慕虚荣，又爱耍小性子。她开始折磨起小王子来。有一天，她提到她身上长的四根刺，对小王子说："我有这些刺呢，我

是不怕那些张牙舞爪的老虎的。他们要来就尽管来吧！"

"我这颗星球上没有老虎啊，再说了，老虎从来不吃草的。"小王子想让她意识到这一点，所以这样提醒她。

"我，我不是一株草呀。"花儿柔声细语地反驳。

"对不起，请您原谅我说错了。"小王子说。

"我是不怕老虎的，我怕的是穿堂风。您有没有屏风啊？"

"哪有植物怕风的？您作为一株花儿，却怕风，真是让人难以理解。"小王子不客气地说。

花儿说："到了晚上，麻烦您用罩子把我罩起来吧，您这地方太冷，住在这里真是不舒服呢。我原来住的那地方，真是……"

　　花儿猛然打住了话头。她来的时候只是一粒种子，提什么原来住的地方，分明就是在说谎嘛。她的谎言编得太幼稚、太天真，连她自己都觉得没法再编下去。她羞愧地咳嗽了几声，掩饰着自己说话的失误。

　　"屏风在哪里呀？"她赶紧转换了话题。

　　"我正要去找呢，可是您一直在跟我说话！"

　　花儿想让小王子感到内疚，就又使劲咳嗽了几声，证明她怕冷。

　　小王子尽管很爱花儿，却对花儿说的那些话怀疑起来。本来嘛，花儿只是对他撒个娇，她说的那些话也都无关紧要，他完全可以不必放在心上，但是他却都当真了。这让他自己很痛苦。

　　有一天，他对我说："当时我就不该听她的那些话，我只要观赏她，闻闻花香就行了。我的那朵花儿的芳香弥漫了我那颗星球，我应

该好好地享受才对。可是，我只是计较她说的什么不怕老虎之类的谎话，恨她说假话，心里很恼火。"

"那你觉得你怎样做才好呢？"我问。

"我应该知道她只是希望我怜悯她，并不是故意要说谎。我却一点儿也不善解人意！我现在懂了，评价一个人不能根据语言，要根据他的行为。花儿来到我的星球，给我带来芳香，带来美好，这是多好的事情呀，可是我却从我的星球逃跑了。我现在才知道，她耍了一些小伎俩，其实是在对我表示她的温情，所以有时她才会那么自相矛盾。我那时太年轻，不懂得如何去爱她。"现在小王子似乎什么都明白了。

第九章
其实，我很爱你

导读：

小王子决定离开他的星球，因为他忍受不了花儿对他的折磨。临走之前，他打理好了一切事务，去跟花儿告别。花儿对小王子的离开非常伤心，她承认自己故意让小王子为她做一些无关紧要的事情。但她是高傲的，即使离别也不让小王子看见她的眼泪。

小王子终于不能忍受花儿对他的折磨，准备从他的星球出走。在即将离开的那天早晨，他很仔细地打理好了星球上的一切。他的星球上有两座活火山、一座死火山。活火山使他早晨做早饭非常方便。他经常清理死火山的喷发口，使它保持通畅。这样，即使死火山随时喷发，也是缓慢、均匀地燃烧。当然，那几座火山非常小，爆发起来就跟我们灶膛里燃烧的火差不多。

不过，在我们居住的地球上，火山是个非常庞大而可怕的大家伙。在它面前，人类便显得很小，更无法去清理火山口。火山爆发起来是非常吓人的，会给人类带来很大麻烦。

临走前，小王子还拔掉了那些新冒出来的猴面包树的幼苗。他一边干着活儿，一边伤心、难过。他想，离开了肯定就不回来了。他干着这些家务活儿，每件事都让他感到非常亲切。因为这里是他的家，他与星球上的一切朝夕相处，他爱这里啊！

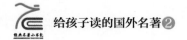

他给他的花儿浇水，这是他最后一次给她浇水了。浇完水，他要给她罩上罩子。他心里只想大哭一场。他对花儿说："别了。"

可是，花儿却没有回应他。

"别了。"小王子又说了一遍。

花儿咳嗽了几声，但不是伤风感冒的那种咳嗽。她终于开口了："这段时间我真是愚蠢，请你原谅。但愿你幸福。"

小王子原以为花儿会责怪他，责怪他离开她，再也不照顾她，但花儿没有。这让小王子有些诧异。他手上拿着的罩子举在半空，呆呆地站在那里。因为花儿对他从来没有过这样温和的态度，而且如此平静。

　　"其实，我很爱你，"花儿对小王子说，"可是，由于我有时嘴里说的和心里想的不一样，你就不能了解我的真实想法。现在，你都要走了，我对你说这些话已经没有什么意义了。不过，你也同我一样傻呀。我只能祝愿你幸福。你把这个玻璃罩子丢到一边去吧，我再也用不着它了。"

　　"可是，要是刮起风来，你怎么受得了？"小王子说。

　　"我对你说了假话，夜晚的风对我反而是有好处的，因为我是一朵花儿啊。花儿哪有那么弱不禁风的呢？"花儿说了真话。

　　"你不是害怕那些昆虫和野兽吗？"小王子问。

　　"我还想认识蝴蝶，希望蝴蝶来看望我呢。蝴蝶看上去很美丽呀。你说除了蝴蝶还会有谁来看望花儿呢。当然，你是天天来看望我的，可是你马上就要离开了。你别担心，几条毛毛虫来骚扰一下我也是能忍受的。我也不害怕那些野兽呀，你别忘了，我还有爪子呢。"说着，她天真地伸出了她的爪子——那四根尖刺。

　　"你别这样拖拖拉拉的了，要走就赶紧走吧，省得在这里烦人。"她背过身去，因为她不想让小王子看到她眼里的泪水。

　　花儿把她的忧伤都隐藏起来。她实在是一朵高傲到极点的花儿。

第十章
我命令你做我的大臣
——第 325 号星球的法官

导读:

    小王子离开了自己的星球。他想去外面的世界多认识一些朋友,多认识一些事物。他首先来到了第325号星球,那里住着一个国王。国王只是徒有虚名,从来没有统治过谁。他总是用命令的口气跟小王子说话,并要封小王子为他的大臣。

    小王子离开了自己的行星,逐一拜访了第325号、326号、327号、328号、329号、330号小行星。他是想找点事情做做,也想长点见识。

    小王子拜访的第一颗星球是第325号小行星,这颗星球上住着一位国王。他穿着白貂皮袍子,端端正正地坐在他的宝座上,虽然宝座非常简陋,却也能显出几分威严来。

    "哦,来了一个子民!"国王一看见小王子就高声地说。

    小王子暗想:"他从来都没有见过我,怎么会认识我呢?"

    小王子不知道,国王想问题非常简单,他觉得所有的人都是他的子民。

    "你走近一点,让我仔细看看。"国王吩咐他。这是国王最得意的时刻,因为他孤独地在自己的星球上当国王这么多年,今天终于可以在一个人面前称王了。

小王子四处看了看，想找一个地方坐坐。可是，这个星球实在是太小了，国王那件华丽的袍子就将整个星球占满了。小王子一路走来有些累了，打起了呵欠。

　　国王不乐意了，说："在国王面前打呵欠是不礼貌的，我不准你打哈欠。"

"我，我实在控制不住啊。我长途旅行来到这里，还没有睡过觉呢……"小王子有些惭愧，同时也对一个国王禁止别人打哈欠感到不可思议。

国王这么多年都有没有机会发号施令了，逮着小王子他当然要行使他的权力了。他马上改口说："那好，现在我命令你打哈欠。我居住在这里好多年了，还从来没有见过谁打哈欠呢。打哈欠一定很有意思。好吧，我命令你再打一个哈欠！"

小王子满脸通红地说："我，我，我打不出来了，被您吓住了。"

国王总是有话说的，他又修改了他的命令："嗯，那么，我，我命令你，过一会儿再打哈欠，过一会儿……"看来国王生气了，说话都结巴了起来。

国王总是要有权威的，他是一个专制的君主，不能容忍有人违抗他的命令。但他不是个坏人，他是一个善良的人，所以下命令也下得合情合理。

"如果我命令一个将军变成一只海鸟，但那个将军不服从命令，那不是将军的过错，而是我的过错，因为我下命令下错了。"国王解释着他改变命令的原因。

小王子实在是太累了，他不想听国王说什么，只是问："我可以坐下吗？"

"我命令你坐下。"国王威严地下了一个新命令，并把他的貂皮大衣的下摆拉了拉，好让出一小块地方给小王子坐。

小王子心里感到奇怪：这个星球这么小，国王能统治什么呢？

小王子开口询问："对不起，陛下，我想问一问……"

国王打断小王子的话，赶紧说道："打住，让我命令你问……"

小王子只好接受国王的命令，开始他的提问："请问陛下，您统治什么？"

"统治一切啊！"国王很干脆地回答。

"一切？"小王子怀疑地看了看国王一件袍子就盖满了的星球。

国王打了个手势，指了指他的星球，还指了指其他星球和天空中的繁星。不过，他的动作似乎没有底气。

小王子问道："您统治所有这一切？"

"是的，所有这一切。"国王回答。

这么说，这位国王不仅统治着一个国家，还统治着全宇宙？

小王子有些怀疑地问："那些星星都听从您的命令吗？"

"那当然，他们必须绝对服从我的命令，我不能容忍任何不服从命令的行为。"国王很严肃地说。

哇，这个国王有这么大的权力啊！小王子惊叹不已。他想他自己如果掌握了这样的权力，他就可以命令太阳每天多次升落，不像现在每天只能看四十三次日落，那时候他一天就能看七十二次，甚至一百次、两百次，而且连坐着的椅子都不需要挪动！

小王子想起他已经离开自己那颗星球了，心里有些伤感。于是，他壮着胆子请求国王："我希望在您这里看一次日落，请您恩准，请您命令太阳落下去……"

国王回答说："假如我命令一位将军像蝴蝶那样，从一朵花飞到另一朵花上去，或者命令一个将军写一部悲剧，又或者命令他变成一只海鸟，但那位将军拒不执行我的命令，你说这是他的过错还是我的

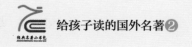

过错？"

"这是您的过错。"小王子立即肯定地回答。

"你说得一点儿没错。我可以下命令，但下命令要合理才行，要让每个人去做他力所能及的事情。"国王说，"权威首先要建立在理性的基础上。假如你是个国王，你下命令叫你的百姓去跳海，那么他们会服从你的命令吗？不仅不会服从，还要造反呢。所以，我下命令总是合情合理，因此大家才会服从。"

国王说了这么一大通，以为小王子无话可说了，但国王不知道小王子固执着呢。只要他提出的问题得不到答案，他是绝不会停止提问的。他问国王："那么，我希望看到的日落呢？"

国王终究是绕不过这个问题的，但是他的回答似乎看起来也很有道理呢。"你希望看日落，我保证你能看到。我会对太阳提出要求的。不过，我有我的统治技巧，不会乱下命令，等到有条件的时候我才会下命令。"

"那要等到什么时候呢？"小王子不依不饶。

"嗯，嗯，让我查一查。"国王一边说一边查阅一本很厚的日历，"嗯，嗯，有了！大约，大约在今天晚上的七点四十分，我的命令就会被太阳完全执行，那时你就能看到日落了。"

小王子已经知道这个国王是个什么人了。他并不能命令宇宙、命令太阳，他只是会说一些大道理。小王子打了个哈欠。看不到日落，让他感到遗憾，待在这颗星球上让他感到无聊极了。他决定离开这里。

他对国王说："我在这里没有什么事可做了，我要重新上路了！"

"不要走啊。"国王好不容易有一个可以统治的子民，正得意着呢，哪里肯放小王子走。

"不要走，不要走，我封你当我的大臣！"

"什么大臣？"小王子问。

"就是，就是，司法大臣！"国王好不容易想起一个职位来。

"可是，这里除了你和我，就再也没有别人了。我审判谁呀？"小王子提醒他。

"你别急呀，说不定就会有一些需要审判的家伙呢。我还没有巡视我的王国呢。我年纪大了，走路会太累的，可是这里又没有地方可以停靠马车。"国王总是有理由的。

小王子俯下身子，把国王的星球又打量了一遍，告诉他："我都看过了，哪里也没有人。"

"那，那你就自己审判自己吧。一个人评价自己比评价别人困难多了。假如你能正确地评价你自己，那你就是一个非常聪明的人。"国王说。

"我在哪里都可以评价我自己啊，没有必要住在你这里的。"小王子说。

"嗯，嗯，我想起来了，我这里有一只老鼠需要被审判。它一定躲在什么地方，因为夜里我能听到它有动静。你可以审判这只老鼠，可以判它死刑，这样它的性命就握在你手里了。不过，你不能真让它死了，你可以判它死刑，过一段时间再赦免它，因为我们这个星球就只有一只老鼠。"国王为自己想出这么一个好主意而高兴。

可是，小王子却说："我不愿意给任何人或老鼠判死刑。我现在只想离开这里。"

"你不能走！"国王态度坚决。

小王子已经做好了离开的准备，但他不想让老国王伤心。他对国王说："那就请求您给我下一道合理的命令吧。比如说，你可以命令我一分钟内必须离开这里。请下这道命令吧，我觉得现在下这道命令的所有条件都具备了……"

国王没有回答。小王子犹豫了一会儿，最后叹了一口气，抬脚走了……

"我派你去当大使！"国王急忙高声地发出了他的命令。之后，国王神气十足，无比威严。

走在路上，想起这个装腔作势的国王，做什么事都主动要求发布命令，小王子不禁摇了摇头，自言自语道："这些大人真是奇怪！"

第十一章
你是崇拜我的
——第 326 号星球里爱慕虚荣的人

导读：

    小王子拜访的第二颗星球上住着一个爱慕虚荣的人，他早已准备了一顶帽子，准备有人在向他致意时回礼。可是他的帽子一直都没有派上用场，因为没有任何人来拜访他的星球。他期望小王子是他的崇拜者，并给他鼓掌，以满足他的虚荣心。

    小王子离开325号星球后，来到了326号星球，这是他拜访的第二颗星球。这个星球上，住着一个爱慕虚荣的人。

    "哈哈，一个崇拜我的人来拜访我了！"这个爱慕虚荣的人远远望见小王子，就高声嚷嚷着。

    真是没有办法，在那些爱慕虚荣的人眼里，其他人都是崇拜他的人。

    小王子上前打招呼："您好。您这顶帽子可真是有意思。"

    "这是用来回礼的，"那人说，"有人向我欢呼的时候，我就挥挥帽子还礼。可惜啊，这顶帽子我已经准备了好久，却没有一个人从这里经过。"

    "为什么？"小王子有些不明白那人的话。

    "你两只手掌相互拍拍。"那人建议小王子。

    两只手掌拍拍？不就是鼓掌吗？这有什么难的？小王子照做了，

开始鼓掌。

那人赶紧挥动着他的帽子，向小王子答礼。

"哈哈，这个人有趣，比那位国王有趣多了，真让人开心。"小王子心中这样想着，又开始鼓起掌来。那人又摘帽还礼。

这样玩了五分钟，小王子就觉得不好玩了，这个游戏也太单调了，那个人却乐此不疲。

"要怎样才能使您这顶帽子掉下来呢？"小王子问。

这个爱慕虚荣的人哪里听得见呢？凡是爱慕虚荣的人，只听得见别人的赞美。

"你真的崇拜我吗？"他问小王子。

"崇拜是什么意思？"小王子问他。

"崇拜嘛，就是你必须承认我是这个星球上长得最英俊的人，我的服装最华丽，我还是最富有的人、最聪明的人。"那人说。

"可是这个星球上只有你一个人啊，你又跟谁比呢？"小王子感到奇怪。

"劳驾，你就照顾一下我的面子吧，就说你很崇拜我！"爱慕虚荣的人期待地望着小王子。

小王子觉得这个人真是讨厌极了。这算什么呀？哪有人会乞求别人崇拜自己？小王子耸了耸肩膀，一脸无奈地对他说："我崇拜你，对你又有什么意义呢？你为什么看重这些表面的东西呢？"

小王子再也不想看到这个爱慕虚荣的人了，他快步离开了这颗星球，一边走一边在心里想："这些大人怎么都这样？真是没治了。"

第十二章
我酗酒是因为我羞愧于酗酒
——第 327 号星球的酒鬼

导读：

    小王子又到了第327号星球，那里住着一个酒鬼。酒鬼整天沉默不言，小王子问他为什么要喝酒，他说是为了忘掉让他感到羞愧的事情，再问他什么事情令他羞愧，他说就是喝酒这件事。

    小王子拜访的第三颗星球是327号小行星，那里住着一个酒鬼。小王子只不过进行了短暂的拜访，却陷入了极大的忧伤之中。这是怎么回事呢？

    小王子到来时，只见那个人沉默不言地坐在那里，面前堆着空酒瓶，还有一堆没有开封的酒瓶。

    "你在干什么呢？"小王子问他。

    "我在喝酒！"酒鬼回答。他的脸上是一副凄惨的表情。

    "你为什么要喝酒呢？"小王子又问道。

    "为了忘掉一些事情。"酒鬼回答。

    "你要忘掉什么事情？"小王子又问。他同情起这个人来，觉得他心里一定藏着什么悲伤。

    "我要忘掉让我感到羞愧的事情。"酒鬼低下了头，老实地承认。

    "你为什么事情感到羞愧呢？"小王子觉得这个人真可怜，一心

想帮助他，他从这种状态中解脱出来。

"我羞愧自己整天酗酒！"酒鬼说完，又沉默了。

你羞愧整天酗酒，那你怎么还喝成这个样子呀！小王子不能理解，他这种行为真是让人又气、又急、又恨。他觉得这个人也真是没得救了，天底下哪有用酗酒来忘记对酗酒的羞愧的？这哪是在羞愧呀，这分明就是在为酗酒找理由嘛。

小王子跟酒鬼也没有什么可说的，只好离开了这里。

"大人都很怪，怪得很，怪得让人不能理解。"在旅行中，小王子常常这样嘀咕着。

第十三章
那些星星都是我的财产
——第 328 号星球的商人

导读:

　　小王子接着去了另一个星球, 这颗星球上住着一个商人。这个商人整天都在计算, 显得非常忙碌。小王子问他在计算什么, 他说他在计算天上的星星, 并且认为那些星星是他的个人财产, 他非常富有。

　　小王子拜访的第四颗星球是第328号小行星, 这颗星球上住着一个商人。

　　商人看上去十分忙碌。小王子到来时, 他都没空抬头看一眼。

　　"您好," 小王子向他打招呼, "您的香烟熄灭了。"

　　可是他似乎顾不上回答小王子的话, 他的嘴里一直在说着一串数字: "三加二等于五, 五加七等于十二。十二再加三, 十五。你好。十五加七, 二十二。二十二加六, 二十八。我没工夫再把烟点着。二十六加五, 三十一。啊哈, 好家伙, 总共是五亿零一百六十二万两千七百三十一。"不能怪他不懂礼貌, 他在那一串数字之间还是回复了小王子的问好呢。只是不仔细听, 就只能听到一串数字。

　　小王子很好奇, 问他: "五亿什么?"

　　商人似乎吃了一惊, 问小王子: "你怎么还在这儿啊? 五亿? 五亿零一百万……哎呀, 又记不清了。我的工作实在太忙了, 你不知

道，我是一个严肃认真的人，哪有闲心跟你说废话呀！我只好重新算一遍了。二加五等于七……"

你们已经知道，小王子一旦提出问题就一定要问到底，从来不放弃。既然商人刚才没有回答他的问话，现在他就继续问："你说的五亿零一百万是什么呀？"

那个忙碌无比的商人终于抬起头，看了小王子一眼。他说："我住在这个星球上已经五十四年了，这五十四年里只被打扰过三次。第一次是在二十二年前，不知道从哪里飞来一只金龟子，这家伙嗡嗡、嗡嗡地，吵得我在一项加法计算中出了四个错……"

小王子也不吭声，继续听他说着他的下一次被打扰。他说："第二次是在十一年前，我得了风湿痛，因为我缺少体育运动。但我哪里有时间去做运动呢？运动不就是闲逛吗？我这个人，最大的优点就是认真负责。第三次，第三次就是这会儿，你打扰了我！我说到了总共五亿零一百万……"

"五亿零一百万什么？"小王子绝不放弃他的问题。

这个商人简直要气坏了。遇到这个孩子，他要是不想搭理，根本就无法清静。最明智的做法就是回答这个孩子的问题，尽早让他离开，自己才能继续接下来的计算。

他告诉小王子说："瞧，就是那些小东西，你抬头望望天空就能看得见的。"

"你说的是苍蝇？"小王子疑惑地问道。

"不对，是那些闪闪发亮的小东西。"商人耐着性子回答小王子。

"是蜜蜂吗？"小王子又往下猜。

"不对。是金光闪闪的小东西，那些小东西能够引起一些人胡思乱想呢，尤其是一些懒惰的人。不过，我可是个严肃认真的人！我根本没有闲工夫去胡思乱想。"

"哦！我知道了，是星星！"小王子高兴地叫起来。

"这回说对了，正是星星。"商人似乎也高兴起来。

"你要拿五亿颗星星来干什么呢？"小王子追着问。

"不是五亿颗，是五亿零一百六十二万两千七百三十一颗星星。我说过几遍了，我是个严肃认真的人，干什么都讲究准确，数字不能说错。"商人纠正说。

"这么多星星，你拿来干什么呀？"小王子对这个问题紧追不舍。

"我拿来干什么？"商人感到小王子的问题有些奇怪。

"是啊。你计算这么多星星干什么呢？"小王子还没有得到答案呢，当然要问清楚了。

"我哪里要拿它们做什么。我什么也不干，就是拥有这些星星。"商人说。

"你拥有这些星星？"小王子的脸上写满了问号。

"对。"商人很肯定地说。

"可是，我遇见过一位国王，他说他统治着宇宙……"小王子告诉商人。

"那些国王哪会拥有星星呢？他们只是统治。拥有和统治，这两者差别大着呢。"商人解释说。

"你拥有这些星星，究竟有什么用呢？"小王子还是不懂。

"当然有用。拥有了这些星星，我就变得很富有啊。"商人兼财迷说。

"你要那么富有干什么？"小王子完全不能理解这个人的想法。

"如果有人发现了新的星球的话，我可以去购买，让它成为我的星星。"

现在，小王子觉得这个商人的做法就跟那个酒鬼差不多，让人莫名其妙。

但是他心里还有许多好奇，他不断地对商人问这问那："怎么才能够拥有这些星星呢？"

商人已经没有什么耐心了，他本来就是个脾气暴躁的人。他粗声大气地问："你是要问我这些星星归谁所有吧？"

"我也不知道，但我想这些星星应该不归任何人所有。"小王子回答他。

"那就归我所有！因为我第一个想到要占有它们！"商人理直气壮。

"就这么简单？这样想就行了？"

"当然了。你要是发现了一颗宝石，又没有别人说是他的，那就是你的了。你如果发现了一个海岛，也没有人说是他的，那就归你所有。如果你头脑中有了什么创意，别人都没有想到，你就可以去申请专利，这个创意自然就归你专有了。我就是想拥有这些星星。在我之前，从来没有人说过这些星星归属于谁啊。是我第一个想到的，自然就应该归属于我！"

小王子想了想，觉得他说的是事实，又问道："那么你要这些星星有什么用呢？"

"我管理它们啊。我要计算，还要核算。这工作很难做，但是我可以做到，因为我是个严肃认真的人！"商人不知道说了多少遍他是个严肃认真的人了。

小王子对他的回答还是不满意。他对商人说："我的想法跟你可不一样。如果我有一条围巾的话，我就把它围在脖子上，走到哪儿都围着。如果我有一朵鲜花，我就把它摘下来，插在胸前，走到哪儿都戴着。可是你呢？你说你拥有那些星星，你能够上天去摘下来，随身带着吗？"

"那当然不可能，但是我可以把它们存入银行啊。"商人说。

"存入银行是什么意思？"小王子问。

"嗯，就是，就是我用一张纸条写下我那些星星的总数，然后把这张纸条锁在银行保险柜的一个抽屉里。"

"这样就可以了吗？"

"这样已经够了！"

"真有意思，"小王子心里想，"这样做还是很有诗意的，但是这件事情实在有些滑稽，实在是不严肃，也不正经。"

究竟什么是严肃正经的事情呢？小王子的看法与大人是大不相同的。

"我呀，"小王子接着对商人说着他拥有的东西，"我拥有一朵很独特的花儿，每天都给她浇水；我还拥有三座火山，每周都给它们疏通喷发口。三座火山中有一座是死火山，我也照样保持火山口通畅，以防它突然喷发呀。你看，我拥有火山，我对火山也有用；我拥有那朵花儿，对那朵花儿也有用。可是你呢，你说你拥有星星，但你对那些星星有什么用呢……"

商人张口结舌，一时不知怎么回答小王子的话。

小王子觉得跟商人再也没有什么可聊的，于是扬长而去。

"唉，"他叹了一口气，"这些大人们真无聊。拥有星星？真是异想天开！"他走在旅途上自言自语。

第十四章
每分钟看一次日落的星球
——第 329 号星球的点灯人

导读：

　　小王子去拜访的第五颗星球上，只有一盏路灯和一个点灯人，因为这颗星球实在太小了。点灯人每过一分钟就要点一次灯、灭一次灯，所以他才对小王子说早上好，接着又说晚上好。他每天被这件事情折磨得无法休息，十分痛苦。

　　小王子接下来去拜访第329号小行星，这是他拜访的第五颗星球。

　　这颗星球特别有意思，它是所有星球中最小的一颗，一盏路灯和一个点路灯的人就把星球占满了。

　　小王子真是想不明白，在这浩瀚的太空中，这样一颗小小的星球上，既没有房子也没有居民，为什么要立一盏路灯，还要派一个人来点灯呢？究竟有什么作用呢？

　　小王子来到这颗星球，看到这种情景，就不由地想到他拜访过的其他星球。他在心里把他们进行了比较："这个点灯人很可能是个荒唐的家伙，但是他应该没有那位国王、那个爱慕虚荣的人、那个商人和那个酒鬼那么荒唐。至少，他点灯的这项工作还是有意义的。他点亮了这盏路灯，就会使宇宙多了一颗闪亮的星星，或者是多了一朵花儿。他如果熄灭了路灯，就好像让星星或者花儿睡觉了。这样一想，这件工作还是有意义的呢，是一件了不起的工作。既然了不起，那就确实有用处。"

小王子到达这颗星球后，非常有礼貌地向点灯人问好："早上好。你刚刚把路灯熄灭了，请问这是为什么？"

"这是指令啊。"点灯人回答，"早上好。"

"什么是指令？"小王子问。

"指令就是指示我把路灯熄灭啊。"现在路灯熄灭了，星球变成了晚上。点灯人对小王子说："晚上好。"

接着，他又把路灯点亮了。

小王子问："你怎么又把路灯点亮了？"

点灯人回答："这是指令。"

"我不明白。"小王子望着点灯人。

"这没有什么不明白的，"点灯人说，"指令就是指令，我只是服从指令而已。早上好。"

刚对小王子说完"早上好"，点灯人又把路灯熄灭了。

他拿出一块红方格手帕，擦拭他头上的汗水。看样子这活儿让他挺辛苦的。果然，他说："这活儿能把人累死。从前不是这样的，从前是：早晨熄灯，晚上点灯，余下的时间都是我的休息时间，我白天休息，晚上也可以睡觉……"

"后来呢，指令变了吗？"小王子好奇地问。

"指令倒是没有变，但是这颗星球自转一年比一年快，这才糟糕呢！"点灯人抱怨说。

"自转快了又怎么样？"小王子问。

"它每分钟就要自转一周，我就要每分钟点一次灯，再熄一次灯。我忙得连喘息的时间都没有啦！这还不糟糕吗？"点灯人简直委屈死了。

小王子笑了："这也太逗了。你这里，一天的时间就是一分钟！"

点灯人苦笑道："这一点儿也不逗。我们说话这点儿时间，就已经过去一个月了！"

"啊？都一个月了？"小王子吃惊地问道。

"是啊，三十分钟正好是三十天。"点灯人说完又熄了灯，对小王子说，"晚上好。"

刚说完"晚上好"，点灯人又点亮了路灯，说："早上好。"

小王子觉得这颗星球实在太有意思了。他觉得点灯人工作一丝不苟，完全忠于他的职守，心里喜欢起这个人来。他想起了从前在自己的星球上，拖着椅子追赶落日的情景，就想帮一把这个点灯的朋友。

"嗯，我知道有一种办法能够让你想休息就休息……"

"我一直想休息。你有什么好办法？"

不断工作，让点灯人疲惫不堪。即使他忠于职守，他也想稍稍休息一下。

小王子说："你的星球这么小，三大步就能环绕一周。你可以走慢一点儿，总能照到太阳。你想休息的时候，就这么慢慢走，那么一天的时间你想要它多长它就有多长。"

"可是生活中，我最喜欢的是睡觉！是休息！你说的这个方法对我没有什么用啊。"点灯人说。

"你肯定没有时间睡觉。"小王子老实说。

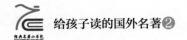

"是啊，没有时间睡觉。"点灯人点上灯，"早上好。"

他说着，又熄灭了灯，说："晚上好。"

小王子离开点灯人，上路了。他一边走一边想："那些人，那位国王、那个爱慕虚荣的人、那个酒鬼、那个商人，他们一定会瞧不起点灯人做的这份工作。但我觉得在他们所有人中，只有这个点灯人不是愚蠢可笑的，因为他所做的一切不是为了他自己。"

小王子又长长叹了一口气，心里感觉有些遗憾。你问我他为什么遗憾？因为他很想和点灯人交朋友。只是那个星球实在太小了，容不下他们两个人啊。

不知道你们有没有看出来，小王子离开那里还有一个重要原因，他没有勇气说出来。想一想吧，那是个什么原因。想不出来？那你不妨告诉大家——小王子其实很害怕在二十四小时内看到一千四百四十次日落！虽然他很喜欢看日落，但一个人每分钟看一次日落也会厌烦的。你们同意我的说法吧？换作是你，喜欢每分钟就看到一次日落吗？

第十五章
我们记载的是永世长存的事物
——第 330 号星球的地理学家

导读：

　　小王子拜访了第六颗星球，这里住着一个地理学家，但他却不知道他的星球上有没有海洋，有没有山脉。他认为，调查地理情况是探险家的事情，他的工作就是负责记录别人口述的地理情况，然后编成地理书。

　　小王子去拜访的第六颗星球是第330号小行星。这颗星球比小王子前面拜访的所有星球都要大，大约是点灯人所在星球的十倍。

　　这颗星球上住着一位老先生，他正在撰写一本很厚的书。

　　"咦！来了一个探险家！"老先生一看见小王子，就高声说道。

　　小王子走了很长的路，非常累了，一下子坐到老先生的桌子上，喘了喘气。

　　"你从哪儿来呀？"老先生问道。

　　"哇，这么厚的一本书，是什么书啊？"小王子没有回答老先生的问题，反而向老先生提问，"您在这里干什么呀？"

　　"我是地理学家。"老先生回答说。

　　"地理学家是干什么的呀？"小王子好奇地问。

　　"地理学家是学者。他得知道海洋江河的位置，也要知道城市、山脉和沙漠的位置。"地理学家回答说。

"哦，这倒很有意思呢。"小王子显得高兴，"我总算见到一种真正的职业了！"

稍微休息了一下，小王子开始打量起地理学家居住的这颗星球来。他四面望望，觉得这颗星球真是壮美，他还没有见过这样壮美的星球呢。

小王子不由得赞叹说："您这颗星球真美呀。这里有海洋吗？"

"我不知道。"地理学家回答。

"啊？"还说自己是地理学家呢，连自己星球上有没有海洋都不知道！小王子有些失望。他又问道："那么，请问您这里有山脉吗？"

"我不知道。"地理学家回答道。

小王子更是失望，但他还是不死心，继续追问："那么，您这里有城市、河流、沙漠吗？"

"我也不知道。"地理学家还是照样回答，并且不为这样的回答脸红。

小王子叫起来："可您是地理学家呀，怎么能不知道这些呢！"

"没错，"地理学家说，"但我不是探险家。我这里根本没有探险家。去勘察统计那些城市、山川、河流、海洋和沙漠，这不是地理学家应该干的事情。地理学家的工作特别重要，不能到处乱跑。他不能离开办公室，而应该在办公室里接见勘察者和探险家，向他们询问各种情况，再把他们的回忆详细记录下来。如果他们当中的哪个人引起了地理学家的兴趣，地理学家还要考察他的品德。"

"为什么还要考察人家的品德？"小王子不解地问。

"因为如果探险家或者勘察者说了谎的话，会给地理学家的书造成灾难性的后果的。如果地理学家遇上总是喜欢喝酒的探险家，那就是地理学家的灾难。"

"为什么？"小王子问。

"因为醉鬼看东西是双影的。如果地理学家记录下他的叙述，就会把只有一座山的地方记录成两座山了。"

"哦，是这样的呀。"小王子似乎明白了，这让他想起了曾经去拜访过的酒鬼。他说："我认识一个人，要是让他勘察，准会坏事的。"

"那很有可能。因此，即使探险家的品德看起来不错，我还是要调查他的发现。"地理学家说。

"您怎么调查呢？去实地考察吗？"小王子问。

"不是的，那样太麻烦了。我只要求那个探险家提供证据就可以了。例如他发现了一座大山，那就要求他从那山上带一大块岩石回来。"

说到这里时，地理学家像想起了什么，忽然兴奋起来。他说："对呀，你是从遥远的地方来的，你也是探险家呀！请你向我描述描述你那颗星球吧。"

地理学家已经迫不及待地打开了笔记本，还削尖了铅笔。他总是先用铅笔记录探险家的口述，等他们提供了物证之后，他再用钢笔把那些口述誊写出来。

"请你谈一谈吧。"地理学家催促着小王子。

"哦，我那星球，谈起来没有多大意思，您一定不会感兴趣的。"小王子说，"我的星球就只有一点点大，上面有三座火山，其中两座是活火山，一座是死火山。死火山会不会喷发，还很难说呀。"

"是很难说。"地理学家表示同意。

"我还有一朵花儿呢。"小王子继续叙述。

"我们不记录花卉。"地理学家强调。

"为什么不记录呢？我的那朵花儿可是最美的花儿呢！"小王子反驳说。

"因为花儿转瞬即逝。"

"'转瞬即逝'是什么意思？"

"地理学著作是所有书籍中最严肃的书，永远都不会过时。我记录一座高山，是因为高山很难移动位置。我记录一片海洋，是因为海洋一般不会干涸。记录进我的地理书的，都是永世长存的事物。"

"也不能这样说呀，死火山还会活过来呢。"小王子不同意地理学家的说法。不过，他不再纠结这个话题了，他有他的问题要问——

"'转瞬即逝'究竟是什么意思啊？"

"火山休眠了也好，苏醒了也罢，它始终是一座山，而山是不会移动位置的，是一直都在那里的。这才是我们地理学家关注的问题。所以活火山和死火山在我眼里是一回事。"地理学家解释说。

"可是，'转瞬即逝'到底是什么意思啊？"小王子一再追问。他向来如此，一旦提出一个问题就绝不放弃。

"就是受到了威胁，即将消逝。"地理学家不得不回答小王子的问题。

"难道我那朵花儿也受到了威胁，即将消逝吗？"

"那当然了。"

"我的花儿会转瞬即逝。她只有四根刺可以保护自己，而我却把她独自丢在家里！"小王子心里想。

这是他离开自己的家园后头一次感到后悔，但是既然已经离开这么远了，后悔有什么用呢？他鼓起勇气问地理学家："请你指点一下，我应该去哪里访问呢？"

"去访问地球吧，"地理学家说，"那颗星球的名声不错……"

小王子又上路了，他要根据地理学家的指点去拜访地球。可是，他心里一直在惦念着他的那朵花儿。

第十六章
地球上的点灯人大军

导读：

地理学家推荐小王子去拜访地球。地球可是一颗不同寻常的星球。地球上的人很多，地球上需要的点灯人也很多，如果要统计地球上究竟有多少点灯人，那可得用"点灯人大军"来形容。这支点灯人大军动作整齐、协调，有序出场，从不出错。

小王子要拜访的第七颗星球是地球。地理学家告诉小王子说地球的"名声不错"，其实那是他对地球不了解，地球可不只是"名声不错"这么简单，地球实在是一颗不寻常的星球！让我们来看看这些数据吧。

地球上有一百一十一位国王（当然也包括黑人国王）、七千位地理学家、九十万个商人、七百五十万个酒鬼、三亿一千一百万个爱慕虚荣的人。也就是说，地球上的成年人大约有二十亿个。

为了让你们对地球的大小有个概念，我要告诉你们，在发明电灯之前，六大洲要使用路灯照明，共需要四十六万两千五百一十一名点灯人，真正可以构成一支大军了。

让我们拉开一段距离来观察这支点灯大军吧。你从远处眺望，那场面真是蔚为壮观呢！这支点灯大军动作协调一致，比舞台上芭蕾舞演员的舞姿还要整齐。首先登台的是新西兰和澳大利亚的点灯人队列，他们迅速点亮了路灯，然后就回去睡觉了。接着，中国和西伯利亚的点灯人上场了，他们用整齐的动作点亮路灯之后也退场了。然后轮到俄罗斯和印度的点灯人，接踵而来的是非洲和欧洲的点灯人，南美洲与北美洲的点灯人。他们一队接着一队，按顺序出场，没有丝毫差错。那场景真是波澜壮阔、气势恢宏。

当然，地球上还有少数懒散的点灯人，他们过着很无聊的生活。这也不能怪他们，因为地球的南极只有一盏路灯。同样，地球的北极也只有一盏路灯，每年只需要点亮两次。所以，那两个地方的点灯人当然会很无聊了。

第十七章
你的样子好奇怪

导读：

　　小王子来到地球。由于他降落在沙漠上，所以没有见到任何人。沙漠上还有别的生命，小王子见到了一条蛇。他从来没有见过蛇的样子，所以觉得蛇的样子很奇怪。他跟蛇打招呼，还告诉蛇他很孤独。蛇告诉他，人类也很孤独。

　　你们要知道，一个人要想让自己显得风趣一点的时候，说话往往会有点夸张，有点失真。我对你们讲点灯人的事情时，就没有实事求是，很可能让那些不了解地球的人产生误解。地球确实很大，但地球上人类占用的空间却不是那么大，甚至可以说只占用了很小的一部分。如果让地球上的所有人都聚集在一起的话，就是像那种群众聚会，大家密集地站在一起，所需要的空间有多大呢？一座长二十英里、宽二十英里的足球场就够了。这么大的足球场就能容得下地球上所有的二十亿人。再举个例子，太平洋上最小的岛屿都足够人类全部聚集在一起。

　　当然，你们对那些大人这样说，他们是不会相信的。他们自以为占有很大的地盘，高傲地认为他们能够像猴面包树那样顶天立地，哪里会承认他们只需要占据地球上的一小块地方？这时候你们可以建议他们算一笔账。因为大人都崇拜数字，都喜欢与数字打交道。不过你们可不能把时间浪费在这种无聊的事情上，与数字打交道毫无意义。不要有任何怀疑，你们尽管相信我好了。

小王子登上地球后没有见到一个人，这使他十分惊讶。他已经开始担心他走错了星球。这时，他看见一只淡黄色的环形动物在沙子上蠕动。

"晚上好。"小王子贸然地打了一声招呼。

"晚上好。"蛇应声回答。

"我这是落到哪颗星球了？"小王子问道。

"你落到地球上了，这里是非洲。"蛇回答。

"啊！那，为什么地球上一个人都没有啊？"小王子问。

"这里是非洲的沙漠，沙漠里当然渺无人烟了。地球大着呢。"蛇说。

小王子走到一块石头面前坐下，仰望着天空。

"我在琢磨，"小王子幽幽地发声，"那些星星闪闪发亮，大概就是为了让每个人有一天都能找到属于自己的那一颗吧？你快看，我的那颗正好在我头顶上呢……不过，这距离可真远啊！"

蛇抬头看了看小王子指着的那颗星，然后说："你那颗星很美。但你到这儿来干什么？"

"我，我跟我的一朵花儿闹了别扭。"小王子小声回答。

"哦！"蛇随口应了一声，似乎对小王子与花儿闹别扭这事不感兴趣。

他们俩都不吭声了，沉默着。

"地球上的人都在哪儿呢？"小王子终于又开口问道，"在沙漠里，我感到有点孤独……"

蛇却说："你在人类那里同样会感到孤独。"

小王子凝视着蛇，过了好一会儿才说："你的样子好奇怪，身子跟手指头一般细……"

"我比国王手指头的力量要大得多。"蛇严肃地说。

"你能有什么力量呢？你连腿脚都没有，想去旅行也去不了啊。"小王子微微一笑说。

"哎，我要让你看看，我能够带着你去旅行，比一条船走得还要远！"蛇说。

只见蛇往前一卷，就缠到了小王子的脚脖子上，就像小王子戴了一只金脚环。

"如果土生土长的人被我碰到，我就会立即咬死他，送他回土里去。"蛇有些凶狠地说，"但是，你是这么单纯、天真的一个人，又是从另一颗星球来的……"

小王子似乎在想蛇的话。

蛇又说："我真是很可怜你。你这么弱小，孤身一人来到这岩石

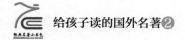
构成的地球上。你如果哪天特别想念你自己的那颗星球了，我可以帮你。我可以……"

"哦！我完全明白你的意思，"小王子打断蛇的话，"为什么你讲起话来不直接一点呢？总像打谜语似的。"

"所有的谜语，我都能知道谜底。"蛇回答。

他们俩又无话可说，沉默下来。

第十八章
人都在哪儿呢

导读：

　　小王子一路寻找有人类的地方。他穿越沙漠时遇到了一株花儿，便向花儿打听人类在哪里。花儿却因为也没怎么见过人类，就说人类因为没有根，不能生长在土地上，只能到处漂泊。

　　小王子告别了蛇，穿越沙漠，一路上只遇到了一株花儿。那花儿只有三瓣花瓣，看上去很不起眼。

"你好。"小王子向花儿问好。

"你好。"花儿回礼。

小王子非常有礼貌地问："人都在哪儿呢？"

从前，这朵花儿曾经看见过一支商队从这里经过，所以回答道："人嘛，确实有六七个。好多年前，我见过他们。不过，天才晓得现在到哪里能找到他们呢。他们随风四处漂泊，不像我能够在这里扎根，他们没有根啊，所以活得很累。"

"别了。"小王子不想再听这株花儿说什么了，与花儿告别。

"别了。"花儿也说道。

第十九章
这个星球好古怪呀

导读：

　　小王子登上了一座高山，对着高山问好，但是他对高山说什么，高山从不回答，只是重复他说的话。这让他觉得很没意思。在他的星球，至少还有那朵花儿同他说话呢。

　　小王子一路走着，前面有一座高山，他登上了山。直到看见这座真正的山之前，他只看过他的星球上那三座火山，那三座山的高度跟他膝盖差不多，其中那座死火山，他还用来当小凳子坐。

　　"登上了这座真正的高山，我就能看见整个星球和所有的人了。"小王子心想。

　　不料他什么也没有看到。这座山的周围还是山，一座山连着一座山，满眼全是峻峭的山峰。

　　他已经习惯向他遇到的任何事物问好，因此，他对着高山随意喊了一声："你好。"

　　"你好……你好……你好……"四处传来回音。

　　小王子急忙问："你是谁？"

　　"你是谁……你是谁……你是谁……"四处传来这样的问话。

　　"做我的朋友吧，我太孤单了。"小王子恳求说。

　　"我太孤单了……我太孤单了……我太孤单了……"回答与他的

话相同。

　　小王子不知道该说什么了，他想："这个星球好古怪呀。先是一片沙漠，到处干旱，这里又全是尖尖的山峰，充满了咸味儿。这里的人太缺乏想象力了，只会重复别人对他们说过的话……唉，真没有意思。在我的家园，至少还有我的花儿跟我说话呢，她总是主动地跟我说话。"

第二十章
我们都是玫瑰花

导读：

　　小王子长途跋涉，希望找到人类居住的地方。这天，他终于见到了一座玫瑰园，他向玫瑰们问好，惊讶地发现这些玫瑰与他的那儿花儿像极了。他心里有些痛苦，因为他心目中那朵独一无二的花儿其实只是一朵普通的玫瑰。

　　小王子穿越沙漠，攀过高山，越过岩石，涉过雪原，经过长途跋涉，终于看见了一条大路。大路一定是通向人居住的地方的，小王子觉得他很快就能见到人类了。

　　小王子首先看到了一座盛开着玫瑰的玫瑰园。他习惯性地发出问候："你们好！"

　　"你好！""你好！""你好！"玫瑰纷纷回应他。

　　小王子目不转睛地看着这片玫瑰园，觉得她们像极了他的那朵花儿。

　　"你们是谁？"他吃惊地问道。

　　"我们都是玫瑰花呀。"花儿们齐声答道。

　　"啊！"小王子发出一声感叹，再也说不出话来。

　　他的花儿曾经告诉过他，她是全宇宙独一无二的花儿。可是眼前这个玫瑰园里，全是和她一模一样的花儿。嗯，这里大约有五千朵呢！

　　他现在知道他的那朵花儿名字叫玫瑰花，他的花儿并不是全宇宙独一无二的花儿。这让他觉得自己既悲哀又不幸，他曾经为她感到无比骄傲呢。

　　小王子心想，要是他的花儿来到这里，看到这么多和她相同的花儿，一定会气得要命。她要么不断地咳嗽，要么会说她不想活了。她曾经以为自己是这个宇宙的唯一，却不想她只是其中之一。她是那么高傲的一朵花儿，哪里会受得了这个呢。

　　"我还不能告诉她我看到了这么多与她一样的花儿，还要继续关心她，照顾她，假装承认她是这世上的唯一，要不然她还真会死给我看，让我感到终身遗憾……"小王子的心里充满了痛苦。

"我本来以为自己是天下最富有的人呢，因为我拥有一朵独一无二的花儿，现在我才知道，她不过是一朵普通的玫瑰花。我的全部财富不过是我那朵花儿，还有三座只有膝盖高的火山，其中一座还有可能永远都不会喷发。我只有这么一点儿可怜的家当，根本不可能成为一个有名的王子……"

想到这里，小王子扑倒在地，放声大哭。

第二十一章
求驯养的狐狸

导读：

　　小王子遇到了狐狸，狐狸因被猎人追捕而苦恼。他喜欢小王子的星球，因为那里没有猎人，但不喜欢那里没有他喜欢吃的鸡。他希望和小王子建立一种关系，请求小王子驯养他，这样小王子就要对他负责，能够陪伴他。狐狸对小王子说："本质的东西，眼睛是看不到的。"这句话对小王子具有很大的启发。

　　小王子正哭得伤心时，一只狐狸出现了。

　　狐狸向他打招呼："你好。"

　　"你好。"小王子礼貌地回答。他转过身去向后看，但什么也没有看到。

　　"我在这里，在这边的苹果树下面。你看到苹果树了吗？"那声音说。

　　小王子终于看见了苹果树下的狐狸。他问："你是谁呀？"不等对方回答，他就夸赞起来，"你好漂亮啊……"

　　"我是狐狸。"狐狸回答。

　　小王子建议道："你过来跟我玩吧，我现在很伤心……"

　　狐狸却说："我不能跟你玩，因为我不是驯养的动物。"

　　"哦，对不起，我不知道。"小王子说。

他刚才听到狐狸说"驯养"，就问："你能告诉我'驯养'是什么意思吗？"

狐狸向他看了看，说："原来你不是本地人。你到这里来干什么？"

小王子说："我到这里来找人。请你告诉我'驯养'是什么意思。"

"你是来找人的呀？这里的人全都有枪呢，他们经常出去打猎。你知道，他们打猎会给我造成很大的麻烦！不过，他们也饲养鸡，这是他们做的唯一有意义的事情。我喜欢鸡。你找母鸡吗？"狐狸说着猎人和他们养的鸡。

"我不找鸡，我在寻找朋友。"小王子说。他那种打破砂锅问到底的劲儿又上来了。他问，"你说的'驯养'究竟是什么意思啊？"

看来狐狸躲不过这个问题。他说："'驯养'就是'建立关系'。"

"建立关系？"小王子重复着这几个字。

"是的，就是建立关系。比如说我和你吧，对我来说，你就是一个小男孩，同其他小男孩没有什么区别。我不需要你，你也不需要我。同样，对你来说，我只是一只狐狸，同别的狐狸没什么不同。但是，如果你驯养了我，我们之间就建立了一种关系……"

"什么关系？"小王子疑惑地问。

"彼此需要的关系啊。从此以后，你是我在这世上的唯一，我也是你在这世上的唯一……"狐狸进一步解释道。

小王子忽然想起了他的花儿。他说："我有点明白了。我有一朵花儿，我们之间彼此需要，她驯养了我……"

"这是很有可能的，"狐狸分析说，"地球上形形色色的事情多着呢……"

"嗯。不过，我跟花儿的事情不是发生在地球上的。"小王子解释道。

狐狸十分惊讶："你生活在另一颗星球上？"

"对。"

"你那星球上有猎人吗？"

"没有。"

"那可太好了！"狐狸兴奋地说。他又问："你的星球上有鸡吗？"

"也没有。"

"唉，我就知道世界上没有十全十美的事儿。"狐狸叹了一口气。狐狸是很现实的，一个星球上没有猎手实在是太好了，他不用整天东躲西藏，防着猎人的猎枪；但是如果没有鸡，那就算不上是好地方，他没有东西可吃啊！

狐狸想起自己的生活，抱怨说："我的生活既单调又乏味，真是太没有意思了。我去偷吃人们养的小鸡，人家就要猎杀我。在我眼里，所有的小鸡都一模一样，所有的人也都一模一样。我真有点厌烦这样的生活了。不过，如果你驯养了我，我的生活就大不相同了，我会感到生活充满了阳光。我会熟悉你的脚步声，隔老远就知道你来了。但是，如果听到别人的脚步声，我就要钻回地洞里躲起来。你的脚步声就像是我的美妙音乐，能够使我从地洞里飞奔出来，来到你身边。"

狐狸停顿了一下，指着远处的麦田说："你看，那里长着小麦，我又不吃面包，小麦对我毫无用处。不过，小麦是金色的，你的头发也是金色的，这会让我想起你来。如果你驯养了我，我就会觉得金色是一种漂亮的颜色，我也会喜欢上风吹麦浪的声音……"

狐狸不说话了，睁大眼睛凝视着小王子，好一会儿之后，他说："求求你，驯养我吧！"

小王子见狐狸乞求地看着他。他是个心软的人，也就同意了。他说："我可以驯养你，但是我没有多少时间陪你，我还要去发现新的朋友，认识新的事物呢。"

狐狸说："人只能认识自己驯养的东西，再也没有时间去认识别的什么了，他们只是有时去商店里购买需要的东西。但是，世界上没有哪个商店会提供朋友这种商品，所以人也就不可能有什么朋友。如果你真想有个朋友，那就驯养我吧！"

人都说狐狸狡猾，你看，还真是这样。他对小王子这样说，完全是出于私心。人哪会没有朋友呢？朋友也不是从商店里买来的。他故意这样说，就是要误导小王子，只有他才能做小王子的朋友。

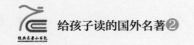

小王子问狐狸："我要怎样做呢？"

狐狸说："首先你对我要非常有耐心。你先离我远一点，好，就是这个距离，你坐在草地上。我们不要讲话，讲话反而容易引起我们之间的误解。就这样让我看着你，我斜着眼、正着眼，怎样的眼神看你都行，只要我愿意。当然，你可以每天离我近一点……"自私的狐狸对小王子提出了许多要求。

第二天，小王子又来了。

狐狸又开始提他的要求："你每天最好在同一时间来看我，这样才能让我感到快乐。比如说，我让你四点钟来，三点钟的时候我心里就会充满期待，越接近你来的时间我就越喜悦。但是，如果你过了四点还不来，我就会焦虑，就会躁动不安，就会想到你这是在让我为幸福付出代价！"

小王子有些吃惊地望狐狸，狐狸继续说："如果你今天这个时间来，明天那个时间来，我就不知道什么时候该高兴，什么时候该不高兴，无法酝酿我的情绪……所以，你必须遵守常规。"

"什么是常规？"小王子问道。他不是地球人，他不了解地球上有那么多规矩。

"你真是什么也不懂。关于常规，举个例子说吧，那些猎人就有一种常规：每个星期四，他们会在村子里同姑娘们跳舞，就不会出来捕杀我了，星期四对我来说就是一个美好的日子。在这一天，我可以到处游荡，甚至到葡萄园里去吃葡萄。如果猎人跟姑娘们跳舞的时间不固定，也就是说没有了常规，我就要时刻小心他们来找我的麻烦，我的日子就难过了。"

小王子驯养了狐狸，但是小王子要启程离开这里了，狐狸感到难过。

狐狸说："唉，你走，我会哭的……"

小王子说："那要怪你自己。我没有要你伤心的意思，可是你非要我驯养你……"

"当然，你遵从了我的要求。"狐狸说。

"那你为什么还要哭？"小王子说。

"我当然要哭了。"狐狸说。

"你让我驯养你，对你其实并没有什么好处，你并没有得到什么。"小王子说。

"谁说我没有收获？看到麦子的金黄色，我心里就会想到你。"狐狸说，"你走之前再去看看那些玫瑰花吧，你就会知道，你的那朵玫瑰花其实就是独一无二的。然后，你再回来跟我告别。到时候，我要把一个秘密当作礼物送给你。"

小王子去跟那些玫瑰花告别。他对她们说："你们一点都不像我的那朵玫瑰花，因为我驯养了我的玫瑰花，我的玫瑰花也驯养了我。你们没有被谁驯养过，而你们也没有驯养过任何人。所以，我的玫瑰花是与你们不同的。你们就像我认识的那只狐狸，在认识我之前，他同世上千万只普通的狐狸没有什么不同，但自从跟我交上了朋友，被我驯养了，他就是这世上独一无二的狐狸了。"

玫瑰花们听了小王子的话，都显得很尴尬，不知道说什么好。

小王子又说："你们都非常美丽，但是你们生活得没有意义，你们都很空虚，没有人会为你们舍得牺牲自己的性命。我的那朵花儿就不同了，我为她付出了很多，我给她浇水，我用玻璃罩呵护她，我还

用屏风给她挡风，我也为她杀死过毛毛虫。她常常对我抱怨，她也很骄傲，有时我还会倾听她的沉默。总之，我为她做了一切，就因为她是我的玫瑰花。"

告别了玫瑰花，小王子又来跟狐狸告别。他说道："别了！"

"别了！"狐狸答道。接着，他说出了他想告诉小王子的秘密，"人只能用心去观察。本质的东西，眼睛是看不到的。"

"本质的东西，眼睛是看不到的。"小王子重复了一遍，他要把这句话牢记在心里。

"为了你的那朵玫瑰花，你花费了时间和精力，她对于你就变得非常重要了。"狐狸说。

"为了我的那朵玫瑰花，我花费了时间和精力……"小王子又重复了一遍，以便牢记在心。

"经你手驯养过的，你就要永远负责。所以，你一定要尽心尽责地对待你那朵玫瑰花。"狐狸像个老师，不断教导着小王子。

小王子犹如一个听话的学生，重复着狐狸老师的话："我要尽心尽责对待我的那朵玫瑰……"

第二十二章
忙碌的火车扳道工

导读:

　　小王子遇到了火车扳道工。他看见火车呼啸而过，就问扳道工车上的旅客急着去寻找什么，扳道工说不知道。人们既然不知道自己要寻找什么，为什么要那么急着赶路呢？

　　小王子与火车扳道工在小木屋相遇了。

　　"你好。"小王子问候他。

　　"你好。"扳道工回应他。

　　小王子不知道扳道工是做什么的，问他："你在这里干什么？"

　　扳道工答道："我正在调度装满旅客的火车。火车过来时，我要引导它们往哪边走。你看，我时而让火车走这条道，时而让火车走那条道。"

　　正在此时，一列灯火通明的火车呼啸而来，发出的声响如雷鸣，震得扳道工的小木屋浑身发抖。

　　小王子好奇地问道："火车走得这么匆忙，车上的旅客是要去寻找什么？"

扳道工说："不知道啊。火车司机都不知道旅客们要去干什么，他只负责把他们送到目的地。"

第二辆灯火通明的列车，向相反的方向呼啸而去。

"咦，他们这么快就回来了？"小王子问道。

"不是，那不是同一列火车，而是对开的两列火车。"扳道工解释说。

小王子似乎没听懂扳道工的解释，依然停留在自己的思维里。他问："他们不喜欢待在他们去的那个地方吗？"

"人肯定不愿意总待在一个地方的。"扳道工回答。

这时候，第三列灯火通明的火车又沿着第一列火车的路线轰隆隆地快速行驶而过。

小王子有些看不明白了，问道："这火车上的乘客是在追赶第一列火车上的乘客吗？"

"他们什么也不追赶，他们在车厢里，不是打哈欠就是睡觉。只有小孩子对外面的世界好奇，他们把脸贴着窗户，挤扁了鼻子向外看呢。"扳道工说。

小王子感叹地说："也只有小孩子才知道自己要寻找什么。他们喜欢一个布娃娃就会总抱在怀里玩，这个布娃娃对他们非常重要。如果有一天布娃娃被别人抢走了，他们就会急得大哭的……"

扳道工对此说法表示同意。他说："孩子们真是幸福啊！"

第二十三章
卖止渴丸的商人

导读：

　　小王子遇到了一个卖止渴丸的商人，商人说吃了他的止渴丸，人一个星期都不会感到口渴，就会节省很多时间。小王子问他省下来的时间干什么，他说可以做各种事情。小王子觉得，如果有这些时间，他还是愿意去找一个地方喝水。

　　小王子遇到了地球上的商人。

　　"你好。"小王子问候商人。

　　"你好。"商人回应他。

　　这个商人推销的商品是一种精心制作的止渴丸，号称人只要服用一粒，一个星期都不会感到口渴。

　　小王子问："你为什么卖这种东西呢？人渴了喝点水不就行了吗？"

　　"你不懂，"商人说，"这样就大大节省了时间。专家计算过，吃了止渴丸，每星期能节省出五十三分钟的喝水时间。"

　　"节省出五十三分钟有什么用呢？"

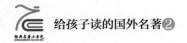

"想做什么就做什么……"

小王子说："如果是我，我才不会买什么止渴丸呢。我为什么连喝水的时间都要节约呢？要是你硬要给我用这五十三分钟的时间，你知道我会干什么吗？"

商人说："不知道，你要用这时间来干什么？"

"我会慢悠悠地向一个饮水池走去——我还是用这时间去喝水！"

第二十四章
水对心灵也是有益的

导读：

　　我被困在沙漠已经八天了，没有饮用水，快要渴死了。小王子同我一起去找水，他说水对心灵是有益的。他认为沙漠中会有一口水井，而我却觉得他太天真了，不过我赞同他的看法——"无论是房屋、星星还是沙漠，都是看不见的东西增添了它们的美丽和神秘。"经过很长时间，我们终于找到了水井。

　　这是我的飞机发生故障之后被困在沙漠的第八天，我一边听小王子讲卖止渴丸的商人的故事，一边喝完了我所带的最后一滴饮用水。

　　我对小王子说："你讲的这些故事都很有意思，但是我的飞机还没有修好，我已经没有一滴水可以喝了。如果能像你说的那样，现在可以慢悠悠地走向一个饮水池，我会非常高兴的！"

　　"我有一个狐狸朋友……"他又开始说。

　　我有些急了："我可爱的小朋友，现在不是提那只狐狸的时候！"

　　他问："为什么？"

　　我提高了声音："因为人快要渴死了！"

　　他不明白狐狸和人快要渴死了有什么关系。他说："人即使要死了，有个朋友也终归是件好事啊。我呢，有过狐狸这个朋友，心里就很知足了……"

　　他不理解我目前的这种危险处境，因为他平时不需要喝水，也不需要吃饭，他只要有阳光照着就能活下去。

　　但是，出乎我的意料，他看了我一眼后便对我说："我也渴了，我们去找一口水井吧。"

　　我对他真是无可奈何。没有在地球上生活过的孩子呀，茫茫沙漠中哪来的水井啊？即使有水井，谁又知道它在哪里呢？他真是太天真了，简直荒唐又可笑。不过，我是必须去找水的，于是我们上路了。

　　我们俩走了好几个小时，一路上都没有讲话。夜幕降临了，天上闪烁着星星。我又饥又渴又焦急，有点发烧了。我恍恍惚惚地望着天上的星星，仿佛进入了梦境。想起小王子说他也渴了的话，我有些好奇。

“你也会渴吗？也需要喝水？”我问。

他并不回答我的问题，只是对我说：“水对心灵也是有益的。”

水和心灵又有什么关系呢？我真是不明白他的话，就没有吭声……我早就知道，问也是白问。

小王子走累了，坐了下来，我也在他身边坐下。沉默了一会儿，他说：“因为一株看不见的玫瑰花儿，星星都如此美丽……”

我回应他：“当然了。”然后就沉默了，眼睛凝望着月光下沙子的波纹。

“沙漠真美啊！”小王子又补充了一句。

是啊，沙漠真美。我一直都喜爱沙漠，坐在沙丘中，虽然什么也看不见，什么也听不到，但是总感觉有什么东西在幽寂中发出光亮。

小王又说道：“沙漠这么美，正是因为在什么地方隐藏着一口水井……”

小王子的话如醍醐灌顶，使我顿时惊讶不已，猛然领悟到这沙漠是神秘而发着光辉的！小时候，我住在一座古老的房子里，传说那房子里埋藏着一批财宝。当然，那些财宝谁都没有发现，或者根本没有人找过。但是这个传说却给这座古宅罩上了一层迷人的色彩。我的住宅深藏着一个秘密，我的心里也深藏着这个秘密，这让我感觉非常神秘。

我对小王子说："是啊，无论是房屋、星星还是沙漠，都是因为看不见的东西增添了它们的美丽和神秘。"

小王子高兴起来，他说："我很高兴你能赞同我那狐狸朋友的看法。"

小王子睡着了，我抱着他继续赶路。我心里很激动，觉得自己

抱着一件无比珍贵的宝物，他是那么脆弱，是这世上最娇贵易碎的宝物。月光下，我仔细端详着他，端详他苍白的额头、紧闭的双眼、在微风中抖动的一缕金色头发。我心想：我看到的仅是他的身体，他最重要的部分——他的心灵，我却看不见……

这时，睡梦中的小王子微微张开嘴，浮现出一丝笑意，可爱极了，我的心里一片柔软。想起他给我讲的故事，体察到他那细致深情的内心：他忠于一朵花儿，那玫瑰花让他付出最纯真的感情，即使在他睡觉的时候，也如一盏明灯照亮他的心田……

他是多么娇弱，多么需要保护啊。就像那油灯，一阵风来就可能被吹灭了。

我就这样抱着小王子，一边走一边想。拂晓时分，我终于发现了那口水井。

第二十五章
快去修你的飞机吧

导读：

　　我们找到的这口水井有辘轳、水桶、井绳，一切齐备。我和小王子都喝了打上来的井水，特别甜。小王子认为，人所寻找的其实可能就是一点点水或一朵玫瑰花。他笑着说，我画什么都不像，并要求我给他的小绵羊画一个嘴套。他说，来到地球一周年了，我知道我们就要告别了，心里很难过。

　　小王子说："人们都挤进快速奔驰的火车里，却不知道自己要追寻什么。所以，他们就躁动不安，在原地乱转……"

　　又补充一句："实在是不值得……"

　　我们找到的这口水井，与撒哈拉沙漠上的其他水井根本不一样。撒哈拉沙漠里的井通常是沙子里挖出的一个坑，而这口井却像村庄的水井。但是这里根本没有村庄，我都以为自己是在做梦。

　　我对小王子说："真是奇怪，这里什么都齐备，辘轳、水桶、井绳应有尽有，好像是专为我们准备的……"

　　小王子笑着，高兴地摸摸井绳，又转转辘轳。

　　辘轳在小王子的转动下吱吱呀呀地响着，好似沉睡了很久，现在伸着懒腰渐渐醒来。

　　小王子兴奋地说："太好了！我们唤醒了这口水井，它现在开始

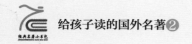

唱歌了……"

我不愿意让小王子累着，对他说："我来打水吧，这活儿太累了，你干不了。"

我缓缓地把打满了水的水桶摇到井沿，再拉上来稳稳地放到了井台上。辘轳的歌声一直萦绕在我的耳畔，我在桶里颤动的水中看见了颤动的太阳。

"我渴了，我要喝这井水，快给我喝吧！"小王子迫不及待。

我突然明白了他在寻求什么！

我提起水桶，送到他嘴边。他闭上眼睛，咕咚咕咚地大口喝起来，像过节时吃着无比甜美的食物，满足又愉快。

这井水非寻常食物可比。它是我们在星光下长途跋涉地寻找，在我们摇动着辘轳，在歌声中用我双臂的力量从井里打上来的水！是多么珍贵的一件礼物，滋润着我干渴的心田，让我欢欣不已！这让我想起了童年时候过的圣诞节——那圣诞树上的彩灯、午夜弥撒的音乐、亲人甜蜜的微笑，都使我收到的圣诞礼物泛着神秘的光彩，在我的心中熠熠生辉。

小王子说："这里的人在一座院子里栽植了五千株玫瑰，但是他们却找不到他们所要寻求的东西。"

"他们是找不到……"我同意他的说法。

"其实他们所寻求的很可能就在一朵玫瑰花上，或者在一点点水里……"

"是的，你说得对。"我说。

"不过，眼睛是盲目的，必须用心去寻找。"小王子补充道。

　　这时候，我也喝足了水，感觉呼吸畅快多了，心情也好多了。

　　旭日的光辉映照在沙漠上，沙漠呈现出蜂蜜的颜色。看到这蜂蜜色的沙漠，心情舒畅又喜悦。这是多么美好的景色，我为什么不慢慢地欣赏，非得着急上火呢？

　　小王子挨着我坐下，慢声细语地说道："你要信守你的诺言。"

　　"什么诺言？"我记不起来对他说过什么诺言。

"你说过，嗯，就是给我的小绵羊画一个嘴套，我得保护好那朵花儿！"他说。

我从口袋里掏出我给他画好的草图，递给他。他看后笑起来，说："你看你画的这哪是猴面包树，分明是卷心菜嘛。"

我倒是有些不好意思了。当时我对自己能够画出猴面包树，还挺得意的呢。

他笑着看着画，指着画上说："瞧你画的狐狸，它的耳朵不像耳朵，像——像两只角……画得也太长了！"他止不住地笑。

我更加惭愧，争辩道："小家伙，你这样说不公平。你知道，我告诉过你的，我绘画的水平就只限于画蟒蛇的平面图和透视图。"

小王子似乎看出了我的尴尬，赶紧说："这样也行，孩子们能看得懂的。"

于是，我用铅笔画了一个嘴套，递给他。这时，我的心里忽然一阵难受，就问他："你能不能告诉我你有什么打算？我还不知道你的想法呢。"

他并没有回答我的问话，只是说："明天，就是我降落到地球上，一周年了……"

他沉吟着，顿了顿，接着说："当时，我就降落在这附近……"他的脸红了。

不知道为什么，我感到莫名的忧伤，我想起当初遇到他的情景，问道："这么说，八天前的那个早晨，我遇见你时，你独自一人在荒无人烟的沙漠里游荡，不是偶然的。你是，你那是正在返回当初的降落地点？"

小王子的脸又红了一下。

我也不知道怎样说，犹豫了一会儿，补充说："也许是因为快到一周年了吧？"

小王子再次脸红了，他从来不回答别人的问话，但是，一个人脸红就意味着他默认了"是的"，你们说是不是这样？

"哦，我有点担心……"

似乎知道我接下来要说什么，小王子截住我的话头："你该去干活儿了，快去修你的飞机吧。我在这里等着你，明天晚上你再回来……"

可是，我心里并不踏实，离别实在是让人伤心的事情，我想起他与狐狸的告别，那告别好艰难啊。看来，如果谁被驯养了，分手时一定会伤心流泪的……

第二十六章
我想，我该回家了

导读：

　　小王子想他的星球了，准备回家了。但是，他已经走了太远的路，已经没有办法再走回去了。他和蛇商量着办法。他们的办法是什么呢？就是蛇把小王子咬死，让小王子的灵魂回到天堂。小王子其实是很害怕的，我更是难受得走不动路。但我还是看到小王子被蛇咬了之后倒下去的情景。

　　头一天，我和小王子在水井那里分手。第二天傍晚，我修好飞机，返回到水井那里。那口水井旁有一段坍塌的旧石墙，我远远看见小王子坐在墙头上，双腿耷拉在半空。

　　他似乎在同谁说话："你记错了吧，不是这个地方！"

　　肯定有一个声音在回答他，因为他反驳说："不对！不对！日子没错，但是地点并不是这里……"

　　我径直朝那旧石墙走去，我想看看和小王子说话的是谁。但是，我既没有看见人影，也没有听见声音。只听小王子又反驳道："当然了，你会看到我在沙漠的足迹是从哪儿开始的。你只要在那儿等着我就行了，今天夜里我肯定会去的。"

　　我离那堵墙大约只有二十米，但我始终没有看见那个同小王子对话的人。

小王子沉思着，又问道："你的毒液毒性很强吧？你确定不会让我遭很长时间的罪？"

我停下脚步，只觉得心如刀绞，虽然我还不明白到底是怎么一回事儿，但感觉不妙。

只听小王子说："现在你走吧，我要下来了！"

这时，我看向小王子对话的方向，目光移向了墙根。这一看，惊得我跳了起来！墙根有一条黄色毒蛇，是那种三十秒钟就能让人毙命的毒蛇！它正竖着脑袋对着小王子！

我一边往那个方向跑，一边从口袋里掏出手枪。那毒蛇听见我的响动，悄悄地从沙地溜走了，它就像消失在沙漠中的一股喷泉，不慌不忙地钻进了石缝中，发出轻微的金属般的声响。

我及时赶到石墙边，张开双臂正好接住了跳下来的小王子。只见小家伙的脸色煞白，跟雪一样。

"你这是在干什么呀？竟然跟毒蛇聊起天来？"

我解开了他脖子上围着的金色围巾，用手揉了揉他的太阳穴，又给他喝了一点水。现在，看他这个样子，我甚至都不敢问他什么话。他一脸严肃地注视着我，两条胳膊搂住我的脖子。我感到他的心在剧烈跳动，就像中了枪要死去的小鸟。

他对我说："我很高兴你修好了飞机，你可以驾驶飞机回家去了……"

"你是怎么知道的？"我很惊讶。

本来我正想告诉他，飞机一下子就修好了，真是我连想都不敢想的事。

　　小王子根本不回答我的话，只听他说："我也一样，今天要回家了……"

　　过了一会儿，他忧伤地说："只是我回家的路，要远得多，也要艰难得多……"

　　我感觉肯定发生了什么非同寻常的事，但我不知该怎么办，只是像抱婴儿那样抱紧了他。可是，他身体冰凉冰凉的，我觉得自己怎么也抱不住他，他像要从我的手中径直滑向深渊！

　　他注视着遥远的夜空，严肃的目光似乎迷失在那无尽的夜色中。

　　"我有了你画的绵羊，还有圈羊的箱子，还有给羊戴的嘴套……"他喃喃地说着，微微笑了起来，那笑忧伤得令人心碎！

　　我抱着小王子好久，他的身体才渐渐暖和过来。

　　"小家伙，刚才你害怕得浑身冰凉……"

　　刚才他一定是受惊了！这会儿他却轻轻笑起来："今天晚上，还有我更怕的呢……"

　　这次，浑身冰凉的人是我，我有一种强烈的无力感。我只要一想到今后我再也听不到小王子的笑声了，就无比痛苦，无法承受。小王子的笑声对我来说是多么珍贵，犹如沙漠中的一股清泉啊！

　　"小家伙，我很想听见你的笑声……"我抑制住自己的痛苦对他说。

　　小王子却说："今天晚上，正好是我到地球一周年。我那颗星球正好转到去年我降落的地点的正上方，我想，我该回家了……"

　　"小家伙，关于那条蛇，关于你和蛇的约会，还有你那颗星球，这些事情恐怕只是一场噩梦吧，对不对？"

　　小王子还是不回答我的问话，只是对我说："真正重要的东西，眼睛是看不见的……"

"当然了……"

"就像我的那朵花儿一样，如果你爱上了某个星球上的一朵花儿，那么到了夜晚，你仰望夜空，心里就会感到无比甜美，感觉所有的星星上都绽放出了花儿。"小王子仰望着星空说。

"当然了……"

"以后，每到夜晚，你遥望星空的时候，就会想到我在其中的一颗星球上。当然，我那颗星球太小了，我没法指给你看。这样也好，你就会喜欢看所有的星星了……这些星星全都是你的好朋友了。还有，我要送给你一个礼物……"

小王子似乎忘记了忧伤，又笑了起来。

"小家伙，小家伙啊，我真是喜欢听你的笑声啊！"

"这正是我要送给你的礼物，这也跟水一样。"

"你要跟我说什么？"

"星星对每个人来说意义都是不一样的。对旅行者来说，星辰能给他们指引方向。对学者来说，星球是他们研究的课题。对于我遇见的那个商人来说，星星就是他的黄金。对其他人来说，星星就只是微不足道的微光。不过，对于所有人来说，所有星星都是沉默的。可是，对于你来说，就不一样了，因为你拥有的星星，跟别人的都不一样……"

我疑惑地望着他："你要跟我说什么？"

"以后你遥望星空的时候，由于我住在一颗星球上，我在那星球上发出笑声，在你看来，所有的星星都在欢笑，你就会拥有满天欢笑的星星了！"

小王子又咯咯地笑起来。

"还有，你安静下来的时候，会想起我，就会因为认识了我而高兴。你永远都是我的朋友。你会愿意同我一起欢笑。你会照常打开窗户，就是为了看着满天欢笑的星星，这使你感到非常快乐。你望着天空哈哈大笑时，你的朋友会认为你疯了。你对他们说：'天上的星星总能逗我发笑！'你的那些朋友就会以为你真的是个神经病，而且病得不轻。这，就是我给你策划的一个恶作剧……"

说到这里，小王子又咯咯地笑起来。

"这样，我送给你的就不是满天的星星了，而是无数能发出笑声的小铃铛……"

小王子笑个不停。过了一会儿，他的表情重新严肃起来。他说："你也知道……今天夜里……你就别去了……"

我摇了摇头，说："我绝不会离开你。"

"到时候，我的表情一定会很痛苦……有些像是要死的样子。离别就是这样。这样的情景，我劝你还是别去看了，实在没有必要……"

我依然摇了摇头，说："我绝不会离开你。"

"我对你这样说，也是由于那条蛇的原因，我怕那条蛇伤了你。你知道，蛇总是很凶的，它可能以咬人为乐……"

我毫不松口，说："我绝不会离开你。"

小王子忽然想到了什么，便放下心来，说："不过也没事，因为蛇咬第二口的时候就没有毒液了……"

这天夜里，小王子悄悄地走了，没让我看见。我发觉后急忙追赶，终于追上了他。但他毅然决然地往前走，走得非常快。他只是对

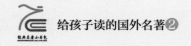

我说："哦，你来了……"

小王子拉住我的手，轻声说："你真的不该来的。你看了会难过的，我那样子就像要死了，但是那不是真的……"

我一直沉默不语。

"你应该理解我，我回去的路途太遥远了，我这副躯壳太沉重了，我不可能带着他上路。"

我还是不吭声。小王子又说："你放心，我丢弃的只是一副旧躯壳，丢弃了就丢弃了，没有什么可伤心的……"

我沉默着，一言不发。

小王子有点泄气，但是他仍然试着劝我："你不要伤心，这是一件令人开心的事情，我都心花怒放了。我们分别之后，我观望着星星，每颗星星都会有水井，水井上有生了锈的辘轳。所有的星星都能供水给我解渴……"

我还是不说话。

他又说："从此以后，你呢，就会拥有五亿个小铃铛，我呢，就会拥有五亿口水井，这样就太有趣啦！"

话没说完，他就控制不住自己的泪水，再也说不出话来。

"我和蛇约定的地点就是那儿，你不要再往前走了，让我自己走两步吧。"

但他并没有挪步，而是一屁股坐了下来，他害怕了。

他还是坚持着说："你也知道，我惦念着我的那朵花儿，我要对她负责啊！她是那么娇弱，又是那么天真。她根本没有保护自己的能力，只有根本不顶事儿的四根刺，还以为自己能够对付外界……"

　　我也一屁股坐下，我的两条腿实在站不住了，我没有办法承受与小王子的分离，听到这些话，更是难过得站都站不稳了。

　　小王子最后说了一句："就这样吧……到此为止吧……"

　　他犹豫了一下，随即缓缓站起来，向前迈出了一步。而我，无法面对即将看到的事情，全身没有一丝力气，身体动弹不了。

　　只见他的脚踝旁，出现一道黄色闪光，一时间他僵立不动了，但他没有发出任何声音，而是像一棵被砍伐了的树一样，缓缓地倒了下去。由于倒在沙地上，没有发出一点声响。

第二十七章
那只绵羊到底吃掉，
还是没有吃掉那朵花儿呢

导读：

　　我与小王子分别已经六年了。这六年来，每个夜晚我都仰望天空。我忽然想起一件事情来，就是忘记给小王子的羊画上皮索了，这样就不能给羊套住嘴套，羊可能会去吃小王子的花儿。我担心得要命。现在我把小王子的这个故事讲出来，又把小王子的形象画出来，就是希望假如有人能够看到他，要告诉他：我很想念他！

　　我和小王子在沙漠中分别，至今已经六年了。六年来，我从来都没有向任何人讲述过小王子的故事。当时，同事们见我驾着飞机安然无恙地回来了，都很高兴。回来后，我整天眉头紧锁，黯然神伤，大家关切地问我怎么了，我只能说："这一次事故把我累坏了……"

　　这六年来，我时时想起与小王子分别时的情景，忧伤时时徘徊在我的心里，使我不能完全振作起来。现在，我忧郁的心情稍有缓解，我知道小王子回到了他的星球，因为那天天亮后，我并没有看见他的遗体。

　　每个夜晚，我都仰望星空，我爱听繁星的笑声。满天星星，多像五亿个小铃铛啊。

　　然而，我突然想起了一件事，这件事真的是非常严重的——我给小王子画的那副嘴套忘记加上皮索了！没有皮索，小王子就没法给他的羊套上嘴套了。我担心得直嘀咕："他那星球上发生了什么事情吗？小绵羊有没有把他那朵花儿给吃了……"

可是，我想到小王子每天晚上都会给他的花儿罩上玻璃罩子，就又自我安慰："肯定不会的，小王子除了会给花儿罩上罩子，还会看管好他那只小绵羊的……"这样一想，就又高兴起来。再去看星星的时候，就觉得所有的星星都对我露出了笑脸。

有时我无法安慰自己，因为我想到，假如小王子偶尔有一次忘记给那朵玫瑰花儿罩上罩子呢？人总会有忘记某件事情的时候。假如哪天晚上他忘记给他的花儿套上罩子，而小绵羊夜里又偷偷溜了出来，会不会把那朵花儿……想到这里，我觉得满天的小铃铛都变成满天的眼泪了！

这是我心里一个极大的秘密。我牵挂着某个星球上的一朵玫瑰花，我怕她被小绵羊吃了。如果她安全地生活在那个星球上，那么我就感觉整个宇宙都是快乐的；如果，那朵玫瑰花被小绵羊吃了，那么，我就会感觉每颗星星都是痛苦的，我的天空就没有快乐了。我相信，不只是我一个人是这样想的，你们所有热爱小王子的人都会跟我的想法一样。我是多么在意小王子是不是过得快乐啊！

如果你们仰望天空，发出疑问："那只绵羊到底吃掉还是没有吃掉那朵花儿呢？"你们就会看到，天地万物会随之发生变化……

但是任何大人永远都理解不了，这个问题有多么重要！

这是我重新画的一幅图，我觉得画出了最美的而又是最凄凉的景色。这幅图跟前一幅图画的景物相同，但我还是重新画了一遍。我就

是想更清楚地告诉你们，小王子正是降临在这个地方，又从这个地方消失的。

请你们仔细看一下这幅图吧。如果你们以后去非洲旅行，来到这片沙漠时，就能准确地认出这个地点来。还有，如果你恰巧经过这里，我恳求你们，千万不要匆匆走过，请你一定要在这颗星星下等一等。假如有一个小男孩朝你们走来，他有一头金色的头发，他总是咯咯地笑着，不回答别人的任何问话，那么你一定能猜得出来他是谁。如果是这样，请你们能想着我一点儿，赶快给我写信，告诉我小王子回来了！我会非常感谢你们的，因为我一直在苦苦思念着他，我盼望得到关于他的任何消息。拜托你们了！

经典名著小书包

姚青锋　主编

给孩子读的国外名著 ②

海底两万里

[法]儒勒·凡尔纳◎著　胡　笛◎译　书香雅集◎绘

当代世界出版社
THE CONTEMPORARY WORLD PRESS

图书在版编目（CIP）数据

海底两万里 / （法）儒勒·凡尔纳著；胡笛译 . --
北京：当代世界出版社，2021.7
（经典名著小书包 . 给孩子读的国外名著 . 2）
ISBN 978-7-5090-1581-0

Ⅰ . ①海… Ⅱ . ①儒… ②胡… Ⅲ . ①幻想小说 – 法
国 – 近代 Ⅳ . ① I565.44

中国版本图书馆 CIP 数据核字 (2020) 第 243522 号

给孩子读的国外名著.2（全5册）

书　　名：海底两万里
出版发行：当代世界出版社
地　　址：北京市东城区地安门东大街70-9号
网　　址：http://www.worldpress.org.cn
编务电话：（010）83907528
发行电话：（010）83908410（传真）
　　　　　13601274970
　　　　　18611107149
　　　　　13521909533
经　　销：新华书店
印　　刷：三河市德鑫印刷有限公司
开　　本：700毫米×960毫米　　1/16
印　　张：8
字　　数：85千字
版　　次：2021年7月第1版
印　　次：2021年7月第1次
书　　号：ISBN 978-7-5090-1581-0
定　　价：148.00元（全5册）

打开世界的窗口

　　书籍是人类进步的阶梯。一本好书，可以影响人的一生。

　　历经一年多的紧张筹备，《经典名著小书包》系列图书终于与读者朋友见面了。主编从成千上万种优秀的文学作品中挑选出最适合小学生阅读的素材，反复推敲，细致研读，精心打磨，才有了现在这版丛书。

　　该系列图书是针对各年龄段小学生的阅读能力而量身定制的阅读规划，涵盖了古今中外的经典名著和国学经典，体裁有古诗词、童话、散文、小说等。这些作品里有大自然的青草气息、孩子间的纯粹友情、家庭里的感恩瞬间，以及历史上的奇闻趣事，语言活泼，绘画灵动，为青少年打开了认识世界的窗口。

　　青少年时期汲取的精神营养、塑造的价值观念决定着人的一生，而优秀的图书、美好的阅读可以引导孩子提高学习技能、增强思考能力、丰富精神世界、塑造丰满人格。正如我国著名作家赵丽宏所说："在黑夜里，书是烛火；在孤独中，书是朋友；在喧嚣中，书使人沉

静；在困懦时，书给人激情。读书使平淡的生活波涛起伏，读书也使灰暗的人生荧光四溢。有好书做伴，即使在狭小的空间，也能上天入地，振翅远翔，遨游古今。"

多读书，读好书。希望这套《经典名著小书包》系列图书能够给青少年朋友带来同样的感受，领略阅读之美，涂亮生命底色。

本书主编

2021年5月

目录
CONTENTS

第1章　神秘的"海怪"

1866年，发生在海上的一桩怪事成了世界性的爆炸新闻，不仅在民间引起了无数的讨论和争议，而且连世界各国的政府都开始关注这件怪事。

事情是这样的：这一年，许多航船纷纷表示在海上碰见过一只体型巨大的不明生物，其形状如同长长的纺锤，游动速度惊人，有时候还会发出磷光。由于每一次目击者都是不同的船只上不同的人，所以航海日志上的记录也各不相同，对于怪物的外观、大小等特征众说不一，甚至前后矛盾。我们姑且摘录几段来大致了解一下：

1866年7月20日，加尔各答－布纳希汽船公司的"喜金孙总督号"，于澳大利亚海岸东边5英里处的航道内，观测到疑似暗礁的巨大物体，船长正准备测定、记录该"暗礁"的方位，突然从这"暗礁"上喷出两道高达150英尺的水柱，船只只好迅速逃离。

同年7月23日，西印度－太平洋汽船公司的"克利斯托巴尔哥郎号"，在太平洋上碰到了同样的情景，两者位置相距约700海里。

8月5日，在离前两个地点约2 000海里远的地方，"山农号"和"海尔维地亚号"两艘客船，在大西洋海面上同时遇到了这个大怪物。根据两船同时观察得到的情形，认为"海怪"的长度超过100米，比当时发现的最长的鲸鱼（56米）要长得多。

此外，茵曼轮船公司的"越提那号"，法国军舰"诺曼底号""克利德爵士号"等船的航海日志都曾经详细记录过该"海怪"出现的情形，以及目测的大致尺寸。综合各方信息，得出的结论是："海怪"无论是体型还是游动速度，都大大超出了生物学家们的知识范围，在当时，没有任何一个海洋生物学家能确认海洋中存在着如此巨大的生物。

很快，"海怪"成为全球各大城市里的人们茶余饭后的谈资，咖啡馆里、报刊上、舞台上全都是各种各样的"海怪"形象。还有一些不负责任的报刊杂志写出各种难以考证的奇闻怪谈，演变出各种版本的"海怪"传闻：有大白鲸版本，还有巨型章鱼版本、巨型海蛇版本、史前怪兽版本，等等。

而生物界和物理科学界则展开了巨大争论，一些严谨的学者纷纷提出了自己的质疑，另一些则坚信这世上还有人类不曾发现的巨兽。争论到最后，甚至惊动了神学家们，他们纷纷从上帝创造世界的角度，开始探讨"海怪"的来历和目的……

然而"海怪"却突然失去了踪影，在将近一年的时间里，再也没有出现过。就在人们对于它的讨论开始逐渐冷却的时候，又一个更加骇人听闻的消息传了出来。

1867年4月13日，英国著名的苟纳尔航运公司的邮轮"斯各脱亚号"在西经15度12分、北纬45度37分的海面上行驶。苟纳尔航运公司是当时世界上最大的洲际航运企业，拥有12艘洲际客轮，都是头等的快船，而且最为宽大。

当时"斯各脱亚号"正在1 000马力发动机的推动下全速前进。下午4点16分，乘客们正在大厅吃点心的时候，船尾、左舷机轮后面似乎发生了轻微的撞击。因为非常轻微，几乎没有乘客注意到这件事情，直到管船舱的人员跑到甲板上来喊："船要沉了！船要沉了！"

不过船长安德森很快安抚好了大家，因为"斯各脱亚号"有七个防水仓，船不会轻易沉没。经过排查，最终发现第五个防水仓被海水侵入，但对于这艘巨型邮轮来说，这并不足以使其沉没。在延误了三天后，邮轮艰难地抵达300海里之外的目的地。

此事再一次引起轩然大波。作为当时世界上的头号航运公司，苟纳尔公司的船一直以安全和可靠著称。这家公司的客轮在大西洋上航行了2 000次，没有一次航行不达目的地，没有一次发生迟误，没有遗失过一封信，没有损失过一个人或一只船。

"世界上最保险的航运公司"竟然出事了——这本身就是一条爆炸性的新闻。然而接下来，还有更加惊爆的消息等着所有人。

苟纳尔公司对"斯各脱亚号"进行了仔细的检修，动用大型设施将船体吊出水面，准备修补漏洞。当人们看到船尾附近那个漏洞的时候，所有人都不相信自己的眼睛——那是一个很规则的等边三角形的破洞，铁皮上的伤痕十分整齐，甚至连钻孔机也未必能凿得这么准确。

　　这可能意味着：在这艘几乎是当时世界上最快的客轮高速航行的时候，"海怪"以极高的速度从后方追上客轮，用某种超过船体钢铁外壳硬度的、形状规则的"器官"，从后方刺入厚厚的船体，然后又从钢铁缝隙中抽身出来，逃之夭夭。

　　这再一次轰动了全世界。这只"海怪"不仅有巨大的体型和极高的速度，而且具备毁掉大型客轮的攻击性！这个消息再一次占据了各大报纸的头条、头版，所有的人都被这无与伦比的攻击效果惊呆了。接下来，人们开始怀疑那些原因不明的航海遇难事件都与这只"海怪"有关。经统计整理，当时每年发生此类海难事故的船只大约有3 000艘，因下落不明而断定失踪的也不下200艘！

　　不管是不是所有未知原因的海难都与这只"海怪"有关，这笔账暂时是要算在它头上了。由于它的存在，五大洲间的海上交通变得越来越危险，人们都坚决要求不惜任何代价除掉这只可怕的"海怪"。

第2章　"林肯号"

作为巴黎自然科学博物馆的副教授，在海上神秘事件发生的这段日子里，我正在布拉斯加州的贫瘠地区参加一次由法国政府组织的科学考察。即便忙于整理矿物和动植物标本，我也对"海怪"事件保持了高度的关注。

当时关于"海怪"的讨论非常热烈，有人提出过"暗礁"论，但无法解释其快速移动的情形；也有军事爱好者提出过"潜水船"论，可如果这是真的，那么如此巨大、如此先进的一艘船是在哪个港口建造的呢？所需的金钱、材料、人员竟然没有一丝一毫的泄露吗？这也不符合逻辑。由于我曾经在法国出版过一部名为《神秘的海底》的书，因此不少学术界的人特意来询问我的看法。

这其实是一件挺让人为难的事情，因为完全没有关于"海怪"更详细的观测记录，哪怕是直接目击者也没有，最多是有人在海面上看到过水底有一个影子。所以我只好综合了大家的讨论结果，往巨型海洋生物的方向猜测了。

幸好我对于海洋生物相当了解，对于地质学也有一定的研究。我见过巴黎医学院陈列馆收藏的一枚独角鲸牙齿，长225厘米，底宽48厘米。如果未知的海洋深处还有体型更大的独角鲸——比目前所发现的最大独角鲸还要大5到10倍的话，那么它的体型和攻击力就完全符合这次"海怪"事件所呈现的各种现象了。

我的推断虽然完全出于空想，但却相当符合大众以及媒体对于神秘的海底世界的想象，人们纷纷对这一推断表示认可，毕竟大家总是对那些神奇怪诞的幻想感兴趣。而且海洋正是这些幻想的最好源泉，因为只有深海才是巨大动物可以繁殖和成长的环境。

紧接着，人们主张把海洋中这个可怕的怪物除掉，使海上交通的安全获得保障。美利坚合众国首先发表了声明，要在纽约做准备，组织清除"海怪"的远征队。一艘装有冲角的、高速度的二级战舰"林肯号"定于近期出海。各造船厂都给法拉古司令官以种种便利，帮助他早一天把这艘二级战舰装备起来。

而我则收到了海军部长何伯逊的一封信，他声称已经在"林肯号"上为我预留了一间船舱，邀请我参加这次行动。也许是内心深处对于神秘"海怪"的好奇悄悄影响了我，我毫不犹豫地答应了去参加这趟旅程，甚至已经在想——如果我真的能捉到这只大"海怪"，那么，至少也要拿上半米以上的"海怪"牙齿送给自然科学博物馆。

很快，我带着我忠诚的仆人康赛尔前往"林肯号"。出发时，布洛克林码头和东河沿岸挤满了整个纽约地区好奇的人们。成千上万块手帕在挤得水泄不通的人群头上招展，他们不停地向"林肯号"敬礼，人群的欢呼声惊天动地。从炮台中间穿过时，炮台还鸣放礼炮向大船致敬。护送大船的渡轮和汽艇一直跟随着"林肯号"，直到有两道灯光标明纽约航路出口的地方，它们才离开大船回去。

"林肯号"是一艘速度很快的二级战舰，装有高压蒸汽机，可以使气压增加到七个大气压力。在这个压力下，"林肯号"的速度平均可以达到每小时18.3海里。这是很快的速度，但我知道，这速度如果跟那只巨大的"海怪"搏斗的话还是不够的。

不过，船上的海员们却乐观得多。他们总是在谈论着、争辩着和估计着碰见怪物的各种机会，都希望碰着海麒麟（后来大家给这个"海怪"起名为海麒麟），用渔叉把它拖上船来，宰割它。他们的乐观不是没来由的，船上的武器应有尽有，从手投的渔叉、鸟枪的开花弹，一直到用炮发射的铁箭；在前甲板上甚至还有一门十分完善的后膛炮，可以发出重4千克的锥形炮弹，射程是16公里。

不过，"林肯号"上最让海员们引以为傲的，是"渔叉手之王"尼德·兰。这是一个加拿大人，40岁左右，体格健壮，脾气暴躁，但工作时大胆又冷静，身手敏捷。在他20年的叉鱼生涯中，还没有碰见过敌手。不管是狡猾的长须鲸，还是特别聪明的大头鲸，都很难躲过他的渔叉，他也是众多海员崇拜的偶像。

不过，在"海怪"这个问题上，尼德·兰跟我产生了分歧，他始终不肯承认这世上竟然有如此巨大的海洋生物。作为经验丰富的渔叉手，他亲手叉到的鲸鱼可不止一条、两条，这也是他的信心所在——他见过的鲸鱼、鲨鱼之类体型庞大的海洋生物太多了，而这些生物根

本不可能有刺穿船体钢板的能力。

　　但是我仍然坚持我的看法，因为我有着充分的理由。在当时，物理科学家们已经搞清楚了大气压和水压的本质：一个大气压力等于32英尺高水柱的压力。照这样推算，如果下潜到鲸鱼等大型生物的活动深度，身上每平方厘米的面积上就要受到上千千克的压力，它必然有坚硬无比的身体。

　　"如果按照你的分析，这'海怪'的身体要用8英寸厚的钢板造成，跟铁甲战舰那样才行。"尼德·兰说道。

　　"正像您说的那样，尼德·兰，现在您想想，这样一个身长几百米、皮肤厚如钢板的巨大物体，以快车的速度撞在一只船壳上，可能产生的破坏力量是怎样的。"我说道。

　　尼德·兰陷入了沉思。他虽然并不相信海洋中会有如此庞大的生物，但是在确凿的数据分析面前还是做出了让步，毕竟"斯各脱亚号"船体上巨大的三角破洞是铁一般的事实。

第3章　惊心动魄的相遇

　　"林肯号"战舰以惊人的速度，沿着美洲东南方的海岸行驶。6月30日，在马露因海面上，我有幸见识了尼德·兰对付鲸鱼的身手。当时"孟禄号"捕鲸船船长邀请尼德·兰帮忙追捕一条鲸鱼，尼德·兰欣然同意。很快，锁定目标的他连续投出两只渔叉，一叉直刺入一条鲸鱼的心脏，另一条受了重伤也被捕获了。真是幸运，居然一连捕获了两条鲸鱼。

　　这件事让我对于捕获"海怪"有了更大的信心，我觉得如果我们真的跟那怪物正面相遇的话，尼德·兰手里的渔叉可够它喝一壶的。7月3日，我们到达麦哲伦海峡口上，与童女峡在同一个纬度。但法拉古舰长不愿意从这条曲折的海峡穿过，而要从合恩角绕过去。

　　这正是南半球天气恶劣的季节，而这一带的7月却和我们欧洲的1月差不多。不过海面是平静的，可以看得很远。因此，我一天中的大部分时间都待在甲板上，有时伏在船头围板上，有时扶着船尾的栏杆，目不转睛，死盯着一望无际、白练般的浪涛，看得眼睛发黑，简直要变成瞎子了。

　　有好几次，一条任性的鲸鱼把灰黑的脊背露在波涛上的时候，我跟船上全体船员一样马上就激动起来。水手和军官水流一般地从布棚下涌出来，战舰的甲板上马上就挤满了人，人人激动万分，注视着那生物的行动，然而最后往往是空欢喜一场。

　　法拉古舰长考虑到这个怪物好像不愿意挨近大陆和海岛，于是在

7月27日我们穿过赤道线一直向西行驶，驶进太平洋的广阔深海中，穿过帕摩图群岛、马贵斯群岛、夏威夷群岛，越过了北回归线，向中国海开去。全体船员都开始激动起来，大家不吃饭、不睡觉，每天甚至有一二十次因为看错而发出错误的警报。大家被折腾得精疲力竭，却依然没有看到那"海怪"的影子。

这样的日子一直持续到11月，大家都已经对这片太平洋不抱希望了，觉得"海怪"应该不会出现在这里，船长也打算第二天就调转船头前往欧洲海域。这天晚上，我倚在船头右舷围板上，康赛尔站在我的旁边，一片片的乌云掩盖了上弦的新月，大海的波纹在船后面平静地舒展着。月亮一会儿从朵朵的云间吐出一线光芒，使黑沉沉的海面闪耀着光辉；一会儿又消逝在黑暗中了。

船上的钟敲了八下，几乎全体船员都爬到缆绳上面，仔细地观察着黑沉沉的海面。军官们拿着夜间用的望远镜，向远方搜寻着。这时，大家听到了一个人的声音，那是尼德·兰的声音。他喊着："看哪！那家伙就在那里，正斜对着我们呢！"

顿时，船上所有的人，从舰长、军官、水手长一直到水手、练习生甚至工程师，都丢下机器，伙夫也离开锅炉，大家都向渔叉手这边跑来。船长命令停船，所有的人都来到了甲板上。那时天已经很黑了，月亮也被乌云遮盖，虽然我的心脏跳得快要炸了，可我还是有些怀疑尼德·兰到底是怎么看到"海怪"的。

等看到之后我明白了。原来并不是尼德·兰有着惊人的视力，而是随便一个人哪怕是老眼昏花的流浪汉也不会看错——离"林肯号"右舷约370米左右的海面就像是被水底的光照亮了。这光绝不是平常所

见的海洋生物磷光。这个怪物潜在水面下几米深的地方，发出十分强烈而神秘的光，发光的部分在海面上形成一个巨大的椭圆形，拉得很长，椭圆形中心是光线的焦点，几乎无法直视。

这种特别灿烂的光芒必定是从什么巨大的发光动力机发出来的，我心里一团乱，因为在我的海洋生物知识范畴内，不可能有任何生物可以发出如此强烈的亮光。可已经来不及再去思考了，因为几乎所有的人都大喊起来："看！看！它动了！它向前动，又向后移！它向我们冲过来了！"

法拉古舰长的声音依然沉着冷静："把稳舵，倒船！"

水手们跑到舵旁边，工程师们跑到机器旁边。"林肯号"迅速向左转了180度。

法拉古舰长喊："向右转舵，往前开！"

战舰很快脱离了"海怪"光线的范围，可是它很快又追了上来。

所有的人都紧张得说不出话来，眼睁睁地看着水面下的庞然大物好像开玩笑似的在海面上向我们冲来。它绕着战舰兜圈子，一会儿逼近，一会儿远离，忽然间以惊人的速度向"林肯号"冲来，在离船身20英尺的海里又突然消失，不久又在战舰的另一边出现了！可能是绕过来的，也可能是从船底潜水过来的。

局面变得有些奇怪。"林肯号"原本是来追击"海怪"的，眼下却似乎成了"海怪"的猎物，被"海怪"追逐戏弄。法拉古舰长也开始有些慌了。

"这东西的速度太快了，'林肯号'太被动了，如果我们能等到天亮，或许会好一些。"

"舰长，您觉得我们遇到的是什么东西？"

海底两万里

"阿龙纳斯先生，很显然这是一条巨大的独角鲸，而且还是一条带电的独角鲸。它身上有雷电般的力量，它一定是造物者造出来的最可怕的动物了。就是因为这个，我才不得不十分小心。"

"林肯号"在速度上敌不过这个怪物，只好保持着低速度慢慢行驶。而独角鲸也模仿战舰，在海面上随波逐流，丝毫没有离开的意思。全体船员在夜间都坚守岗位，没有一个人想到睡眠。快到半夜的时候，人们发现那"海怪"消失了，或者是不发光了。它逃了吗？所有的人都在思考这个问题。

"海怪"很快就给了所有人答案——凌晨时分，船上所有人都听到了一种奇特的声音，好像是被极强的压力挤出的水柱所发出的啸声一样，震耳欲聋。

当时法拉古舰长、尼德·兰和我都在尾楼上，正聚精会神地凝视着深沉的黑暗。

"尼德·兰，"舰长问，"您听到过鲸鱼叫吗？"

"时常听到，先生，但我从没有听过这样的叫声。"

"这声音是不是那鲸鱼类动物鼻孔喷水时所发出来的声音呢？"

"正是那声音，先生，不过现在这声音要比普通鲸鱼喷水的声音大成千上万倍，我们面前海里的东西一定是一条无比庞大、前所未见的鲸鱼类动物。"

尼德·兰一边说，一边死死地盯着黑沉沉的海面。这巨大的海怪显然激起了他的斗志。

"如果我们能够靠近到四渔叉的距离，我就能让这家伙见识见识我手里渔叉的厉害。"

015

第4章 "海怪"的反击

凌晨两点左右，"海怪"的光亮再一次出现在距离"林肯号"大约5海里远的海面。虽然距离远，有风声和浪声，但我们还是清楚地听到了动物尾巴搅水的声音，并且听到它的喘息声。这只巨大的独角鲸到洋面上来呼吸的时候，空气被它吸入肺中，就像水蒸气被送到2000马力机器的大圆筒里面去那样。

大家一直警戒到天亮，每个人都在准备战斗。各种打鱼的器械都摆在船栏杆边：其中有两副装好了的大口径短铳，这短铳能把渔叉射出一英里远；打开花弹的长枪也被装好了，无论什么海洋动物，一旦被击中就是致命的，哪怕是最强大的动物也不能例外。尼德·兰在专心致志地磨他的渔叉，渔叉在他的手里就是件可怕的武器。

天渐渐亮了，晨曦的微光把独角鲸的电光淹没了，然而雾却越来越大，人们的视野范围被缩小了，最好的望远镜也不济事，大家纷纷咒骂起来。我和几位船员爬上尾樯，努力在浓雾中搜索着海面。一直到了8点左右，浓雾才渐渐散去，视野变得明朗起来。

突然，尼德·兰喊了起来。

"船左舷后面！"

大家的眼光都转向他手指的地方。

在那边，距战舰1.5海里左右，一个长长的黑色躯体浮出水面。它的尾巴显然非常强壮有力，在身后搅出一个很大的漩涡，在游过之处

留下一行巨大的、雪白耀眼的水纹，仿佛一条长长的曲线。

我估计了一下，这"海怪"长、宽、高三方面的比例十分匀称，大约250英尺长，宽度很难估量。正当我认真观察的时候，两道水柱从这"海怪"的鼻孔吐出来，几乎有10米那么高！这一点使我肯定了它呼吸的方式。我最后断定这动物是属于脊椎动物门，哺乳纲，唯一豚鱼亚纲，鱼类，鲸鱼目。

舰长仔细观察了这个动物后，向工程师喊道：

"打足气压！增大火力！全速追击！"

这无疑是战斗的号角，大家纷纷欢呼起来。很快，战舰上的两个烟囱吐出一道一道的黑烟，甲板在蒸汽机的震动下颤抖起来。"林肯号"在机轮的猛力推送下，一直向"海怪"冲去。"海怪"却表现得十分淡定，既不逃走，也没有潜入水中，只是始终与"林肯号"保持着距离。

"林肯号"就这样追逐了四五十分钟。我发现"海怪"的速度显然远远超过"林肯号"。法拉古舰长也发现了这一点，他开始烦躁起来，捻着下巴下面的一撮浓须大喊：

"工程师，快！加大马力！"

火力一直不停地加大着，机轮每分钟转43转，蒸汽从活塞里喷出来。船员把测程器抛下去，测知"林肯号"这时的速度是每小时18.5海里。

但"林肯号"仍然没有办法更接近"海怪"一点儿，哪怕一米也不行。这对于美国海军中最快的"林肯号"战舰来说，实在是太难堪了。船员和水手们感觉受到了羞辱，纷纷咒骂"海怪"，但是"海怪"却不理睬他们。法拉古舰长死死盯地着"海怪"的方向，下巴下的那撮浓须几乎都要被扯掉了。

"马力加到最大限度了吗？"

"是的，舰长，马力已加到了最大限度。"

"活塞都上紧了吗？"

"上到六气压半。"

"把它们上到10气压。"

我开始有些担心，并对身边的仆人康赛尔说道："你看，我们的船也许就要爆炸了！"

船员们把更多的煤炭倒入火炉中，风箱把空气送进去，煽旺了火，"林肯号"的速度又增加了，船桅都开始震动了。由于烟囱过窄，冒出的浓烟已经变成喷射状态。测程器显示，"林肯号"的速度已经达到了19.3海里。

"继续加速！"船长喊道。

工程师照他的话做了，然而很显然，那"海怪"也加速了。无论"林肯号"如何加速，与"海怪"都始终保持相同的距离。追逐越来越激烈，我激动得浑身发抖，尼德·兰站在他的岗位上，手拿着渔叉，聚精会神地寻找着机会。

然而，每次就在这渔叉手看到机会准备出手的时候，"海怪"总是及时地逃开了。就这样一而再，再而三地故技重施，甚至在我们的船以最快速度航行的时候，它竟然能够轻松地绕船一周，就如同一只猫在逗弄爪下的猎物一般。尼德·兰从未被任何鲸鱼如此羞辱过，他的怒吼声几乎盖过了蒸汽轮机轰鸣的声音。

法拉古舰长也被激怒了，他叫来了水手长和炮手们。

船前头的炮立即被装上炮弹，发出去了。炮是放了，可是炮弹在

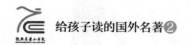

距"海怪"身边半海里之处掠过，并没有打中它。

"换一名好炮手！"舰长喊，"谁打中这畜生，奖励500美元！"

一位胡子花白的老炮手走到大炮面前，他眼光镇定，面容冷静，把炮位摆好，瞄准了很久。轰的一声，炮响了，船员们的欢呼声也混杂在一起。

炮弹正中"海怪"，然而立刻从它圆圆的身上滑开去，落在两海里远的海中。

"这不可能！"老炮手暴跳如雷地说，"这混蛋的身上一定有一层六英寸厚的铁甲！"

"该死！我要一直追到我们的船爆炸为止！"法拉古舰长有些歇斯底里了。

然而那"海怪"似乎永远不感到疲倦。我估计，这一天下来，追击的路程不下500公里！"海怪"始终都没有停歇。

很快，黑夜降临了，黑暗再一次笼罩了波涛汹涌的海洋。这时候，我以为我们的远征结束了，我们永远见不到那个古怪的动物了。可是我错了。

晚上10点50分，电光又在战舰前面3海里的海面上亮起来，还是跟昨天夜里一样辉煌，一样强烈，纹丝不动。

法拉古舰长决定好好利用这次机会。他发出命令，"林肯号"降低速度，小心谨慎地前进。尼德·兰拿着渔叉又到了船头斜桅下，走上了他原来的岗位。战舰关了气门，悄然无息地靠近海怪，甲板上一片沉寂，连呼吸声也听不到。

这时候，我伏在船头前面的栏杆上，看见尼德·兰一手拉着帆索，一手挥动着锋利的渔叉。在距离海怪不足20英尺的地方，他的胳膊猛地一伸，渔叉投了出去。我听到鱼叉发出的响亮的声音，像是碰上了坚硬的躯壳。

对面的电光一下子熄灭了，两股巨大的水流猛扑到战舰甲板上，像急流一般从船头冲至船尾，冲倒了船上的人，打断了护墙椗的绳索。紧接着，船被狠狠地撞了一下。我还没来得及站稳，一下子就从船栏杆掉进了海里！

第5章 暗海惊魂

黑沉沉的海水瞬间弥漫过来。我在那样的紧急情况下非常惊慌，但还是立刻踩水向上浮，努力把脑袋伸出水面。我浮出水面后最关心的事就是看看战舰在哪里，船上是不是有人看见我掉下水了，"林肯号"是不是改变方向了，法拉古舰长是不是放小艇下海了，我能不能得救。

然而，我看到的只有黑暗和无边无际的海水，月亮仍然在乌云中。我极目望去，"林肯号"仿佛只是无边黑暗中一团更黑的影子，连标灯也看不见了，那团黑色朝着远离我的方向漂去。我有些惊慌起来。

"救命！救命！"我喊着，两手拼命划着向"林肯号"游去。

然而身上的衣服湿透之后越来越重，贴在我身上，使我的动作不灵活。我要沉下去了！我不能透气了！……

"救命！"

这是我发出的最后的呼声。我嘴里满是海水，我极力挣扎，我就要被卷入深渊中了……

忽然我的衣服被一只很有力的手拉住，我感到自己被托到水面上来了。我有些恍惚，但我确定听到了一个熟悉的声音在对我说：

"主人，请抓住我的肩膀！"

我瞬间清醒，一把抓住我忠实的仆人康赛尔的胳膊。

"谢天谢地！"我说，"是你呀！你也被撞下来了？"

"不是。为了救主人，我跟着跳下来了！"

我的心一下子被某种温暖的东西填满了。这个忠诚的仆人，他觉得这样做理所应当！

但我并没有更多的时间去感动，因为康赛尔很快告诉了我一个坏消息。

"不要指望战舰了，在我跳入海中的时候，我听见舵旁边的人喊'舵和螺旋桨都坏了'。"

"都坏了？"

"是的！被那怪物的牙齿咬坏了。虽然不至于沉船，可是这种情况对于我们是很不利的，因为船无法掌握方向了。"

"我们完蛋了！"我刚刚燃起的希望之火一下子被浇灭了。

"也许吧，"康赛尔安静地回答，"不过，我们还可以支持几个钟头。在几个钟头内，我们可以做不少的事！"

康赛尔的坚定和冷静，鼓舞了我。我用力地游着，但我的衣服像铅皮一样紧紧裹着我，康赛尔在我的衣服下面放入一把刀子，很快的一下，从上至下把衣服割开。然后，我也给康赛尔脱掉了衣服。我们轮流游泳，交替休息，努力让自己待在水面上。

可是我心里十分清楚：我们掉下海的时候，可能根本就没有人看到；就算可能有人看见了，但因为战舰的舵坏了，它也不能及时回到这边来救我们。康赛尔始终比我冷静得多，他分析并计划着随后应做的事，仿佛并非泡在无边无际的大海里，而是坐在自己家的沙发上。我被他冷静的性格深深震撼了。

根据康赛尔的分析，现在我们唯一的生路，就是"林肯号"放

下小艇来救我们，所以我们应该想办法，尽力支撑愈久愈好，等待小艇到来。于是我决定节约使用我们的力量，使两人不至于同时精疲力尽。下面是我们的办法：我们一个人朝天躺着，两臂交叉，两腿伸直，浮着不动，另一个人游泳把前一人往前推送。做这种"拖船"的工作，每人不能超过10分钟，我们这样替换着做，就可以在水面浮好几个钟头，也许可以一直支撑到天亮。

我不知道我们撑了多久，只知道我们落水的时间大概是夜间11点左右，这意味着我们至少要坚持八个小时才能等到太阳升起。

海面相当平静，我们还不至于过度疲劳。有时，我的眼睛想看透深沉的黑暗，但什么也看不见，只有那由于我们游泳动作激起的浪花透出一点儿闪光来。在我手下，破碎明亮的水波，点缀在镜子般闪闪的水面上，就好像一块块青灰色的金属片。

渐渐地，我的四肢越来越冰冷，开始痉挛，不能灵活使用了。康赛尔不得不来支撑我。然而不久之后，我听到他的呼吸也变得短促起来，我明白这意味着什么，我们可能没法支撑很久了。

"丢下我吧！丢下我吧！"我对他说。

"我永远不会丢下您的，"他答，"我还要死在主人前头呢！"

这时候，有一片厚云被风吹向东边去，月亮露出来了。海水在月亮下闪闪发光。这仁慈的月亮重新鼓起了我们的气力，我的嘴唇肿得发不出声音。康赛尔还可以说话，我听到他好几次喊："救命呀！救命呀！"

然而我们并没有看到任何一艘小艇。但我觉得似乎是有人呼喊，在回答康赛尔的叫唤。我以为自己有了幻觉。我小声问康赛尔："你听见了吗？"

"听见了！听见了！"

原来不是幻觉，康赛尔又向空中发出绝望的呼喊。这一次我俩都听清楚了！是有一个人在回答我们的呼喊！是被抛弃在大海中的受难者吗？是撞船后的另一位牺牲者吗？还是战舰上的一只小艇在黑暗中呼唤我们呢？

当时，我也不知道为什么忽然想起那"海怪"来了！可这无法解释有人回应的情况。康赛尔还拖着我，他有时抬起头来直往前看，发出呼喊，回答他的声音越来越近了。我想问问他到底看到了什么，可是我已经没有力气张口了，就在我即将失去意识的一瞬间，我感觉碰到了一个坚实的物体。我就紧紧地靠着它。随后，我觉得有人拉我，把我拉到水面上来，然后我就晕了过去。

第6章 进入"海怪"内部

不知过了多久，我迷迷糊糊地醒了过来。此时，月亮正往西沉，在它最后的光芒下，我看到眼前一个人正低头看着我，这不是康赛尔的脸，但我立即认出是谁了。

"尼德·兰！"我惊喜地喊道。

"正是他哩，主人，他救了我们！"一旁的康赛尔说道。

"您也是在战舰被撞的时候掉进海中的吗？"

"是的，教授，但我的运气显然比你们好多了，因为我一掉到海里，就有了立足之地。"

"立足之地？一个小岛吗？"我颇为惊讶。

"更准确地说，是站在你所说的那只巨大的独角鲸身上。"

我一头雾水，不明白他在说什么。

尼德·兰却话锋一转，问了我另一个问题："你知道为什么我的渔叉伤不到那'海怪'吗？"

"为什么呢？尼德·兰，为什么呢？"

"教授，答案简单得不能再简单了，因为那个'海怪'根本就是钢板做的！"

我呆住了，无数念头在头脑里盘旋起来，可我还是不敢相信这个事实。我使劲儿用脚踩了踩承载我们的物体，那感觉立刻告诉我：它分明是坚固结实、钻不透的硬物体，而不是构成海中哺乳类动物的庞

大躯体的柔软物质。

不过大洋中也并非就没有这种拥有坚硬外壳的生物，如龟鳖、鳄鱼、遥龙之类。可我的感觉马上又否定了这个想法！因为在我脚下的灰黑色的背脊是有光泽的，滑溜溜的，而不是粗糙有鳞的。它被撞时发出金属的响声，很显然，这"海怪"是由铁板制造的。

也就是说，这个让整个学术界费尽心血、使东西两半球的航海家糊里糊涂的所谓的"海怪"，竟然是一艘人造的怪船！哪怕是看到最怪诞、最荒唐甚至神话式的生物，也不会使我惊骇到这种程度。因为按照目前的科技水平，这艘可以潜入海底的怪船，是根本无法被造出来的，这就更不能不使人感到惊讶了！

"那么，这只船里面是不是有一套驾驶机器和一批驾驶人员？"我马上想到了这艘怪船的驾驶问题。

"理论上肯定有，"渔叉手答，"不过，这东西已经三个小时没有移动过了，跟死了一样。"

"那是这怪船救了我们吗？"

"这不好说。"尼德·兰带着保留的语气说。

这时候，怪船就好像听到我们在谈论它一样，突然动了起来。船尾的推进器搅动起水面，噗噗作响。我们赶快紧紧地把住它那浮出水面约80厘米的上层。还算运气好，它的速度并不十分快。

尼德·兰低声说："如果这东西要潜入海底，那我们就死定了。"

他说得一点儿不错。我们三人立刻行动起来，想在它上层找到一个开口或者一块盖板之类的东西，然而，一行行的螺丝钉很清楚、很均匀，把钢板衔接得十分结实，无缝可寻。我们没有办法，只好努力抓住这怪船上任何一个凸起的地方，以免被水冲下去。

好在这怪船的速度相当缓慢，每小时约12海里。船的推进器搅动海水，十分规律，有时船浮出水面一些，向高空喷出带有磷光的水柱。天快亮的时候，这怪船的速度增加了。我们被拖得头晕眼花，有点儿吃不消了。不过有一个细节让我印象深刻，就是当风浪比较平静的时候，我似乎几次都听到有模糊不清的声音，好像是从远方传来的不可捉摸的乐曲的和声，我不确定这声音是否是从怪船里发出来的。

天亮了，海雾渐渐散去，我正要仔细观察一下上层形成平台的船壳的时候，船突然开始下沉了。

"喂！鬼东西！"尼德·兰喊着，用脚狠踢钢板，"开门吧，不

好客的航海人！"

过了大概5分钟，一阵猛然推动铁板的声音从船里面发出来。一块铁板被掀起来了，一个人头露了出来，吓了我一大跳。但这个人似乎也被我们吓坏了，他怪叫了一声，脑袋立即又缩了回去。

过了一会儿，铁板又被打开了，这次冲出来了八个又高又大的大汉，他们蒙着脸，一声不响地走出来，不由分说地就把我们拉进了这怪船之中。我们一进去，上面狭小的盖板立即就关上了，四周是漆黑的一团。从光明的地方，突然进入黑暗中，我的眼睛什么也看不见了。我感到我的光脚是紧紧地踩在一架铁梯上。尼德·兰和康赛尔被人抓得紧紧的，跟在我后面。铁梯下面的一扇门被打开了，我们走进去以后，门就立即关上了，发出很响亮的声音。

我的脑子里一片空白。过了很久之后，依旧没有哪怕一丝一毫的光线。尼德·兰的暴脾气上来了，在黑暗中不停地咒骂着。我摸索着慢慢地走。走了五步，我碰到一堵铁墙，墙是用螺丝钉铆住的铁板。然后，我转回来，撞上一张木头桌子，桌子边放有几张方板凳。这间牢房的地板上铺着很厚的麻垫子，走起来没有一点儿脚步声。光光的墙壁摸不出有门窗的痕迹。康赛尔从相反的方向走过来，碰到了我；我们回到这舱房的中间。这舱房大约长20英尺，宽10英尺，至于高度，尼德·兰身材虽高也没能摸到房顶。

就在我们一筹莫展的时候，房间里突然变亮了，突如其来的光线让我们痛苦地捂住了眼睛，过了好一会儿才慢慢适应。我立刻认出，这就是在"海怪"周围、很美丽的磷光似的电光，是从装在舱顶上的一个半透明的半球体中发出来的。

房中只有一张桌子和五把凳子。看不见门窗，想必是关闭得很紧密，没有什么声响传到我们耳边来。在这怪船的内部是死一般的沉寂。它是否在开动呢？是在海面上呢，还是在海底下呢？我没有办法判断、猜测。

不久之后门开了，走进来两个人。他们头上戴着水獭皮的便帽，脚上蹬着海豹皮的水靴，身上穿着特殊织物的宽松衣服，行动起来方便自如。其中一个身材短小，肌肉发达，两肩宽阔，躯体健壮，有着坚实的头颅、蓬蓬的黑发、浓浓的胡须、犀利的目光，嘴里说着一种特异的、我们听不懂的语言。第二个人让我印象非常深刻，他身上透着一股难以掩饰的自信，因为他的头高傲地挺立在两肩形成的弧线中央，目光坚毅而镇定，呼吸平静，虽然沉默，却给人一种无形的压力。

我忍不住多看了他几眼，但实在看不出他的年龄。这个人身材高大，前额宽阔，顾盼之间，目光比尼德·兰还要犀利，仿佛一眼就能把你看透。但不知道为什么，我看见这个人在面前，心中自然而然地觉得很安定，我预料我们的会谈将很顺利。

然而我很快就被浇了一头冷水——他们说的话我一个字也听不懂。

我用法语讲述我们遭遇的经过，每个音节都念得清楚，一点儿细节都没有遗漏。我说出我们的姓名和身份，并开始正式把我们介绍给他们：阿龙纳斯教授，他的仆人康赛尔，渔叉手尼德·兰师傅。

这个眼睛温和又镇定的人，安详地、礼貌地、非常专注地听着我说话，但他的面容没有露出一点儿足以表明他听懂了我说的经过的迹象。当我说完，他一句话也不说，很显然他并没有听懂。

我在语言上的天赋这时体现出了优势，我前前后后用了法语、英

海底两万里

语和德语，甚至还用了相当蹩脚的拉丁语，非常认真地讲了同样的内容，结果却没有任何区别，都是白费力气。这两个陌生人用那无人可懂的语言彼此说了几句话，就走开了，门又被关起来了。

没过多久，进来一个侍者，他给我们送来了衣服，衣服的样式很普通，所用的布料我们却从未见过。换过衣服之后，侍者又送来了食物，同衣服一样，我们竟然也认不出这些食物的原材料，甚至分不出是植物还是动物。

尼德·兰和康赛尔则丝毫不关心食材的问题，他们只顾放开了吃，因为实在是太饿了。我也一样，很快就加入了他们的队伍。一桌丰盛的美餐很快就被我们扫荡一空。虽然语言不通，但是从这些食物上起码我能够读懂——这艘船的主人并不打算让我们饿死。

人吃饱了自然会犯困，无论是奴仆、渔叉手还是教授。所以我们三个人很快就呼呼大睡了，所有的谜团在困意面前都是浮云。

第7章 "鹦鹉螺号"

我们睡了多长时间，我不知道，但一定很久，因为我们的精神完全恢复了。我醒得最早。我的同伴们还没有动静，仍睡在那个角落里，鼾声震天。我又重新观察我们这间牢房，然而没有任何变化，牢房还是牢房，囚徒还是囚徒。我在冷静地想，我们是不是注定要永远生活在这个囚笼中。

这时候我开始感觉有些不适，心口上觉得特别压抑，呼吸困难。我意识到，这是个密封的囚笼，我们已经消耗掉了里面的大部分氧气。本来每人每小时要消耗100升空气中所含有的氧，这空气到了含有差不多等量的二氧化碳时，就不能呼吸了。

这使我想到一个问题：这潜水船是怎样解决换气问题的？它是用化学方法获得空气的吗？是用氯酸钾加热放出氧气，还是用氢氧化钾吸收二氧化碳呢？真是这样的话，它必须与陆地保持一定的联系才能取得这些化学原料。或者它只是利用高压力把空气储藏在密封的房间里，然后根据船上人员的需要再把空气放出来吗？或许是这样。也或许它是用更方便、更经济、更易得的方法，那就是像鲸鱼类动物一样浮到水面上来呼吸，24小时换一次空气。不管怎样，不管用哪种方法，我觉得为了慎重起见，现在应该赶快使用了。

这时候，我忽然吸到一股带海水咸味的新鲜空气，我感到凉爽而亲切。这正是使人精神焕发的海风！我努力深呼吸，让肺部充满了新

鲜气体。同时我感到船在摇摆。这潜水船分明是浮到海面上，用鲸鱼呼吸的方式呼吸了，看来这艘船是我推断的鲸鱼式呼吸没错了。

尼德·兰和康赛尔在新鲜空气的刺激下，也差不多同时醒来了。我们开始讨论那个船长模样的人会不会把我们长时间关在这铁盒子里，然而讨论没有任何结果。最后我的意见是："我们要等待，既然没事就不必随便找事。"

而尼德·兰则持相反意见："我们一定要尝试逃出去！一定要逃出去。"

虽然我并不认同尼德·兰对于逃走所怀抱的信心，但也并没有继续跟他争论下去。我们碰到的对手是强大的。再说，这位古怪的船长可以轻易地杀死我们，把我们扔进茫茫大海之中，而我们没有丝毫的反抗之力。

然而尼德·兰却更加激动了，不停地大声咒骂着。这时门忽然开了，侍者首先走进来，我还没有反应过来，那渔叉手已经猛扑过去，抓住这个不幸的侍者，把他按倒，扼住他的喉咙。侍者被他那有力的大手掐得都不能透气了。

局面一下子陷入混乱，我和康赛尔想要拉开这两个人，渔叉手却死活不肯松手。这时让我意想不到的事情发生了，我竟然听到了一句相当标准的法语："您不要急，尼德·兰师傅；您，教授先生，请听我说！"

我们三个人一下子惊呆了。

说话的人正是船长。他并没有理会我们吃惊的表情，接着说道：

"先生们，我会说法语、英语、德语和拉丁语。我本来可以在我

们初次会面的时候回答你们，不过我想先认识你们，然后再做考虑。你们把事实经过复述了四遍，内容完全相同，这使我肯定了你们的身份。我现在知道，偶然的机会使得我碰见身负出国做科学考察使命的巴黎博物馆生物学教授彼埃尔·阿龙纳斯先生，他的仆人康赛尔，以及美利坚合众国海军部"林肯号"战舰上的渔叉手、加拿大人尼德·兰。"

我们三个人面面相觑。我忍不住想起了自己蹩脚的拉丁语，觉得颇为尴尬。

"我之所以一直在犹豫，是因为一个很特别的原因——我是一个与人类不相往来的人。你们打乱了我的生活……"

"与人类不相往来？您不知道由于您的潜水船的冲撞所引发的各种意外事件已经轰动了全世界吗？"

"这就是'林肯号'在海面上到处追逐我，用炮轰击我的原因吗？"

看得出来，我们这几个月以来的搜寻和追击让这位船长相当恼火。我们在这个话题上交谈得相当不愉快，最后船长有些激动地说：

"教授先生，因为我个人的原因，我跟整个人类社会断绝了关系。所以我不服从人类社会的法规。希望您以后不要再在我面前提人类社会的事情了。"

听得出来，船长这番话里有一种隐忍不发的愤怒。他究竟遭遇过什么我不得而知，我想这个人的生活中一定有过一段不平凡的经历。但是我无暇去思索这些问题了，眼下我们急需弄清楚的一件事就是——我们还能不能回家？

船长也很快说到了这个问题："现在看来，你们因为种种巧合来到了我的船上，从善意的角度出发，我当然欢迎你们参观我的船，可是有一个重要的前提条件就是：你们必须像我的其他船员一样，不能离开这艘船，并且无条件服从我。如果你们能做到，你们将会在这船上享受属于你们的自由。"

"什么！我们将永不能再见我们的祖国、我们的朋友、我们的亲人了吗？！"

尼德·兰愤怒了，站起身，满脸通红地吼着。

"是的，先生，这不过是使您不再受人类社会那些世俗的束缚罢了。这种束缚，人们还以为是自由。抛弃了它，不至于像你们所想象的那么难受吧！"

"简直强词夺理！如果你这样对我们的话，我决不能保证我以后不想法逃走！"

"尼德·兰师傅，我并没有要您保证。"船长冷淡地回答。

谈话到了这个地步，显然已经无法继续了。船长用我听不懂的那种语言吩咐了旁边的仆人几句，然后邀请我们前去用餐。

正在气头儿上的尼德·兰拉着康赛尔离开了，他们拒绝用餐。我觉得有必要跟船长再谈一谈，就跟在船长后面出了房门。门外是一条明亮的走廊，我留意了一下，这光线来自好几盏电灯。餐厅的豪华大大出乎我的意料，摆设和家具都十分讲究：有镶嵌乌木花饰的高大橡木餐橱，各种闪闪发光的陶器、瓷器、玻璃制品以及琳琅满目的金银制的餐具。天花板上绘有精美的图画，使光线更加柔和而悦目。

餐桌上的食物非常丰盛，荤素都有，其中有些食物我从未见过。这些式样不同的菜看来都富于磷质，所以我想这一定全是海中的产

物。船长显然猜到了我的心事，他主动介绍道：

"这些菜大部分您以前都没见过，但您可以放心大胆地吃。这些菜很卫生，而且富有营养。很久以来，我就不吃陆地上的食物了，我的身体也并不见得差。我的船员也个个身强力壮，他们和我一样都吃这种食品。

船长的话印证了我的猜测，他接着说道：

"大海完全可以供应我们一切的必需品。有时我到那看起来人没

海底两万里

法去的大海中打猎，追逐那些居住在我的海底森林中的野味，就像放牧一样按时收获，这些宝贵的食物都是由造物主亲手播种的。"

"这是什么呢？"我手指着一个盘子里还剩下的几块肉说。

"这是海鳖的里臀；这是海豚的肝；这是一盘罐头海参，马来亚人说这是世界上美味无比的食物；这是用鲸鱼乳汁做的奶油糕，糖是从北极海中的一种大海藻里提炼出来的。可以说海洋简直是取之不尽的生命源泉，它不仅给我吃的，还给我穿的。现在您身上穿的衣料是用一种贝壳类的足丝织成的，染上古人喜欢的绛红色，又调配上我从地中海海兔身上取出的紫色。您在舱房中梳洗台上看到的香料，是从海产植物中提炼出来的。您睡的床是最柔软的大叶海藻做的，您用的笔是鲸鱼的触须，墨水是墨鱼或乌贼分泌的汁。"

我目瞪口呆，一句话也说不出来。

船长似乎有些激动，伸出双手指向四周，接着说道：

"在这汪洋浩瀚的大海中，人们不是孤独的，因为他们感到在自己周围处处都有生命在涌动。正像你们法国一位大诗人所说的，海是长存的生命，是生命之源。可以说，地球是从海开始的，海中有无比和平的环境。海不属于压迫者。在陆地和海面上，人类互相攻打，互相吞噬，但在海平面30英尺以下，他们的权力便达不到了，只有大海里才有真正的自由！难道不是吗？"

这时船长突然沉默了，他踱来踱去，情绪很激动。过了一会儿，他终于平静下来，面容又现出惯常的冷淡神气。他转身对我说：

"教授，我现在正式向您介绍，我是尼摩船长。如果您愿意参观一下我的潜水船'鹦鹉螺号'，我愿意带您四处看一看。"

第8章　强大的电能

　　这时我才知道船长的名字叫尼摩。我跟在他身后，来到了"鹦鹉螺号"的图书室。图书室的规模让我叹为观止。四壁摆着高大的、镶嵌着铜丝的紫檀木书架，架上一层一层的隔板上放满了装潢统一的书籍。架子下面摆着一排皮质长沙发，旁边有可以随意移来移去的轻巧的活动书案。图书室中央放着一张大桌子，桌子上有些小册子和过时的报纸。半嵌在拱形天花板上的四个磨沙玻璃球发出柔和的电光，将图书室照得灯火通明。

　　"阿龙纳斯教授，这里的藏书共有12000本。这些书您可以自由使用，试问哪里还可以找出比这里更适合读书的地方呢？"尼摩船长很自然地躺坐在沙发里，"您在自然博物馆的工作室能给您提供这样一个安静舒适的环境吗？"

　　我对尼摩船长的盛情表示了感谢，然后大致浏览了一遍。书架上多是各种文字的科学、哲学和文学书籍，关于政治、经济学的书籍似乎完全被剔除出去了。我留意到一个细节：所有的书不管哪种文字的，都随便混在一起，没有醒目的分类。很显然，尼摩船长所精通的语言种类比我想象的还要多。

　　接着我又参观了"鹦鹉螺号"的客厅。那是一个长方形的大房间，长10米，宽6米，高5米，天花板饰有淡淡的图案、花纹，装在天花板上的透明电光灯球射出明亮柔和的光线，照耀着陈列在这博物馆中的奇珍异宝。因为这客厅实际上是一所博物馆，一双智慧的妙手把自然界和艺术上的一切珍奇都聚在这里，使它带着一个画家工作室所特有的那种富有艺术性的凌乱。

除了艺术作品以外，自然界罕见的物品也占很重要的地位。这些东西主要是植物、贝壳，以及海中的其他产品，大约都是尼摩船长个人的发现。在大厅中间，有一个喷泉，泉水因受到了电光的照耀而更加漂亮。在这环形水池周围，红铜架子的玻璃柜中，最珍贵的海产物品都分了类，并贴着标签。作为生物学家，我承认，这些极其珍稀的标本有很多只存在于传说中，随便拿出来一个，都是我梦寐以求的科研课题。

接着，我们又来到另一个房间，四周的墙上装满各种仪器、仪表。尼摩船长说："这些就是'鹦鹉螺号'航行所必需的仪表，它们给我指出我在海洋中的实际位置和准确方向。"

我大致看了一下，有些我是知道的，例如罗盘、六分仪、经线仪、温度表、晴雨表，以及暴风镜。暴风镜里装着特殊的混合物，当镜中的混合物分解时，便预告暴风雨即将来到。此外，还有日间用的望远镜和夜间用的望远镜。

除了这些，还有一些仪表我从未见过，我也看不懂上面所显示的数据代表什么。尼摩船长看出了我的疑惑，主动介绍道：

"教授，下面我要给您介绍最重要的一样东西，'鹦鹉螺号'的动力。'鹦鹉螺号'有一种强大而又方便的原动力，它可以有各种用处，船上的一切都要依靠它，它给我光，它给我热，它是我船上机械的灵魂。这原动力就是电能。"

"电！"我忍不住喊出了声。

"是的，教授。"

"但是，据我所知，人类对于电能的掌握还十分有限，即便是最

先进的电力机械，也只能产生相当有限的力量。'鹦鹉螺号'移动的速度这么快，这跟电的力量不太符合，这不科学！"

还没等尼摩船长回答，我忍不住又追问道：

"而且，电能也是需要生产和储存的，我多少也了解一些电能的化学知识。例如储存电能要用到锌，既然您的船跟地面上没有什么联系，用完了，您怎样补充呢？"

尼摩船长脸上浮现出自信的笑容："教授您大概忘了，我之前说过，大海中应有尽有，不管是衣食住行，还是各种矿产，锌、铁、银、金，以及所有陆地上有的，海底都有。我并不需要借助于陆地上的矿藏，因为大海已经给我提供了一切。"

"具体是怎样的方法呢？"我的好奇心已经压倒了一切，我迫不及待地想要知道这艘纯粹依靠电力的潜水船到底是怎样在大洋深处运行和生活的。

"海水的成分您是知道的。一千克的海水有96.5%是水，2.7%左右是氯化钠，其余就是小量的氯化镁、氯化钾、澳化镁、硫酸镁、硫酸和石炭酸。由此您可以看出，氯化钠在海水中含有相当大的分量。而我从海水中提取出来的就是钠，我就是用这些钠来存储电能的。"

"钠电池吗？"

"是的，钠跟汞混合，成为一种合金，代替本生电池中所需要的锌。汞是不会损失的，只有钠才要消耗，但海水本身就可供给我所需要的钠。此外我还可以告诉您，钠电池应当是最强的蓄电池，它的电动力比锌电池要强好几倍。"

"那么，您如何从海水中提炼钠元素呢？"我追问。

"那就要用到煤炭产生的热能了。"

"煤炭从何而来？"我并不死心，因为我实在不能相信这艘船可以断绝一切与陆地的联系而独立运转。

尼摩船长笑了，他显然听出了我的想法。

"尊敬的阿龙纳斯教授，您该不会以为这世界上只有陆地才有煤矿吧？"

我再一次呆住了。

"我们的旅途还很长，相信您一定有机会看到我们开采海底煤矿的情形。"尼摩船长笑着说。

"那……船上用来呼吸的空气是怎样生产出来的？"

我绞尽脑汁，终于在脑中搜刮出了最后一个问题。

"呵呵，这个就更简单了。虽然我可以很轻易地制备出可供呼吸的空气，但没有什么必要。因为我高兴时，我

可以随便浮到海面上来，然后用电能驱动强大的抽气机，把空气装进特殊的压缩罐储存起来。这样，我就可以根据需要停留在海底深处，时间要多久就多久。"

"原来一切都是依靠电能的力量。"我自言自语道。

"对，电能才是最终极的能量，我不知道有一天你们是不是也会明白这个道理。"

尼摩船长说出这句话的时候，脸上闪过一丝淡淡的嘲讽，我明白他所说的"你们"并不是指我们三个，而是指陆地上的人类。

这时，尼摩船长犹豫了一下，说道："请您跟我来，我们去看看'鹦鹉螺号'的后部。"

这时我的脑海里已经大概有了"鹦鹉螺号"的结构：从船中心到船前头，先是长5米的餐厅；然后有一道防水隔板，后面是长5米的图书室，长10米的客厅；接着是第二扇隔板，长5米的船长室，我的房间；最后是长6.6米的储藏空气的密室。前半部全长是35米。防水隔板上的门都带着橡胶闭塞器，即便其中一个漏水，也不会波及其他舱室。

我跟着尼摩船长穿过船边的狭窄过道，到了船的中心。在船中心两扇隔板之间有井一般的开口。顺着内壁有一架铁梯子一直通到这口井的上部。我问船长这梯子是做什么用的。

"它通到小艇。"他回答。

"什么！您还有一只小艇？"我有些惊异地说。

"当然喽。一只很好的小艇，轻快，又不怕沉没，可供游览和钓鱼之用。"

"如果登上小艇，是不是需要浮出水面？"

"并不需要。这小艇放在船身上一个特别的凹洞里。小艇全部装有甲板，完全不透水，只留一个单人小孔。这孔紧接着'鹦鹉螺号'外壳上的一个大小相同的孔，人从内部进入小艇，封上小门，松开铰钉，小艇就以很快的速度浮上水面，然后打开小艇盖板，竖起桅杆，扯开风帆或划起桨来，就可以在水上漫游了。

"那怎样回来呢？"

"小艇带着一根长长的电线，连在'鹦鹉螺号'上，如果需要回来，打个电报，'鹦鹉螺号'就前去迎接。"

这设计真是太巧妙了！除了叹为观止，我想不到别的形容词来形容我的心情。

随后，又有一道门通到长3米的厨房。在厨房里，一切烹饪工作都利用电，电比煤气更有效、更方便，同时厨房的电力蒸馏器不间断地工作，可以供给清洁的饮用水。厨房旁边有一个浴室，布置得很舒适，室内的水龙头可以根据需要供应冷水或热水。

接着是机器间，同样被电灯照得通明，有20多米长：第一部分放着生产电力的原料，第二部分装着转动螺旋桨的机器。面积很大的电磁铁通过杠杆和齿轮转动推动推进器的轮轴，全船于是就走动了。推进器的直径是6米，涡轮的直径是7.5米，每秒钟可转120转，可以达到每小时50海里的速度。这速度足以让如今世界上所有的高速舰艇望尘莫及。

当然，"鹦鹉螺号"的速度我早已见识过。即便我已经了解了这艘潜水船神奇而强大的电能，但还是不太理解这庞然大物如何做到如此高速和灵活的，它的操纵和运作我依然不是很了解。在我提出这个问题之后，尼摩船长带着我来到了他的船长室。

第9章　梦幻之旅

在船长室，我终于见到了"鹦鹉螺号"的设计图。

"鹦鹉螺号"整体呈圆筒形，两端圆锥状，就像一只雪茄，这样的外形决定了它行驶时积水容易排走，丝毫不会阻碍它的航行。整艘船采用了双层船壳，内外壳之间，用许多T字形的蹄铁把它们连接起来，使船身坚固无比，连最汹涌的风浪都不惧怕。船的重量和排水量经过精确的计算，船上的配重水箱排空时，"鹦鹉螺号"大概浮出海面十分之一，如果水箱充满了水，整条船则可以完全潜入水中。通过控制配重水箱的进水量，就可以控制"鹦鹉螺号"的上浮和下潜。

"鹦鹉螺号"有两副控制舵。浮出水面时，使用船尾的普通方向舵。另一副舵是装在船身两侧浮标线中央的活动翼，当"鹦鹉螺号"在水下前进时，可以使用两个活动翼来操纵：纵斜机板的位置如果与船身平行，船则保持水平行驶；活动翼与水平面呈现一定角度时，"鹦鹉螺号"在推进器的推动下，就沿着倾斜方向沉下去或浮上来，前进的速度越快，上浮和下潜的速度也越快。

在船体前方，设计了一个镶嵌厚玻璃的观察舱，负责瞭望的船员可以待在里面观测航线，观察舱旁边是一个巨大的玻璃探照灯，同样是使用电能的。我们一开始在"林肯号"上所看到的来自水下的强烈磷光，就是这探照灯所发出来的。

尼摩船长抚摸着图纸，用无比自豪的语气说道：

"'鹦鹉螺号'使用电能驱动，全部由钢铁制造，既坚固又避免了火灾发生，遭遇风浪时，只需要下潜几米便可以安枕无忧。如果您看懂了这图纸和设计理念，那您就可以理解我对我的'鹦鹉螺号'为什么完全信赖了，因为我同时是这艘船的船长、建造师和工程师！"

尼摩船长停顿了一会儿，似乎是在让自己平静下来，然后接着说道：

"此外，'鹦鹉螺号'因为不必受限于水面航行，因此可以达到更快的航行速度，这速度除了船本身的电能驱动之外，还跟另外一个重要的因素有关。"

"什么因素？"我大惑不解。

"洋流，"尼摩船长回答道，"地球上各大陆形状不同，把海水分为五大部分，即北冰洋、南冰洋、印度洋、大西洋和太平洋。海洋跟大陆一样，也有江河。这些江河就是特殊的洋流，从它们的温度、颜色可以辨认出来。在地球上的大洋中有下面的五条主要洋流：第一条在大西洋北部，第二条在大西洋南部，第三条在太平洋北部，第四条在太平洋南部，第五条在印度洋南部。"

我已经明白了尼摩船长所说的"重要因素"是什么意思了。这些大海之中的洋流，日夜不停地遵循着相同的方向高速流动，就像是一条条高速通道。因为洋流并非像河流那样浮现在海面上，而是在海水中呈立体分布，因此海面上航行的船只很难利用洋流的速度。而"鹦鹉螺号"则不同，它可以潜水到任何深度，因此可以像条鱼那样一头扎进这洋流的高速通道之中，借助洋流的速度，以更快的速度在大洋深处航行，这实在是一件非常奇妙的事情。

根据尼摩船长的介绍，"鹦鹉螺号"马上要进入"黑水暖流"。

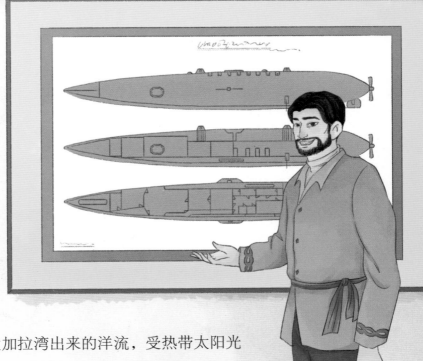

这是一条从孟加拉湾出来的洋流，受热带太阳光线的直射，非常温暖。它横过马六甲海峡，沿着亚洲海岸前进，从太平洋北部呈环弯形，直到阿留地安群岛。

这时，尼德·兰和康赛尔也来到了船长室。

"你们来得刚好，尼德·兰师傅，您要相信我，此刻您必须放弃逃走的念头，毕竟这个世界上能够参观'鹦鹉螺号'的人少之又少。单单是航行沿途的神奇景色，就足以让很多人心甘情愿地放弃陆地生活。"

"切！"渔叉手喊道，"神奇景色？就这个钢铁大罐子？除了这钢板的监牢，我们有什么景色可看……"

当尼德·兰说最后这句话的时候，忽然全船都黑了下来，这是绝对的黑暗。明亮的天花板熄灭了，伸手不见五指。我们吓了一跳，动也不敢动，在这寂静中，我们忽然听到一种机械滑动的声音。

然后就在一瞬间，船长室又亮了起来。不同于灯泡的光线，这亮光是从船长室墙壁上两个长方形的孔洞中照进来的，两块厚厚的玻璃晶片把我们和海水隔开。我们站在这玻璃之后，就像站在一个巨大的海洋鱼缸面前，周围一海里内的海水都清晰可见。这真是难得一见的奇特景象，"鹦鹉螺号"发出的亮光在水波中荡漾流转，清澈的海水让我们忘记了眼前是深深的海底，大家恍如置身于一片流动的光线之中，忍不住心神荡漾。

这沉默保持了好一阵子，大家都看呆了。海床变深之后，目光所及，周围只有茫茫的海水，不禁给人一种错觉："鹦鹉螺号"仿佛悬停在这湛蓝的、如同宝石一般的海水中，只有偶尔船头冲角分开的水线纹引发的光线折射变幻，才能让我们想起自己其实置身于一艘高速航行的潜水船中。

很快，鱼群被"鹦鹉螺号"的光线吸引，纷纷围拢过来。整整一大群的水族部队围绕在"鹦鹉螺号"周围，戏耍、跳跃、比赛对抗。对于海洋生物学家而言，这简直是一场视觉盛宴：有青色的海婆婆；带有双层黑线的鲱海鲷鱼；圆团团的尾、白色背上带紫红斑点的虾虎鱼；身上蓝色，头银白色的美丽鳍鱼；不用详细描写，单单从名字就可以看出美丽得无与伦比的碧琉璃鱼；生有蓝色或黄色的鳍的条纹鳃鱼；尾上带有一种特殊黑带的线条鳃鱼；漂亮的被六条带包裹的线带鳃鱼；真正的笛子口一般的笛口鱼；长至一米的海鹤鹑；日本的火蛇；多刺的鳗鱼；眼睛细小而灵动、大嘴中长有利牙的六英尺长蛇；等等。

这些鱼群在流动的光线中翻滚穿行，折射出更加炫目的美丽光线，我们简直都要陶醉了。要知道，我从没有像现在这样的机会，可以任意观看这些动物。它们是活生生的，自由自在的，在它们本来生长的海水中游来游去。

不知道过了多久，船长室中突然明亮，船边盖板缓缓关闭，使人着迷的景色隐没不见了。可是我很久都没有回过神来，依旧做梦般地想着那如梦如幻的海底景色和五彩斑斓的海洋生物。

接下来的一周我们都没有看到尼摩船长。这期间我们在船上每天吃喝不愁，还能看到海底美景，我偶尔还会趁"鹦鹉螺号"浮上海面换气的机会跑到舱外呼吸一下新鲜空气。11月16日这天，我跟尼德·兰和康赛尔回到我房中的时候，看见桌上有一封给我的信，内容如下：

送交"鹦鹉螺号"船上的阿龙纳斯教授

亲爱的阿龙纳斯教授：

尼摩船长热情地邀请您一起出去打猎。这次打猎定于明天早晨，在克利斯波岛的林中举行。希望阿龙纳斯教授能和您的同伴一起参加。

"鹦鹉螺号"船长　尼摩

1867年11月16日

尼摩船长本来是讨厌大陆和岛屿的，现在反而邀我们去小岛打猎，这让我很是疑惑。我看了看地图，在北纬32度40分，西经167度50分的地方，找到一个小岛。它是1801年由克利斯波船长发现的，古老的西班牙地图将它称作洛加·德拉·蒲拉达，就是银石的意思。

也许尼摩船长会选择荒凉无人的小岛以避开陆地人吧，我们这样猜想着。

第10章　海底森林

第二天一早，尼摩船长已经在客厅里等着我了。一看到他，我就迫不及待地提出了心里的疑问："船长，既然您跟陆地割断了任何联系，为什么又要去岛上的森林里呢？"

"教授，可能我信中说得不是很明白，这不是陆地的森林，而是海底的森林。"

"海底的森林！"我忍不住喊出声来。

"正是。"

这时尼德·兰和康赛尔也来到了客厅中，他们听到了我们的对话，同样满肚子疑惑，但尼摩船长似乎并没有要进行讲解的意思。他带着我们，径直来到了餐厅。

"我们要前往打猎的森林中可没有饭馆，所以请各位尽量多吃一些，我们今天可能回来得很晚。"尼摩船长一边说，一边露出意味深长的笑容。

既然如此，我们就放开肚子一顿饱餐。菜肴各式各样，有鱼类、海参、美味的海底植物，还有助消化的海藻类植物，像青红片海藻、苦乳味海藻等。饮料是用水和酵素酒合成的，是按照勘察加岛人的方法，用掌形藻酿造出来的。

吃了一会儿，我实在忍不住了，开口问道："尼摩船长，既然我们要去的是海底的森林，那显然我有很多的疑惑，比如最重要的——

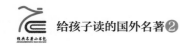

我们在海底如何呼吸？"

尼摩船长笑了，他擦了擦嘴，慢慢地说道："您的两个法国同乡——卢格罗尔和德纳露兹创造了一种潜水的器械，经过我的改造，人用它完全可以在海底呼吸。它有一个厚厚的钢瓶，瓶中贮满了经过压缩的空气，用一条腰带捆在人的背后，有两条胶皮管子从其中通出来，经过减压之后，可供使用者正常呼吸。因为在海底下受到的压力很大，所以我们要像潜水员一样，把我们的脑袋装在铜制的圆球中，那两条胶皮管——吸气管和呼气管就连结在这个圆球上。"

"海底一片漆黑，我们靠什么来照明呢？"我又问。

"这个您知道的，氯化钠电池，加上特制的灯泡。灯泡没有灯丝，只有少量的二氧化碳，通电后发出一种连续不断的白光，可以用来照亮。有了这些设备，我们就可以呼吸，可以看见。"

"打猎用的枪呢？在海水中如何使用火药？"尼德·兰忍不住问出他最关心的问题。

"我们不用火药，打猎的枪使用压缩空气发射特制的带电子弹。再大的鱼只要中上一发，立刻就会全身麻痹，束手就擒。"尼摩船长信心满满地说道。

这下我们没什么问的了。很显然，对于打猎，尼摩船长早已经考虑得面面俱到了，而且很显然这是他们经常进行的一项活动，不过最终尼德·兰还是因为不放心而放弃打猎了。

我和康赛尔跟着船员们来到船上的一间小舱室中。舱室不大，三面墙壁上却挂满了奇怪的服装，不用问，这就是潜水服了。这时来了两个船员帮助我们穿这些不透水的、沉甸甸的衣服。潜水服是用橡胶

制成的，和裤子连在一起，裤脚下是很厚的鞋，鞋底装有很重的铅铁板。上衣全部由铜片编叠起来，像铁甲一般保护着胸部，可以抵抗水的冲压，让肺部自由呼吸；衣袖跟手套连在一起，很柔软，丝毫不妨碍两手的运动。

最后我们戴上圆球头盔，头盔上有三个孔，用很厚的玻璃防护，只要人头在圆球内部转动，就可以看见四面八方的东西。当脑袋钻进圆球中的时候，放在我们背上的卢格罗尔呼吸器，立即起了作用。就我个人来说，我呼吸很顺利，没有困难。

我们进到一间很小的舱室中，这间舱室一边通向船内，一边通向船外。门关好之后，舱室注满了水，我们打开通往船外的舱门，很快就来到了"鹦鹉螺号"之外。

对于我来说，这感觉奇妙无比，简直无法用语言来形容。尼摩船长走在前面，他的同伴在后面隔好几步跟随着我们。在水中，我不再感到我的衣服、鞋子、空气箱沉重了，也觉察不到这厚厚的圆球的分量，我的脑袋在圆球中间摇来晃去，像杏仁在它的核中滚动一般，一切都变得轻飘飘的。

阳光可以照到洋面下30英尺的地方，这股力量真使我感到惊奇，我可以清楚地分辨100米以内的物体。远处的海水由浅蓝变为深蓝，最后变为黑暗，在我头上，可以看见那平静无波的海面。

我们在很细、很平、没有皱纹的沙上行走，广阔的细沙平原好像是漫无边际的。我用手拨开水帘，走过后它又自动合上，身后，我的脚印在水的压力下也立即就消失了。走了一会儿，"鹦鹉螺号"已经渐渐隐没不见，我们只能看到它探照灯的光影。

这时是早上10点，太阳光以相当倾斜的角度投射在水波面上，折射成7种不同的颜色，倾斜而下。这些色彩浓淡不一，错综交结，简直如同万花筒一般，我忍不住在头盔里惊叹起来，虽然我知道并没有人能听到。

出于职业的习惯，我忍不住要把眼前看到的形形色色的植物、动物等进行分类：变化不一的叉形虫，孤独生活的角形虫，纯洁的眼球丛，被人叫作"雪白珊瑚"的耸起如蘑菇形的菌生虫，肌肉盘贴在地上的白头翁……简直就像鲜花遍布的花丛。这些绚丽的"花儿"随着我们走路时所引起的最轻微的波动而摆动起来，让人眼花

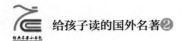

缭乱。在我们头上的是成群结队的管状水母，它们伸出天蓝色触须，一串接一串地游在水中。还有月形水母，它那带乳白色或淡玫瑰红的伞套了天蓝色的框子，给我们遮住了阳光。在黑暗中，更有发亮的半球形水母为我们发出磷光，照亮了我们前进的道路！

不知不觉，我们离开"鹦鹉螺号"已经大约有一个半小时了。快到中午的时候，太阳光垂直地照下来，没有了折射，变幻的色彩渐渐消失了，翠玉和青玉的各种色度也从我们的头顶上消失了。这时我们走到了一处斜坡，尼摩船长停下来。他等着我到他面前去，指给我看那阴影中不远的地方渐渐露出来的一堆堆模糊不清的形体。

我想，那就是克利斯波森林了。

那是一大片笔直生长的海带和水藻，因为受到海水强大密度的影响，它们坚定不移地沿着垂直线生长。而且这些水草是静止不动的，当我用手分开它们

的时候，
一放手，它们便
立即恢复原来的笔直
状态。这林子简直就
是垂直线的世界。各
种鱼类在植物间穿梭
游动，仿佛是林中飞翔的鸟儿。

我们穿过森林，沿着另一条路往回走，来到靠
近小岛的浅水区域，这里的生物更多了。尼摩船长
很快就有了收获，那是一只很好看的水獭，不仅肉可以
吃，皮毛还可以用来做衣服、鞋帽。尼摩船长的同伴也不
甘落后，他竟然穿过水面击中了一只掠着海面飞行的大鸟！
这是最美丽的一种海鹅，是海鸟中最使人赞美的一个品种。

我刚要为这完美的一击惊叹，旁边的尼摩船长忽然转身按住
了我，同时示意其他人趴下。我不明就里，就照做了，然后就看到暗
处游过来一只庞然大物，我血管中的血都凝结了！那是一只火鲛，是
最可怕的鲨鱼，尾巴巨大，眼光呆板阴沉，嘴的周围有很多孔，孔中
喷出磷质，闪闪发光，它们的铁牙床几乎可以把整个人咬成肉酱！

幸好它们并没有注意到我们就游走了，毫无疑问，这次的危险比
在森林中碰见猛虎还要严重得多，我们能躲过这次危险真是个奇迹。

回到"鹦鹉螺号"之后，我和同伴们非常疲乏：一方面对于这次
海底的惊人旅行赞叹不已，另一方面简直累得不能动，躺在床上昏昏
沉沉地睡着了。

第11章　大洋深处的秘密

第二天，"鹦鹉螺号"浮出水面换气，我来到舱外欣赏海洋的美丽景色，这时尼摩船长带着大约20名水手走到平台上来，他们都是身强力壮的大汉。他们来收昨天晚上撒在船后的鱼网。我认出其中有爱尔兰人、法国人、好几个斯拉夫人、一个希腊人或克里特岛人。不过，这些人都不爱说话，他们彼此间使用的语言我也听不懂。

袋形的鱼网被拉上船来，这一天打到了许多新奇类型的鱼，比如海蛙鱼、弯箭鱼、弯月形馥鱼、八目鳗、海豹鱼、会发电的旋毛鱼、淡青色的鳖鱼、虾虎鱼等，以及好几条约一米长的美丽的鲤鱼，三条华丽的金枪鱼。我估计了一下，这袋网所获得的

鱼超过500千克。对于船员们来说，这已经司空见惯了。种类不同的海产生物立即从打开的盖板送到下面的食物储藏室，有些则要趁新鲜食用，有些则要保存起来。

忙碌之后，尼摩船长走过来同我聊天。他指着茫茫大海，说道："看到了吧，海洋的生命力比陆地上更强大，更丰富，更穷无尽。虽然对于人类来说，大洋深处是生命的禁区，但对无数的生物——和对我来说，它是真正生命的所在！所以，海洋中才有真正的生活！我打算建设水中的城市，像'鹦鹉螺号'一般，每天早晨浮上水面来呼吸。如果成功的话，那一定是自由自在的城市，独立自主的城市！不过，又有谁知道，不会有些专制魔王……"

说到这里，尼摩船长做了个挥手的动作，不再言语。过了好一会儿，他似乎想要换个话题，转过头问我：

"阿龙纳斯教授，您知道海洋有多深吗？"

"据我所知的一些测量数据，平均数字应该是7000米吧。"

"我希望接下来的旅途可以给您提供一些更确切的数字。"尼摩船长说完就进了船舱。

接下来的几周时间里，"鹦鹉螺号"一直在朝着东南方航行。12月1日，它在西经142度上越过赤道线；4日，经过顺利的迅速行驶后，我们望见了马贵斯群岛。12月4日至11日，"鹦鹉螺号"共走了4 000海里左右。途中，我们碰见了一大群喜欢夜出的软体动物——枪乌贼，这是一种很奇异的软体动物，跟墨鱼很相像，法国渔民称它们为"水黄蜂"，据说相当美味。

这天夜里，"鹦鹉螺号"碰见了正在迁徙的、数量达千百万的枪乌贼，它们要从温带地方转移到较暖的水域去。"鹦鹉螺号"在这群枪乌贼中足足走了好几个钟头，鱼网打到了无数的这种枪乌贼。

当然，在这次航行中，我们看到的不仅仅有深海的各种奇妙景象，也有那些大洋深处最惊人的秘密。这天，我们正在客厅透过舷窗欣赏美景，在电光照耀中，我看见一团巨大的黑东西静止不动，悬在海水中间。我一开始以为是一条鲸鱼，但看着看着，心中忽然醒悟，喊道："沉船！"

尼德·兰此时也看到了："是的！一艘撞在暗礁上沉了的船！"

这时我们距离沉船更近了，我看清楚了更多细节。看起来船沉下来至多不过是几小时以前的事，显然是遇到了风暴，为了避免翻船，船上的人砍断了桅杆，但最终船还是翻了。更为凄惨的是，甲板上还有挂在绳索上的许多尸体！男人的，女人的，小孩的，多么吓人的场面！我们又惊骇又难过，大自然既温情又残酷，愿这些不幸的灵魂得到解脱。

其实，这样可怕的景象是"鹦鹉螺号"在航程中碰到的一连串海中灾祸的开始。在一些比较繁忙的航道下方，我们时常看见遇难的船只在海水中腐烂了。在更深的地方——海底，我们还看到生了锈的大炮、子弹、锚、链以及其他铁器。

在一个名叫克列蒙端尼的小岛附近，我们看到了大量的珊瑚礁。这种造礁珊瑚跟普通珊瑚不同，它们的纤维组织可以产生石灰质的表皮，数以亿万计的造礁珊瑚分泌的石灰质逐渐累积，组成了岩石、礁石、小岛、岛屿，甚至形成一些礁石的悬崖。

康赛尔问我，这些巨大的小岛和悬崖积累起来要花多少时间。我说，根据研究，积累八分之一寸厚的珊瑚墙需要一个世纪，即一百年

左右的时间。他十分惊异。

"那么，"他问我，"珊瑚虫造出面前的这些珊瑚礁需要多少时间呢？"

"192 000年。"

康赛尔张大了嘴巴，久久都合不上。

12月15日，我们抵达了塔希提岛。沿岛水产供应了我们船上餐桌许多美味的鱼：鲭鱼、鲤鱼、乳白鱼，以及好

几种属于鳗鱼类的海蛇。在接下来的魏利阿湾，我们打到很多巨大而美味的牡蛎。一位船员教会了我们新的吃法：在饭桌上把牡蛎剥开，然后尽情地去吃。尼德·兰师傅在这次牡蛎大餐中展示了惊人的食量和吃牡蛎的技巧，他面前堆积的牡蛎空壳简直不计其数。不过，对此他振振有词地解释道：供给一个人每日营养所需的315克氮素，至少需要200个牡蛎呢。

不知不觉间，"鹦鹉螺号"已经走了8 000多海里的航程了。期间我们见识了海底的丰富资源，也目睹了无数大洋深处的种种秘境，包括万尼科罗群岛附近沉没的有名的"罗盘号"和"浑天仪号"船。那是1785年受路易十六的派遣进行环游地球航行的船队，由著名的拉·白鲁斯船长率领，但不幸在这片海域失事遇难。据当地的土著人说，两艘船沉没之后，幸存船员利用有限的材料造出了一艘小船准备返回，结果出发没多久就再一次触礁沉没了。由于风大浪高，后来的搜索救援人员始终没能发现这艘小船以及拉·白鲁斯船长的遗体。

在离开万尼科罗群岛时，尼摩船长给我看了一个白铁盒，上面印有法国国徽的标记，全都被盐水侵蚀了。铁盒内装着一卷公文，虽然纸色发黄，但字迹还清楚可读。

这公文是法国海军大臣给拉·白鲁斯船长的训令，边缘还有路易十六亲笔的批语呢！

"您找到了拉·白鲁斯船长？"我吃了一惊。

尼摩船长并没有直接回答我，而是叹了一口气，沉默良久，才开口说道："对于一位海员来说，能葬身在这碧蓝大海里的珊瑚坟墓实在是死得其所！希望我和我的同伴们将来也能如此。"

第12章　海岛打猎

1月2日，自我们从日本海出发到现在，"鹦鹉螺号"已经走了11 340海里，现在前面可望见的是，澳大利亚东北角的海岸托列斯海峡。这条长360英里的暗礁脉，波涛汹涌、奔腾澎湃，听起来像隆隆的雷声，十分凶猛。

托列斯海峡之所以被认为是很危险的地带，不仅是因为它有刺猬一般的暗礁，而且因为住在附近巴布亚岛海岸的土著人相当不友好。小岛长约400英里，宽约130英里，面积约40 000平方英里。岛上山脉层峦叠嶂，十分陡峭。

托列斯海峡对于所有的航海家来说都堪称是"噩梦"，海峡中搁浅、沉没的船只无数。"鹦鹉螺号"虽然经历的风浪无数，可面对这样凶险的暗礁也要打起十二分的精神。尼摩船长为了安全通过这条海峡，命令"鹦鹉螺号"浮在水面上缓缓前进。

"真是凶恶的海！"尼德·兰对我说。

确实，我们所处的情形十分危险，但"鹦鹉螺号"好像有了魔法，在这些凶险的暗礁中间得以安然滑过去。"鹦鹉螺号"周围，海水汹涌湃澎、翻滚沸腾。海浪从东南奔向西北，以2.5海里的速度冲在处处露出尖峰的珊瑚礁上。

下午3点的时候，正是涨潮期，波浪更加汹涌了。我正在欣赏岛上的班达树林，突然而来的冲击把我震倒了。"鹦鹉螺号"碰上了一座

暗礁，搁浅下来。当我站
起来时，我看见平台上来了尼摩
船长和他的船副。他们将船的情形检查一
下，彼此用我不懂的语言说了几句话。

　　船并没有损坏，因为船身非常坚固。但是，如果永远搁
浅在暗礁上，尼摩船长的潜水船不是就完蛋了吗？这时尼摩船长表现
得很冷静，他总是那样胸有成竹。

　　"尼摩船长，'鹦鹉螺号'是在高潮来的时候搁浅了，如果您不
能把鹦鹉螺号浮起来——在我看来这是不可能的——那我就看不到它
有什么法子能够离开暗礁，重回大海。"

　　"教授，您说得对，"尼摩船长回答我，"但是在托列斯海峡，
高潮和低潮之间仍然有一米半的差别。今天是1月4日，再过5天月亮就
圆了。到时候的超级大潮一定会把我们安然送走的！"

　　尼摩船长说完，就跟他的大副回船舱了。这时康赛尔和尼德·兰
也上来了，他们了解到我们要困在这里至少5天之后，想到了一个大
胆的主意——上海岛打猎。我去向尼摩船长表达了我们的想法之后，
尼摩船长居然很爽快地答应了我的请求。只是要我保证一定回到船
上来。因为在新几内亚岛上逃亡是很危险的，如果落在巴布亚土人手
里，还不如在"鹦鹉螺号"船上做俘虏好些。

　　说干就干，我们立刻开始准备东西，第二天一早我们就乘着船上

的小艇出发了，驾驶小艇的任务交给了尼德·兰。在暗礁之间的水路中，大船行驶是十分凶险的，但划一只轻快的小艇对加拿大人来说简直和玩耍一样。

一路上，尼德·兰简直不能抑制他快乐的心情。他是从"监牢"中逃出来的囚人，全没想到他还要回到"监牢"里面去。

"我要大口吃肉了！"他一再说，"我们要去吃肉了，吃真正的野味了！我不是说鱼肉不好吃，但也不能整天吃，一块新鲜的野味，在火上烤起来，可以好好地给我们换换口味呢。"

"真馋嘴，"康赛尔回答，"他说得我嘴里不停地流口水呢！"

尼德·兰又说："一会儿到了岸上，所有没有羽毛的四足兽，或

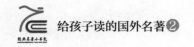

所有有羽毛的两脚鸟，只要出现，立刻干掉！"

八点半，小艇穿过了围绕格波罗尔岛的珊瑚石带，在沙滩上慢慢停了下来。我一脚踩在地上，感到一种难以形容的久违的感觉，尼德·兰拿脚试着踢一踢土地，好像要占有它似的。其实，我们彻底离开陆地，也仅仅两个月。

我们看见一棵椰子树，尼德·兰打下好几个椰子。劈开椰子，我们喝了里面的汁，吃了里面的肉，十分惬意。

"好吃得很！"康赛尔说。

"比起野味可差得远！"尼德·兰回答，"我开始理解那些食人族的乐趣了，嘿嘿。"

这句玩笑话吓到了我们的老实人康赛尔。他惊慌地说道：

"我们还是快些打野味吧，免得尼德·兰师傅吃不到野味，哪天夜里再把我给啃着吃了……"

我们哈哈大笑起来，气氛十分愉快。

接着我们找到了一片面包树林。尼德·兰立刻胃口大开，摘了几个面包树果子，用火镜生火，一会儿功夫就烤了一堆香喷喷的面包果片。我们毫不客气，一番大快朵颐，都吃得心满意足。

康赛尔总是随着尼德·兰走在我前面。尼德·兰手法熟练，又采摘了香蕉和西米粉，以及味道很辛烈的巨大雅克果，还有很甜的芒果和大到难以相信的菠萝。我们收获的食品愈加丰富起来。然而却始终未见到野味的影子，最终我们带着满满的收获返程了。尼德·兰也并不十分遗憾，因为他知道我们有足足五天时间可以在这岛上探索。

第二天，我们继续深入海岛，发现了鸟儿活动的痕迹。尼德·兰

号称枪法入神，可是连一根毛也没打下来；康赛尔则误打误撞，打下一只白鸽和一只山鸠。尼德·兰迫不及待地拔毛、生火，没过多久香喷喷的野味就被我们分食一空，大家心满意足。

接下来尼德·兰一发不可收拾，先是打了一头野猪，接着又打了足足一打的兔袋鼠。下午6点左右，我们回到了海滩，小艇仍然停在原来的地方。"鹦鹉螺号"远远地横在水面上，距离我们大概有两海里的样子。

尼德·兰立即准备晚餐这件大事，野猪的腰窝肉被架在火上烤，不久即发出一种很香的气味，空中都香气四溢了！加上两只山鸠、西米面条、面包果、一些芒果、六七个菠萝和一种椰子果酿成的饮料，晚餐的菜单堪称完美，我们简直吃到忘乎所以，开心极了。

"我们今晚不回'鹦鹉螺号'船上好吗？"康赛尔提议。

"我们永远不回去好吗？"尼德·兰说。

还没等我接上话，突然不知从哪里飞来的一块石头落在我们脚边，吓了我一大跳，连手中的烤肉都掉了。

"是猿猴吗？"尼德·兰一边站起来拿枪一边喊道。

"不是，但也可以说是。"康赛尔说。

"你说话能不能直接点儿！"尼德·兰怒了。

我们顺着康赛尔手指的方向一看，只见二十来个土著，拿着弓箭和投石器，从遮住了右方天际的丛林边缘出来，与我们相距不过100步左右。他们身穿各种植物，猫腰弓步，倒真有点儿像猿猴。看来康赛尔说的也并非没有道理。

第13章　最好的长眠之地

　　我们的小艇停在离我们20米远的海上，我们迅速收拾东西，准备回小艇。倔强的尼德·兰不愿意放弃所有的食物，不顾及眼前的危险，一边拖野猪，一边拿兔袋鼠，相当快地把食物收拾了起来。

　　我们很快把食物和武器放在了小艇里，将小艇推入海中，安上两支桨，20分钟后就回到了"鹦鹉螺号"。虽然我们弄出了这么大的动静，可船上似乎浑然不觉，尼摩船长正在客厅里弹琴，相当陶醉。

　　"我们打猎引来了一群野蛮人！"尼德·兰喊道。

　　尼摩船长十分淡定，慢慢地说道："放心吧，这事用不着您担心。就是岛上所有人都齐集在这海滩上，'鹦鹉螺号'一点也不怕他们的攻击！"

　　"他们有独木舟，会登上我们的船！"我提醒道。

　　"阿龙纳斯先生，"尼摩船长安静地回答，"请只管放心，就算进入'鹦鹉螺号'的通道铁门开着，那些人也不可能进入船内。"

　　我盯着船长，心中对他的话怀疑到了极点，因为那是根本不可能的事情。"

　　"您不明白吗？那就跟我一起上去看看吧。

　　我向中央铁梯走去。尼德·兰和康赛尔站在那里看着船上的人员把盖板打开，这时那些土著已经乘着独木舟登上了"鹦鹉螺号"，在外边大声喊叫。

　　盖板打开了，立刻有一群土著凑了过来。第一个土著人刚把手放在铁梯扶手上，马上被一种神秘不可见的力量弹开了，他一边蹦一边哇哇乱叫，好像很痛苦的样子。他的十个同伴陆续前来抓扶手，全部是同样的下场。

　　康赛尔被这些土著滑稽的动作逗得哈哈大笑。尼德·兰是个急脾气，想要冲上楼梯去看个究竟。谁知道他刚抓住扶手，就被一股力量弹开，顺着楼梯滚了下来。

　　"有鬼！有鬼！"他喊，"我被雷打了！"

　　我一下子明白过来了：扶手通了电！这真是绝妙的武器！

土著们被吓坏了，纷纷跳下船，划着独木舟逃回了岸上。这时，尼摩船长等待已久的大潮也到了最高点。2点40分的时候，"鹦鹉螺号"缓缓离开了珊瑚石床，安然无恙地开回了安全的水道之中。

接下来的好几个星期里，尼摩船长邀请我做各种各样的实验，研究不同深度水层的盐分含量、海水的感电作用、海水的染色作用、海水的透明传光作用。在所有这些实验中，尼摩船长处处显示出他的奇特才能，也处处显示出他对我的好感。期间"鹦鹉螺号"穿过了一片充满发光水藻的海域，那情景如梦如幻，仿佛是在无尽的流光中行驶，美到无法形容。

1月19日这天，尼摩船长突然找到我，情绪低落地问我："教授是否懂得一些医学知识呢？"

"略懂一些，我曾经行医几年。"

"那太好了！"尼摩船长随即领着我来到了靠里的一间船舱。房中床上躺着一个四十岁左右的人，受了伤，头部包裹着血淋淋的纱布。我把包布解开，发现伤势很重，头盖骨被冲击的器械打碎，脑部受了重伤。也正是因为这个原因，伤者的呼吸很缓慢，肌肉痉挛着，很显然大脑已经发炎了。

尼摩船长低声说道："'鹦鹉螺号'受到一次撞击，机器上的一条杠杆崩裂，眼看要砸中船副，他冲上去挡住了……为自己的兄弟牺牲，为自己的朋友牺牲，这是'鹦鹉螺号'上所有成员的信仰！您对于他的伤情有没有办法？"

我迟疑着不敢说。

"您可以说，"船长对我说，"他不懂法语。"

我最后看了一下伤员，然后回答：

"这人最多还能活两三个小时。"

"有什么办法救他吗？"

"没有。"

尼摩船长叹了一口气，示意我离开。

第二天早晨，尼摩船长邀请我们进行海底行走，我和康赛尔自然没意见，尼德·兰这一次也表示很乐意跟我们一道去。8点30分，我们穿好潜水衣，并带上探照灯和呼吸器，来到了水下10米的地方。这地方跟我第一次在太平洋洋底下散步时看见过的完全不一样。这里没有细沙，没有海底草地，没有海底树林，到处都是珊瑚，简直可以说是珊瑚王国。

探照灯的灯光在色彩很鲜艳的珊瑚枝杈中间照来照去，映出美丽迷人的景象。走了一段距离之后，珊瑚树丛更密集了，那些死去的珊瑚尸体层层堆积，仿佛形成了一座珊瑚宫殿，而我们就走在这一座座宫殿中间的通道里。我们脚下有管状珊瑚、脑形贝、星状贝、菌状贝、石竹形珊瑚，形成一条花卉编织成的地毯，现出光辉夺目的各种颜色。

这时，尼摩船长站住了，我的同伴和我也停止前进。我回过头，看见船员们成半圆形围绕着他们的首领，其中有四人肩上抬着一件长方形的东西。我们站在一块宽大空地的中心地方，围绕四周的是高大的珊瑚宫殿。我们的照明灯在这广阔的空间中射出模糊的光线，把地上阴影拉得特别长。空地的尽处更是漆黑，只有珊瑚的尖刺留住了一些稀疏的亮光。

在空地中间，随便堆起来的石基上，竖起了一个珊瑚的十字架。我观察地面，看到好几处有微微隆起的石堆，显然是人为堆积的墓地。尼摩船长做了个手势，一个船员走上前来，他在距十字架几英尺远的地方，从腰间取下铁锹，开始挖坑。

我完全明白了！这空地是墓地，这坑是墓穴，这长方形的东西是昨夜死去的人的尸体！尼摩船长和他的船员们来到这隔绝人世的海洋底下，是要埋葬他们的同伴。大约半个小时之后，墓穴挖好了，船员们把白色麻布裹着的尸体放到坑中，尼摩船长两手交叉在胸前，死者曾经爱过的所有的朋友们都跪下来，作祈祷。两个同伴和我也很虔诚地鞠躬敬礼。

随后，墓穴被挖出的土石掩盖起来，地面形成微微的隆起。尼摩船长和他的船员都站起来，然后走到坟前，大家屈膝，伸手，作最后的告别。然后我们沿着原路，从珊瑚形成的拱形建筑物下，返回"鹦鹉螺号"。

换过衣服之后，我思绪万千，来到船顶的平台。尼摩船长正在探照灯旁远眺海面，一言不发。

"就是跟我预料的那样，那人在夜间死了吗？"

"是的，阿龙纳斯先生。"尼摩船长答。

"他现在长眠在他的同伴身边，就在那珊瑚墓地中吧？"

船长突然掩面哭泣起来，我实在找不到安慰他的理由，只好静静地等待他平静下来。随后他说：

"那里，海底几百英尺深的地方，就是我们最好的长眠之地，我们长眠于此，从此不受鲨鱼和人类的欺负！"

这句话让我深深体会到了尼摩船长对人类社会的不信任，倔强又坚决，这是一种无可妥协的不信任。

第14章　可怜的采珠人

1月26日，我们从东经82度穿过赤道线，又回到了北半球。

晚上7点左右，"鹦鹉螺号"来到了一片奇异的海域，一望无际的大洋呈乳白色。这是月光的力量吗？不是的，因为新月还不到两天，早就消失不见了。整个天空，虽然有星光照亮，但跟水上的白色对比，显得很黯淡。

康赛尔以为自己的眼睛昏花了，他完全不理解这种颜色的海面是怎么回事。很幸运，我可以答得出来。

"这就是人们所称的奶海，"我对他说，"水中有亿万的细微滴虫。那是一种发光的微生滴虫，外形是胶质无色的，有一根头发那样粗，长也不超过五分之一毫米。这些微生滴虫在好几里长的海面上彼此连接起来，形成一片白色。"

接下来的几个小时里，"鹦鹉螺号"的冲角冲开这白色水流，向前行驶，仿佛是无声无息地在满是肥皂泡沫的水面上溜过去似的。半夜时分，海面忽然又呈现出平常的颜色来，但在我们船后面，直至天边尽头，天空映着水面的白色，呈现出异样的亮光，神秘而美丽。

1月28日，我们来到了北纬9度4分的锡兰岛面前。它是挂在印度半岛下端的一颗宝珠，是地球上的岛屿中最富饶的一个岛。在孟加拉湾，在印度海，在中国海域和日本海域，在美洲南部的海域，在巴拿马湾，在加利福尼亚湾，都有人采珍珠，但最优良的采珠地方是锡兰岛。

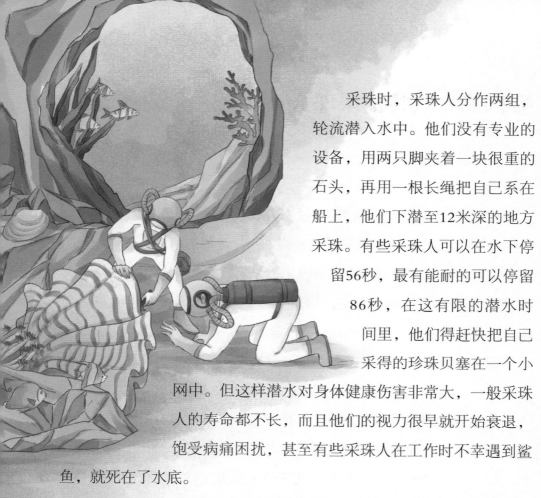

采珠时，采珠人分作两组，轮流潜入水中。他们没有专业的设备，用两只脚夹着一块很重的石头，再用一根长绳把自己系在船上，他们下潜至12米深的地方采珠。有些采珠人可以在水下停留56秒，最有能耐的可以停留86秒，在这有限的潜水时间里，他们得赶快把自己采得的珍珠贝塞在一个小网中。但这样潜水对身体健康伤害非常大，一般采珠人的寿命都不长，而且他们的视力很早就开始衰退，饱受病痛困扰，甚至有些采珠人在工作时不幸遇到鲨鱼，就死在了水底。

即便如此，我们对于珍珠的采摘过程仍然十分着迷，尼摩船长决定让我们穿着潜水服去近距离欣赏采珠人的工作，这让我们相当兴奋。凌晨4点我们早早地就起来了，"鹦鹉螺号"上的五个水手拿着桨，在紧靠着大船的小艇中等待我们。夜色还很暗，片片的云彩遮满天空，只露出很稀微的星光。我们很快就向南驶去，这些船员显然是划桨的好手，小艇在海面上飞速穿行，水珠像熔铅散射出的液体一样，落在漆黑的水波中嘶嘶作响。

5点半左右，天边刚露出微弱的曙光，我们已经抵达了采珠人工作的海面。海上什么也没有，没有一只船，没有一个采珠人，出奇地冷

清。我们等了一会儿天就亮了，阳光穿过堆在东方天边的云幕，灿烂的红日很快升起来了。

"阿龙纳斯先生，我们到了，"尼摩船长说，"现在让我们穿上潜水衣，开始下水游览吧！"

我们穿戴完毕，下到水下，因为并没有打猎的打算，所以我们只带了短刀，尼德·兰则拿了一把鱼叉。太阳已经把足够的光度照到水底下来，最微小的物体也可以看见，因此我们并没有带灯。走了10分钟后，我们到了水下5米的深处，一大群单鳍属的新奇鱼类，像沼泽地中的一群一群山鸡那样，飞一般地一哄而起。我认得其中的爪哇鳗，真的跟蛇一样，长约8分米，肚腹苍白，很容易跟两侧没有金线的海鳗相混，使人分辨不出来；我还看到颜色鲜艳的燕雀鱼，脊鳍像镰刀一样，是可以食用的鱼，晾干浸在盐水中，就是被人誉为"卡拉瓦"的美味的好菜。

7点左右，我们终于到了小纹贝礁石岩脉上，岩脉上繁殖着不可计数的亿万珍珠贝。尼摩船长用手指给我看一大堆小纹贝，我了解这个宝藏是采不尽的，因为大自然的创造力远远胜过人类的破坏能力。尼德·兰和康赛尔已经开始七手八脚地把那些最好的珍珠贝塞到他身边带着的鱼网中。

尼摩船长示意我们继续前进，在我们脚下爬着无数的多须鱼、藤萝鱼、卷鱼类和环鱼类，它们特别伸长了它们的触角和卷须。走了没多久，我们面前现出一个宽大的石洞，我们跟着尼摩船长进入洞中，我的眼睛好半天才适应洞里的黑暗。正当我疑惑为什么船长要拉我们到这海底下的地窖时，洞穴深处浮现出一只身量巨大的珍珠贝，一只庞大无比的砗磲，我估计这只贝的重量有300千克！

　　这只软体动物的两壳是半张开的。船长似乎轻车熟路，他走向前去，用一把短刀插入两壳间，使它们不能再合拢。然后他拨开一块膜皮，一颗巨大的珍珠显现出来。那是一颗几乎跟椰子一般大的珍珠！它几乎完全透明，即使在这微弱的光线下，仍然闪烁着夺目的光辉。

　　我忍不住想要伸手去摸一摸，但船长阻止了我，他很快抽出他的短刀，贝壳立刻合了起来。我明白，这是尼摩船长的收藏品了，不拿出来，这珍珠依然可以继续生长，但即便是现在这个大小，我估计这颗珠的价值至少是1 000万法郎，这真的是天然的奇珍异宝。

　　从洞中出来，我们继续往前走，10分钟后，尼摩船长忽然停住了。我以为他是停一下就要转回去，然而不是。他做了个手势，要我们挨近他身边蹲下来。他用手指着水中的一处，我很注意地观察。

　　离我们5米的地方，出现一个黑影，那是一个人，一个活人，采珠人。他的小船停泊在距他头上只有几英尺的水面上。他潜入水中，随即又浮上去。一块砸成像小面包一般的石头被他夹在两脚中间，一根绳索绑着石头，系在他的艇子上，这样他可以很快地潜到海底来。这就是他所有的采珠工具。

　　采珠人到了约5米深的海底，立即跪下，把顺手拿到的小纹珠贝塞进口袋，然后立刻上浮。在小船上倒净口袋，他又开始下水采珠，一上一下，大概只需要30秒钟。我聚精会神地观察他。他的工作很规律地进行，在半小时内，他重复着单调的动作，但看起来并没有太大的收获，都只找到一些小的贝壳。

　　就在我看得有些厌倦时，我看见他做出一个骇怕的姿势，立即站起，使劲往上一跳，要浮上海面去。我立刻明白了这动作的意义，

因为几乎是同时，我看到一个巨大的黑影在这不幸的采珠人头上出现了。那是一条身躯巨大的鲨鱼，发亮的眼睛，张开的嘴巴，迎面斜着向他冲来了！我紧张得全身僵硬，无法动弹，眼看着鲨鱼翻转脊背，就要把印度人切成两半了。这时候，蹲在我近旁的尼摩船长突然站起来，手拿短刀，直向鲨鱼冲去，准备跟鲨鱼肉搏。

我至今还记得尼摩船长当时的动作。他弯下身子面对鲨鱼，带着一种特别的冷静，等待那巨大的鲨鱼。当鲨鱼向他冲来的时候，船长非常矫捷地跳在一边，躲开冲击，一刀刺中了鱼腹，鲜血瞬间喷出来，染红了海水，我什么也看不见了。一直到血液散去一些之后，我才看见尼摩船长抓住鲨鱼的一只鳍，用短刀乱刺鲨鱼的肚腹，但没有能刺到致命的地方，鲨鱼死命挣扎，搅起的漩涡都要把我打翻了。

尼摩船长坚持了一会儿后，被鲨鱼掀翻在水底。眼看他就要性命不保，这时我们勇敢的渔叉手尼德·兰手拿渔叉冲了出去，他没有丝毫的犹豫，一把投出利叉，鲨鱼的血更猛烈地喷了出来。很显然，渔叉正中心脏，鲨鱼失去了进攻能力，在水中无力地抽搐着。尼德·兰立即把尼摩船长拉起来，两个人又走到那个印度人身边，急急把他和石头绑起来的绳索割断，抱起他，两脚使劲儿一蹬，浮出海面来。

我们和这个意外得救的人转瞬间都到了采珠人的小艇上。这个可怜的人浸在水中的时间并不很久，在康赛尔和船长的有力按压下，他渐渐恢复了知觉，睁开眼睛。一直到尼摩船长从衣服口袋中取出一个珍珠囊，放在他手中，然后我们又重新跳入水中，这个可怜人依然没有从极度惊愕的神情中摆脱出来。他绝对不会认识这几个顶着大脑袋的怪异来客，一定会觉得自己遇到了好心的神仙或是妖怪。

我们很快返回了小艇，一解开沉重的铜脑盖，尼摩船长的第一句话是对尼德·兰说的，他说："尼德·兰师傅，谢谢您。"

"船长，那是我对您的报答，"尼德·兰回答，"我应该报答您。"

船长微微笑了笑，没有再多说什么。

回去的路上我一直在想，尼摩船长虽然口口声声说要断绝与陆地人类的关系，但在他内心深处，对于所有人的生命还是一视同仁的。我对他的敬佩又增加了几分。

第15章　海底隧道与火山

2月7日早上，我们来到了狭窄而繁忙的巴布厄尔曼特海峡。海峡20海里宽，只有52公里长，却是极为繁忙的水道之一。英国船和法国船，从苏伊士到孟买、到加尔各答、到墨尔本、到波旁、到毛利斯，都经过这个狭窄的海峡，因此"鹦鹉螺号"只能很小心地在水底行驶。

中午时分，"鹦鹉螺号"就航行在红海里了。红海是一个很奇特的地方，终年炎热，下雨也不凉爽，又没有一条大河流入，过度的蒸发使水量不断减少，平均每年有1.5米深的水量损失呢！真是奇怪的海湾。因为它四面封闭，要是照一般湖沼的情况来说，应当早就完全干涸了才对。

2月9日，"鹦鹉螺号"浮出在红海最宽阔的一部分海面上，海面的西岸是苏阿京，东岸是光享达。尼摩船长走上平台来，我正准备询问下一步的航行路线，尼摩船长却先开口对我说：

"教授先生，您喜欢这红海吗？这里有特殊的海绵花坛和珊瑚森林，您留心观察了吗？"

"是的，尼摩船长，"我回答，"'鹦鹉螺号'用来观察海底和搞科学观测真的是再适合不过了。

"这里所有的一切都很美丽，请好好欣赏吧。后天我们在地中海的时候，您还可以望见塞得港的长堤。"

"地中海？"我喊道。

"是的，教授。有什么不妥吗？"

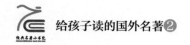

　　"您刚才说后天我们就到地中海了？要想到那里，我们需要绕过好望角，再差不多绕非洲一圈，后天我们是不可能抵达那里的。"

　　"尊敬的教授，谁告诉您，我们非得绕非洲一圈呢？谁告诉您，我们要经过好望角呢？"

　　船长一边说一边露出耐人寻味的自豪的表情。

　　"我们会直接从海底穿过去，阿龙纳斯先生。"

　　怎么！原来海底下有条通道！"

　　"是的，海底下有一条地道，我称它为阿拉伯海底地道，就在苏伊士下面，一直通到北路斯海湾。"

　　"这是真的吗？您是怎么发现这个通道的？"我简直吃惊到了极点。

　　"我很早就发现，地中海与红海的物种有相同之处，我在苏伊士附近打了很多鱼，把铜圈套在鱼尾上，然后把鱼放入海中。几个月后，在红海海岸，我找到了一些尾上有铜圈的鱼，因此我断定两海之间一定有海底通道。"

　　真是聪明的做法。我对尼摩船长的大胆设想和细心验证相当佩服。

　　第二天，天黑下来之后，"鹦鹉螺号"储水池装满了水，潜入水底10米深左右。当我要回房中去的时候，船长留住我，对我说：

　　"教授，我们不久就要走进地道口了，您愿意同我一起到领航舱去吗？"

"求之不得呢！"我回答说。

领航舱是个只有6英尺宽的小舱房，有两面装着凸镜片的舷窗，使领航人可以看见四面八方。里面的领航人长得很精壮，两手扶住机轮，而在外面，探照灯明亮的光映照着海水，分外明亮。

"现在，"尼摩船长说，"我们来找地道吧。"

10点15分，尼摩船长亲自把舵。一条又黑又深的宽阔长廊，在我们面前出现了。"鹦鹉螺号"直冲进去。这时它的两旁发出了一种我没有听过的沙沙声响。这是红海的水，由于地道呈斜坡状，海水是直冲到地中海的。"鹦鹉螺号"跟着这道急流下去，像箭一般快，虽然它的机器想要尽力慢一些，把推进器逆流转动，但也不起作用。

这速度让我惊心动魄，我的心脏都要从口中跳出来了。

10点35分，尼摩船长放下舵上的机轮，转过头来，对我说：

"到地中海了。"

不到20分钟，"鹦鹉螺号"顺着水流，就通过了苏伊士海峡了，这简直不可思议！

2月12日，天一亮，"鹦鹉螺号"就浮出水面。我立即跑到平台上。南边3海里的地方，隐约现出北路斯城的侧影。我虽然知道发生的一切，但一夜之间从红海来到地中海这件事仍然让我激动不已。

7点左右，尼德·兰和康赛尔也上来了，这两人酣睡了一夜，完全不知道发生了什么。

"说出来你们一定不信，就是昨夜，几分钟内，我们从红海来到了地中海。"

"尊敬的教授先生，您是不是还没睡醒呢？"尼德·兰有些不屑一顾。

"您错了，兰师傅，"我立即说，"那向南方弯下去的低低的海岸，就是埃及海岸了。"

"先生，今天并不是愚人节。"固执的尼德·兰回答。

"虽然我不认得这地方，但既然先生肯定了，"康赛尔对他说，"那就要相信先生哩。"

"切……"尼德·兰对这位老实人不屑一顾。

"您的眼力是很好的，"我又说，"尼德，您可以望见那伸出在海中的塞得港长堤。"

尼德·兰很用心地看了一下，然后他的眼睛瞪得活像刚刚捕上来的大眼鲷。

"这不可能，教授……"他几乎是呻吟着说出这句话的。

地中海是地球上最碧蓝的海，希伯来人、希腊人、罗马人都称它为"我们的海"。其周围广植橘树、芦荟、仙人掌、海松树，番石榴花的芳香在空气中弥漫，四周峻峭的群山环抱，空气纯洁清新。然而这片美丽的地方从古到今一直战火不断，令人惋惜。

不过我并没有心情欣赏这美景，因为尼德·兰突然跟我们提起了逃走的事情。他觉得这地方小岛遍布、人口众多，如果我们逃出去，有很大机率会被救起。他的计划是趁船上的人不注意，偷走小艇，奔向自由。可是谈何容易，不说尼摩船长那极高的警惕性，这船上其他水手也都是强壮、精明的人，不容易糊弄的，我觉得尼德·兰的计划很难实施。我的话让我们的渔叉手很不爽，他觉得我太过谨慎，而康赛尔又对我简直是愚蠢地、无条件地服从。

不过我们并没有太多时间去争论，因为我发现"鹦鹉螺号"在地中海的航程似乎非常紧迫，几个月来"鹦鹉螺号"从来没有以如此高的速度航行过，似乎尼摩船长并不愿意在这个如此热闹的海域过多停留。晚饭后，当我看到尼摩船长的时候，我提出了自己的疑问。尼摩船长没有回答，而是打开了舷窗盖板，我发现，外边出现了截然不同的景象，"鹦鹉螺号"周围的海完全是白色的！

一阵硫磺质的水蒸气在水流中间升起，水流像火锅中的水一般沸腾。我把手放在一块玻璃上，但热得厉害，我赶快把手缩回来。

"我们现在在什么地方？"我问。

"教授，"船长回答说，"我们现

在在桑多休岛附近，就是在把尼亚—加孟宜小岛和巴列亚—加孟宜小岛分开的那条水道中，我想给您看一看海底火山的新奇景象。”

“我原以为，”我说，“这些火山的喷发早就停止了。”

“在火山区域的海中没有什么是停止的。”尼摩船长回答，“自1866年以来，火山在这里造了八座小岛出来，到现在也没有停下来。”

我回到玻璃旁边。“鹦鹉螺号”停住不走了，热气愈来愈令人不能忍受。海水本来是白的，由于有铁盐，发生染色作用，现在转变为红色。虽然客厅关得很严密，但有一种令人吃不消的硫磺气味送进来，同时我又望见了赤红色的火焰，辉煌灿烂，把电灯的光辉都掩盖下去了。

我全身湿透，喘不过气来，感觉就要被煮熟了，那感觉真的就像是“鹦鹉螺号”被放在大锅里煮！

“我们还是快走吧。”我对船长说。

“是的，再留在这儿就太不谨慎了。”尼摩船长虽然并没有惊慌，但脑门上也满是亮晶晶的汗水了。

命令发出，“鹦鹉螺号”船身转过来，离开了这座熔炉。一刻钟后，我们又在海面上呼吸了。

我忍不住想，幸好没有听尼德·兰这个不靠谱的渔叉手的建议，如果在这一带的海域来实行我们的逃走计划，我们恐怕一出去就会被煮熟了。

第16章　沉没的亚特兰蒂斯

　　当"鹦鹉螺号"愈来愈接近直布罗陀海峡的时候，我看到地中海底下遇难沉没船只的残骸也愈来愈多了。欧洲和非洲海岸在这里变得狭窄起来，在这狭窄的空隙中，相碰、相撞是常有的事。那些古怪的残骸，有的倒下，有的竖立，好像十分庞大的动物。有多少人在这些船遇难时丧了生，很难想象。

　　地中海海水的总量，由大西洋潮水和流入其中的大河河水构成，水量不停地增加，这海水的水平面应该每年都在上涨，但事实上并非如此。人们已经发现，下层的水流方向恰恰相反，洋流把地中海过剩的水从直布罗陀海峡输送到大西洋去。"鹦鹉螺号"现在要利用的，就是下层的水流，它迅速地进入这条狭窄的水道，几分钟后我们就浮在大西洋的水面上了。

　　在距离我们所在位置12海里的地方，隐约现出圣文孙特角，那就是西班牙半岛的最西南的尖角。当时起了相当厉害的南风，海面波涛汹涌。我同样也心潮澎湃，因为尼德·兰又打算实施他的逃跑计划了。

　　到了晚上，大钟响了八下。按照尼德·兰的计划，我们要准备行动了。我十分紧张，压力表指出船在60米左右深的水层，船上静悄悄的，似乎很适合逃跑。我多穿了一些衣服，带了些随身用品，可是这静悄悄的船始终没有任何动静。

　　然而意外总是不期而至。我忽然发现推进机的震动明显减低了，

一会儿就完全没有了响声，接着我感到一下轻微的冲撞。我明白，"鹦鹉螺号"是停在大西洋底下的地面上了。

这样的话，是没办法逃走的，我正在忐忑不安，客厅的门开了，尼摩船长进来，用亲热的语气说："啊！教授，我正找您哩。您知道西班牙的历史吗？"

我这时候当然没有心情跟他谈论历史，于是敷衍地说了几句。尼摩船长却似乎热情满满，他坐了下来，饶有兴趣地说道："我们现在要从1702年说起了。"

我的心里咯噔一下，船长这是要长谈呀……

"1702年年底，西班牙政府正在等着一队载有大量金银的运输船的到来，这个船队由法国派23艘战舰护送，指挥官是夏都·雷诺海军大将。然而最终，整整一船队的金银在战争中全部沉没了，沉没地点就是我们现在所停的地方——维哥湾。"

我心中一动，隐约想到了什么。

"一百多年来西班牙人一直试图打捞这笔财富，但这太难了，他们没有成功。可是对于'鹦鹉螺号'和我而言，这就像捡起地上的石头一样简单。不仅在这维哥湾中，在大海里其他千百处的失事地点也一样，这都由我在海底地图标记下来了。您现在应该已经明白了，我的财富可以说是无穷无尽的，这大洋深处的所有财富，我都唾手可得。"

"所以这就是您建造'鹦鹉螺号'的目的吗？"

这话一说出口，我就知道自己大错特错了。因为尼摩船长的眼神一下子变了。

"这些财富对我个人而言没有任何用处！"他激动地回答，"照您来看，我辛辛苦苦打捞这些财物是为我自己吗？您以为我不知道世上有无数受苦的人，有被压迫的种族吗？还有无数要救济的穷人，要报仇的牺牲者吗？您不明白吗……"

不过尼摩船长很快就平静了下来，我们的谈话到此为止。也许，尼摩船长觉得自己透露了太多的东西给我。不过我心中已然明白，不论经历了什么让尼摩船长如此激进地要跟陆地人类决裂，但骨子里他还是一个善良、正直的人！他悄悄地把这些财富，送给世界上那些被压迫和被奴役的人们，让他们争取自己的自由。

第二天晚上，尼摩船长找到我，他又恢复了以往的平静。

"教授先生，这里的海底有一个奇观，虽然海底有些崎岖难行，但我觉得您十分有必要跟我去欣赏一下。"

"既然连您都认为是奇观，我自然一定要去见识一番了。"我欣然同意。

半个小时之后，身穿潜水服的我们已经踏在这海底的土地上了。虽然是夜里，但不知道为什么，尼摩船长并没有安排我们带电灯，而是给我了一根手杖。一团黑暗中，尼摩船长给我指出远处的一团淡红色，像是一片范围很广的微光，大约两海里远。这火光是什么？尼摩船长并没有说，而是带着我朝火光走去。

这片海底果然崎岖难行，虽然有手杖帮助，但我们还是走得很慢，因为我的脚时常陷入含有海藻和杂有石子的泥泞里面。走了半小时后，周围的环境突然起了变化。海底的大石头堆好像有了某种规律，并非是由大自然的力量随意堆砌的。我看见一些巨大的沟没入远方的黑暗，长度让人觉得无法估量。

　　我越往前走，心中的疑惑就越多，前方指引我们的淡红的光芒陆续加强，并且把天际都照得泛红了。这诡异的现象使我心中感到极为的奇怪。这是一种电力发散的现象吗？还是我所不知道的大自然的另一种奇观？或者说，这就是尼摩船长口中所说的海底城市？无数的念头在我头脑中飞舞着……

　　走近一些之后，我看到光芒是从一座高约800英尺的山顶照下来。那发光焦点，不可理解的光明的泉源，还在山的那一面。我跟着尼摩船长大踏步前行，终于在我们离开"鹦鹉螺号"两小时后，我们登上了那座山峰。原来，这山是一座火山，在山峰50英尺的下面，一个阔大的喷火口像一把巨大的火烛，照亮着海底下面的平原，一直到远方水平线的尽头。

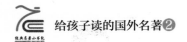

我惊骇到了极点！不过，让我惊骇的并不是这海底的巨大火山口，而是它所照亮的，位于前方山脚之下的广阔平原！

那并非普通的海底平原，而是一片显然是由人工建造起来的、废弃的城市！

坍塌的屋顶，倒下的庙宇，破损零落的拱门，倒在地下的石柱，我认出来这是多斯加式建筑的结构。我甚至看到了河道和堤岸的遗迹，还有一道道倒塌下来的墙垣、宽阔无人的大路。这城市中心是堆成一座圆丘的街市高地，带有巴尔台农庙式的模糊形状。这城市分明是一座位于海洋边上的古老海港，不同的是，它整个地淹没在这深深的海底了！

我有无数的问题要问，我要同尼摩船长谈话！我焦急万分，因为带着头盔我们无法交谈，我冲着船长手舞足蹈，连我自己都不知道我在比画些什么。这时尼摩船长走到我面前，做个手势，要我停住。然后他拿起一小块铅石，向一块黑色的玄武岩石走去，写下了一行字：

亚特兰蒂斯。

我心中豁然开朗了！亚特兰蒂斯，传说中的大陆——大西洲！千百年来存在于神话传说和无数争论中的远古文明！萨依斯城中神庙里的圣墙上记载了雅典城曾经被亚特兰蒂斯人侵入，上面说大西洲比亚洲和非洲连合起来还大，他们的统治力量一直达到埃及。好几个世纪又过去了，那里发生了洪水、地震，仅仅一天一夜的工夫就把这个大西洲完全淹没了，只有马德尔、阿梭尔群岛、加纳里群岛、青角群岛，以及这洲上的最高山峰现在还浮出海面。

我激动万分。万万想不到，我的脚竟然能踩在这个远古大陆的一座山峰上！我的手摸到了传说中10万年前的那些遗址！

有一天强大的火山运动会不会把这些奇迹再一次送出水面？还是这些宝贵的遗迹最终会被火山淹没在这无人知晓的大洋深处？一旁的尼摩船长手扶在剥落破碎的石碑上，呆立出神。他是想着那些过去不见了的人类吗？他是向他们打听人类命运的秘密吗？他是不愿意过近代人的生活，他到这里来是要复活古代的生活吗？

没有什么语言可以形容我内心的震撼。我和船长两个人说不出一句话，就只是呆立在这山顶，感受着来自脚底火山和内心深处的双重震撼，整整发了一个小时的呆！最后在天快要亮的时候，我们才返回"鹦鹉螺号"。

第17章　最安全的港口

　　因为奔波了一夜，第二天2月20日我一直睡到11点。起床后我先去看了仪表，"鹦鹉螺号"仍在往南开行，速度每小时20海里，水深100米。海底似乎变成了丘陵地形，"鹦鹉螺号"的航行变得像鲸鱼类一样灵巧，时而绕行，时而翻越，简直是在海水中飞行。

　　下午4点左右，我望见南方天际的水平线被一堵高墙挡起来，好像完全没有出路似的。很显然，那可能是大陆，至少也是一个很大的岛，可奇怪的是，航海图上并没有这个大陆或者是小岛的标记。对于严谨的尼摩船长来说，用遗漏肯定解释不通，唯一合理的解释就是：这个地方是故意没有标记。

　　到了晚上，我感觉到"鹦鹉螺号"的航速降了下来，方向在不停地变化，导致夜里我睡得不太安稳。一大早我起床后发现压力表显示"鹦鹉螺号"浮在水面上，于是就顺着扶梯上到船外，准备欣赏一下大西洋的日出。然而走出来之后却发现一片漆黑，那不是夜色的黑，而是纯粹的、没有一丝星光的黑，简直是漆黑不见五指。

　　我顿时懵了。

　　这时船长的声音忽然在身边响起，吓了我一大跳，因为太黑了，我根本没看到旁边有人。

　　"教授，是您吗？"

　　"啊！尼摩船长，"我回答，"我们现在在哪里呢？"

"教授，在地下呢。"

"在地下？"我喊道，"可我们在水面上啊？"

"我把探照灯打开您就明白了。"

等待探照灯打开的当口儿，我朝上使劲儿望去，不知道是不是错觉，头顶正上方好像隐约有星光在闪动。这时探照灯亮了，突然的强光让我闭了好一会儿眼睛，等到再睁开眼，我被眼前的景象惊呆了。

"鹦鹉螺号"停在一座巨大的山洞之内，与其说是山洞，不如说是一座穹顶。这穹顶底部呈圆形，直径大概有两海里，垂直的石壁从四周水中升起，到最高处合拢起来，足足有两三百米高，顶部好像有几处透光的地方，正是方才还在暗中我看到的"星光"。

"我们是在一座熄灭了的火山的中心，"船长说，"这座火山熄灭许多年了，这里面与大海唯一的通路，在海面10米以下，只有'鹦鹉螺号'可以开进来。所以这里是我们最安全、方便、秘密的港口，没有任何飓风和巨浪可以影响到这里。"

"'鹦鹉螺号'其实并不需要港口，"船长接着说道，"但它需要原料发电，需要钠产生电原料，需要煤制造钠，需要煤坑采掘煤炭。这火山口下边的水中，有无穷无尽的煤矿可供我使用。我们在这里面烧煤制造钠的时候，从这山的旧火山口出去的烟，使它看来还是一座仍在喷火的火山。"

"这简直太绝妙了。"我赞叹道，"大自然的神奇加上尼摩船长的智慧，堪称完美。"

"不过这次我们并不打算采煤，因为我很着急，要继续我们的海底周游。所以，我只把我所储藏的钠拿来使用。我们装载钠可能需要一整天的时间，如果您想在这岩洞中走走，游览一番，那您就利用这一天的时间吧。"

于是我和我的两个同伴很快就开始了游览。在一处山崖脚下和湖水之间，有一片地势较缓的沙滩，我们顺着这里向上攀爬，堤岸上云母石的微粒经探照灯的照射，发出辉煌的光彩，美丽极了。

随着不断向上攀爬，我们渐渐远离湖水，不久便抵达洞穴上方长石和石英晶体所造成的玻璃质的粗面岩石上。这里非常滑，有些地方必须跳过去，许多突兀悬挂的大石要绕路过去，我们都小心翼翼。到了200英尺左右的高处，我们不能再上去了，内部穹窿朝着一个方向延伸出一个平台，这里多少有些阳光，因此植物便开始定居，还相当茂盛。尼德·兰甚至发现了一个蜂巢，他找来干柴，收集了一些硫磺——这东西在火山口中到处都是，发起烟来驱走了蜜蜂，很快就采到了几斤重的蜂蜜，他开心得不得了。

"把蜂蜜跟面包树的粉和起来，我就可以请你们吃美味的蜂蜜糕了！"

"看来我们的渔叉手真是个不折不扣的吃货啊。"我想。

我们继续往上走，侧方有一个小小的洞口可以出去，不过那洞口似乎被一些鸟儿给占领了，这当然不是问题，因为我们的渔叉手先生已经在摩拳擦掌，准备抓鸟了。因为没有带武器，所以他只好捡了一些石块来攻击那些鸟，这当然不是件容易的事情，可是我们的渔叉手锲而不舍，而且有超乎常人的准头，最终成功打到了一只美丽又肥胖的海鸟。

"今晚又有口福了！"我们的渔叉手先生高兴得有些忘乎所以

了，以至于一路上都没有想起他的逃跑计划。

　　我们在山顶外面看了一会儿海景，感慨了大自然沧海桑田的神奇造化。要知道，如此巨大的火山，需要极为猛烈的喷发才能造就，当年喷发的那一瞬间，海水与火焰的较量必定是激烈万分，地动山摇的。而如今竟然变成了一处可以遮风挡雨的秘密港口，还有植物、蜜蜂和小鸟在这里安家落户，我们这一生竟然有幸能够到此一游，也是命运的造化。

　　等我们重新回到山体内部的时候，船上人员已经把钠装载完毕，"鹦鹉螺号"随时就可以出发。不过尼摩船长要等到夜间才下达出发的命令。我想他可能是出于谨慎，不愿意让任何人或船只洞悉这港口的秘密吧。

第18章　深渊探测

　　从秘密港口出来之后，"鹦鹉螺号"一边航行一边进行科学考察，我算了一下，我们从太平洋的远洋中出发以来，差不多已经走了13 000海里。经过测定方位，我们在南纬45度37分，西经37度53分。就是在这一带海水中，海拉尔号的邓亨船长曾投下14 000米长的探测器，但没有到达海底。也是在这里，英国二等战舰"会议号"投下15 000米长的探测器，也没有达到海底。

　　3月13日那天，尼摩船长决定用"鹦鹉螺号"来做探测海底的试验，这使我十分感兴趣，我准备把这次试验所得的结果完全记录下来。客厅窗户的盖板都打开了，船开始潜水下降，我和另外两个同伴激动万分地在客厅期待着。

　　与以往下潜不同，"鹦鹉螺号"这次不是用装满储水池的方法来潜水下降了。可能这种方法对于如此深的潜水作用不大，也可能是在太深的海底，浮上来的时候，要排除多装的水量，抽水机可能没有足够的强力来抵抗深海的压力。

　　尼摩船长决定使用船侧的纵斜机板，使它与"鹦鹉螺号"的浮标线成45度角，然后沿着一条充分引伸的对角线潜下去。这样安排好后，推进器开足马力，它的四重机叶猛烈搅打海水，在这强大力量的推送下，鹦鹉螺号的船壳像一根绳索一样咚咚震响地抖动起来，很规律地潜入水中。这情景简直难以形容。

船长和我在客厅中守候，我们眼盯着那移动得很快的压力表的指针，不久就越过了那大部分鱼类可以生活居住的水层。有些鱼类只能生活在海水或河水的上层，而其他数量较少的鱼类则生活在相当深的水层中。在后一种鱼类中，我看到六孔海豚，有六个呼吸口；望远镜鱼，有望远镜一般的巨大眼睛；带甲刀板鱼，这鱼有灰色的前胸鳍和黑色的后胸鳍，有淡红色的骨片胸甲保护；最后是生活在1 200米深处的榴弹鱼，可以耐受120个大气压力。

我问尼摩船长，他是不是曾在更深的水层观察过鱼类。他回答我："鱼类吗？很少很少。但在目前这一阶段人们对于科学又推测到些什么？人们知道了什么？"

"船长，人们所知道的情形是这样。理论上，深入海洋下的最底层，植物比动物更不容易生长，更快地绝迹，因为那里没有阳光，氧气含量极低。然而两极探险英雄麦克·格林托克，曾在北极海中2 500米深处，采得一个星贝，这对于人们的理论认知是一个挑战。

"教授，您怎样解释这些生物可以在这样深的水层生活呢？"

"按照我的理解和推理，"我回答，"第一，海水中可能存在某种垂直洋流，从而为深海带去氧气；第二，氧溶解在海水中，并不因水深而减少，反因水深而增加，而底下水层的压力又把它压缩了。"

"啊！您对深海生态的了解真是相当深入了。"尼摩船长回答，语气有点惊异，"根据我的研究，浅水鱼类的鱼鳔里面氮多于氧，深水鱼类则恰恰相反，氧多于氮。这也证明您所说的这一点是对的。"

我们下潜差不多有一个小时了，压力表显示我们身处6 000米深的海底，这里的海水显得十分透明，这种透亮性简直无法形容。"鹦鹉螺号"继续下潜了一个小时，到13 000米处依旧没有看到海底。到了14 000米深的时候，我看见带黑色的尖顶从海水中间露出来。不过这些尖顶可能是属于跟喜马拉雅山一样高或更高的山的峰顶，下面的深渊还是深不可测。

"鹦鹉螺号"承受的压力越来越大了，我感觉它的钢板在铆接的部位开始咯吱作响，有些位置甚至出现了明显的变形，客厅厚厚的玻璃窗似乎都有一些凹陷了，我和同伴们都开始紧张起来。

在那些深海山峰的山坡上，我仍然可以看到蛇虫类、活的刺虫类，以及某种海星，但不久之后，我们到了16 000米，周围已经看不到任何生命存在的迹象，"鹦鹉螺号"身上这时是顶着1 600个大气压的压力，即它身上每平方厘米顶着1 600千克的重量。

"多么神奇的地方！"我喊道，"这里是生命的禁区，不可能有生命存在的地方！这是从没有人知道的壮丽景色！"我现在既激动又难过：激动是因为人类历史上从未有人能够抵达如此深的海底，难过是因

为我这辈子可能再也没有第二次机会可以看到这深海的壮丽景色了。

船长似乎看出了我的心思，他吩咐手下拿来了一架机器，这机器使我再一次激动得叫出了声！那是一架相机！我的天！从客厅的窗户望去，海水周围受电光照耀，显得非常清楚。我们的人工光线没有任何阴暗、任何晕淡不匀的地方。这简直可以拍出最完美的照片！

"鹦鹉螺号"调整姿态悬停下来，我迫不及待地开始拍照，那些从来没有受过天上来的光线照射的原始基本岩石，那些形成地球的坚强基础的底层花岗石，那些在大石堆中空出来的深幽岩洞，那些清楚得无可比拟的侧影，它们的轮廓都呈现为黑色的线条。在更远一点儿的地方，是横在边际的山脉，有一道波纹弯曲的美丽线条，作为这幅风景的底层远景……这简直太美了。

不过尼摩船长则始终在留意"鹦鹉螺号"的状态。拍完照之后他立刻对我说道：

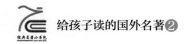

"教授，我们上去吧。不要过久地停留在这个地方，也不要让'鹦鹉螺号'过久地顶着这样的压力。"

我表示同意。船长接着提醒道：

"请您站稳扶好。"

我还沉浸在拍下照片的激动之中，并没有充分理解船长这句话的意思，等我明白过来的时候，已经整个人摔在了地板上。"鹦鹉螺号"开足马力开始上浮，因为原本就没有使用注水仓，因此上浮的速度是下潜速度远远不能比拟的，简直就像气球飞在空中一样，以闪电般的速度迅速上升。"鹦鹉螺号"分开海水，船身咯吱作响，仅仅用了4分钟的时间，它就抵达了海面，强大的惯性使得鹦鹉螺号跟飞鱼一样，跳出水面，把海水拍打得飞溅到惊人的高度，随后又落到水面上来。

这个过程我无法用语言描述，我相信我的两位同伴一样也没有。尼德·兰和康赛尔被上升的速度紧紧压在沙发中，不但无法站起，似乎连呼吸都困难了。这样的体验，我想也会是他们这辈子独一无二的经历。

第19章　到访南极点

　　深海潜水之后，鹦鹉螺号朝着南方一直航行，船长并没有告诉我们此行的目的地，我疑心这是要到南极圈去。但可能性不是很大，因为直到现在，所有打算到达地球这个顶点的企图都失败了。并且，季节也相当晚了，因为南冰洋地区的3月13日相当于北冰洋地区的9月13日，是开始春秋分的时期了。

　　3月14日，我开始在海面上看到漂流的冰块，尼德·兰曾经在北冰洋海中打过鱼，对于这种景象是熟悉的，康赛尔和我都是第一次欣赏它。不久之后，就有更大的冰块出现，有些冰块现出绿色，就像用硫酸铜在上面画的波纹线条一样；有些冰块则呈深蓝色，类似巨大的紫色水晶，阳光在它们晶体的无数切面上反射出闪闪光芒。

　　越往南，这些巨大的冰块就越多、越大。南极的鸟类千百成群地在岛上营巢，这是海燕、棋鸟和海鸭，它们叽叽喳喳的叫声震得我们简直耳聋了。有些鸟把"鹦鹉螺号"当作鲸鱼的尸体，飞到上面来，拿嘴啄那钢板，发出咚咚的响声。

这期间，尼摩船长时常出现在平台上，他很留心观察这一带人迹罕至的海面。他一边观察，一边巧妙无比地指挥着"鹦鹉螺号"躲开那些大冰块的冲击。有些冰块非常巨大，简直是冰山，长到几海里，高70～80米不等。有时候航路前方看起来什么通路都没有，但尼摩船长小心找寻，不久就发现一条窄口。他驾驶着船，大胆地从窄口进去，窄口在他过后很快又闭合了。

这是比暗礁更凶险的航道，但是对于尼摩船长来说，都是轻车熟路。气温也越来越低了，但我们穿着皮制的衣服，很暖和，这些皮是海豹和海熊供应给我们的，而且"鹦鹉螺号"内部经常有电气机发热，不怕严寒。早两个月，在这纬度内，可能永远是白天，但现在已经有三至四个小时的黑夜了，再迟一些，足足六个月的极夜就要来临。

"他究竟要到哪里去呢？"我一直在想。

3月15日那天，层叠的冰面完全挡住了我们的去路，但这仍然挡不住尼摩船长。"鹦鹉螺号"用猛烈的、骇人的力量冲向冰块，前方的冲角像楔子一般把冰块划开了，这简直是古代的攻城机，冰的碎片投射到高空，像雹子那样在我们周围落下。有时，"鹦鹉螺号"还会凭借猛烈的冲击爬到冰面上来，用重量压碎冰块，造成阔大的裂口，从而通行。

不过，也有巨大到无法打破的冰山，"鹦鹉螺号"便潜入水中，然而冰层下的海水经常被冰山扰动，形成可怕的水涡，"鹦鹉螺号"因此摇摆不定，我那忠诚的仆人康赛尔因此晕船，吐得天翻地覆，几

乎要把胃给吐出来了。

3月19日，"鹦鹉螺号"已经在冰层之下航行好几天了，早晨5点的时候，我留意到"鹦鹉螺号"的速度慢了一些，并且开始上浮。我的心在跳动。这意味着冰层变薄了，是找到南极大陆了吗？

晚上，我们所处的情况没有什么变化，我没有丝毫的困意，眼睛紧紧地盯着仪表盘。早晨3点左右，冰层厚度减少到50米，接下来，它一海里一海里地快速变薄了。早晨6点，客厅门打开，尼摩船长进来，带着兴奋的表情对我说："我们到自由通行的海了！"

"我们是在南极吗？"我问船长，内心激动万分。

"我不知道。"他回答我，"中午我没来得及测量方位。"

上午10点，我和康赛尔当着尼摩船长的面，划着小艇，朝眼前的陆地划过去。靠岸之后，我拉住准备下船的康赛尔，对尼摩船长说道："先生，人类第一次踏上南极陆地的光荣应该属于您。"

尼摩船长显然相当愉快，他轻快地跳在沙滩上，然后走上岛去，四处转悠，抚摸地面，开心得像个孩子，毕竟人类此前从未踏足过这片土地。这里沿岸有一些软体动物，小砚、蛇类、心脏形的光滑贝，无数种类不同的鸟儿飞翔在空中，鸣声嘈杂，简直震聋了我们的耳朵。

然而天气一直没有放晴，因此无法进行准确的测量。我们一直等到3月21日，云层才散开了一些，我们准备器材，等待中午时分进行测量。尼摩船长戴上网形线望远镜，这种望远镜利用一个镜面，可以改正折光作用，他观察那沿着一条拖拉得很长的对角线，渐渐沉入水平线下的太阳。我手拿着航海时计。我的心跳得厉害。如果太阳轮盘的一半隐没的时候，正好是航海时计指着正午，那我们就是在南极点上了。

"正午！"我喊。

"南极！"尼摩船长用很严肃的声音回答，同时把望远镜给我，镜中显出的太阳正好在水平线上切成完全相等的两半。

尼摩船长身体微微发抖，我看得出来他内心十分激动。他站在阳光下，用一种庄严的语气宣布："现在，我，尼摩船长，1866年3月21日，我在南纬90度上到达了南极点，我占领了面积等于人类所知道的大陆六分之一的这一部分地球上的土地。"

说这话的时候，尼摩船长展开一面黑旗，旗中间有一个金黄的N字，我知道那代表他的名字。他把这旗子插在地上，对着阳光说道："再见，太阳！你安息在这片自由的海底下吧，让六个月的长夜把它的阴影遮覆在我的新领土上吧！"

第20章　大战巨型章鱼

测量南极点之后，"鹦鹉螺号"开始返航，跟来时一样，我们再次挑战了厚到无法想象的冰层和巨大的冰山，时而破冰，时而潜行，期间曾因为一座无比巨大的冰山差点儿耗尽氧气，好在这无比凶险的旅程没有持续太久。4月16日的时候，我们看见了马丁尼克岛和加德路披岛。

尼德·兰又开始惦记他的逃跑计划，康赛尔和我针对这事谈了相当久。我们落到"鹦鹉螺号"船上做俘虏，到现在已经有六个月了，走了17 000海里，我们不得不思考一个非常现实的问题：尼摩船长是打算把我们无限期地留在他的船上吗？

不过这段时间船长好像有意躲开我。我很少有机会碰到他。以前，他很喜欢给我解释海底的神奇，现在他听任我看书做研究，他简直不到客厅来。而我也在思考另一个问题：我不想把我的经历和研究成果埋葬在这潜水船中，我现在有权利来写这本关于海洋的真正的书，并期待它早晚有一天可以公之于世。

我们眼下所处的安的列斯群岛水域中，有着极为丰富的动植物资源，一片勃勃生机。4月20日，我们航行在平均1 500米深的水层。在这一带有高耸的海底悬崖，悬崖旁边的山谷深不见底。崖壁上面铺着层层的阔大海产草叶，宽大的昆布类，巨大的黑角菜，简直就是海产植物形成的墙壁，我们仿佛来到了巨人世界。

我在那很长的草叶条上，见到腕足门的主要节肢类动物，长爪的海蜘蛛、紫色海蟹、安的列斯群岛海中特有的翼步螺。大约是11点左右，尼德·兰让我注意那巨大昆布间发生的骇人的骚动。

我说，"这里真的是章鱼的窟洞，很可能会有传说中的巨型章鱼。"

康赛尔一下子激动起来，他十分想见识一下这种巨型生物。

"什么巨型章鱼，都是传言，不存在的。"尼德·兰却不屑一顾，"我自己，一定要亲自动手宰割过了，才相信有这些怪物存在。"

"不过根据现有的标本资料，这巨型章鱼确实是存在的。"我说。

"能有多大？我怎么不信呢？"尼德·兰依旧固执己见。

"先生，资料里那怪物是不是长6米左右？"站在玻璃边张望的康赛尔问我。

"差不多就是那么大。"我回答说。

"它的眼睛长在头顶，十分巨大是吗？"

"是的，康赛尔。"

"它的嘴是不是跟鹦鹉的一样，大到了不得？"

"不错，康赛尔，你是不是也看过这巨型章鱼的资料？"

"不，先生。"康赛尔转过头看着我，"我并没有看过巨型章鱼的资料，我可能看见它的真身了……"

我和尼德·兰一下子蹦起来跑到玻璃窗边去。

"我的老天爷呀！"尼德·兰喊道。

那是一条身躯巨大的章鱼，长8米。它急速地倒退着游动，方向跟"鹦鹉螺号"走的相同。它头顶上吓人的大眼睛似乎正在盯着我们。它的八只胳膊，不，是八只脚，有它身躯的双倍那样长，伸缩摆动，像疯妇人的头发那样乱飘。我们清楚地看见那排列在它触须里面、作

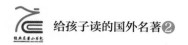

半球形圆盖的上百个吸盘。它纺锤形的身躯看上去重量不下20 000至25 000千克。它身上变换不定的颜色随着这怪东西的游动，极端迅速地改变着，从灰白色陆续变为红褐色。

偶然的机会，我竟来到这巨型枪乌贼面前，无论如何这是宝贵的机会！我克服恐惧，拿了一支铅笔，开始给它作写生画。没过多久，更多的章鱼又在船右舷的玻璃边出现了，我算了一下共有七条。这些怪东西在我们两旁海水中十分准确地保持一定的速度，就像它们是站着不动的一样，我简直可以在玻璃上用纸把它们缩小了摹画下来。

这时，"鹦鹉螺号"突然停下来，我们浮起来了，但它没有开动引擎，只是单纯地上浮。尼摩船长带着几个船员走了进来：

"推进器停住了，我想有一条枪乌贼的下颚骨撞进轮叶把它卡住了，我们必须浮上水面，宰了这东西。"

"老天，这可不是件容易的事情。"我说。

"是的。并且我们还不能用爆炸武器，因为太近了，只能用斧子来砍。"

"也可以用渔叉，先生。"尼德·兰说，"如果您不拒绝我加入，我一定来帮忙。"

"我接受您的帮助，兰师傅。"

"鹦鹉螺号"浮上水面，一个水手刚刚松开出口盖板的螺丝，盖板就十分猛烈地被掀起，显然是被章鱼一只胳膊的吸盘拉开了。立即，有一只长长的满是粘液的触须，从开口伸进来，尼摩船长冲上前去，只一斧头就把这根巨大的触须斩断了，它绞卷着从楼梯上溜下去。

吃痛的章鱼更加疯狂地挥动触须，尼摩船长面前站着的那个水手一下子被卷走了。尼摩船长大喊一声，跳到外面去，我们也跟着一齐跳出来。多么惊心动魄的场面！这个不幸的人，被触须缠住，粘在吸盘上，被随意在空中摇来摆去。他不停地呼救，竟然用的是法语。不过我已经来不及思考这个问题了，情况紧急，尼摩船长跳在章鱼身上，又一斧子，他把另一只触角又砍下来了。他的副手奋勇狂怒地跟那些爬在鹦鹉螺号两边的其他章鱼战斗。尼德·兰、康赛尔和我也加入了战斗。眼看就要救下那个船员的时候，这东西突然喷出一道黑色的液体，这是从它肚子中的一个口袋分泌出来的墨汁。我们顿时什么也看不到了，等到清洁好眼睛，那枪乌贼已经不见了，那不幸的船员也不见了！

然而其他的枪乌贼还在肆虐，有10条或12条章鱼把"鹦鹉螺号"团团围住。那真是一场血战，我们在平台上和墨水中跳动着的一条一条的触角中间滚来滚去，渔叉手尼德·兰的叉每一下都刺入枪乌贼的眼中，把眼珠挖出来。突然他被一条怪物的触须卷住掀倒在地，眼看就要被咬为两段了。我急急跑去救他，但尼摩船长冲在我的前面，一斧头砍在枪乌贼那两排巨大的牙齿里面，尼德·兰出人意料地得救了，他站起来，把整条叉刺入章鱼的三个心脏中。

"上次您救了我的命，这下我们扯平了！"尼摩船长对他说。

尼德·兰点点头，没有回答他的话。

这次战斗持续了一刻钟之久，最终我们取得了胜利。那些枪乌贼留下了一条一条蠕动的触须，溜入水中不见了。尼摩船长全身血红，站在探照灯附近，一动也不动，眼盯着吞噬了他的一个同伴的大海，脸上满是泪水。

第21章　船长的复仇

接下来的航程，因为遭遇了大西洋暖流带来的风暴，我们的航线向东偏离，在纽约或圣劳伦斯河口附近陆地逃走的所有希望都破灭了，尼德·兰十分沮丧，他变得像尼摩船长一样孤独、沉默。

几天来，"鹦鹉螺号"有时在水面上漂流，有时在水底下行驶，在航海家十分惧怕的浓雾中间沉浮不定。这些浓雾的发生主要由于冰雪消融，使大气极端潮湿所致。有多少船只在这一带海中在找寻岸上模糊不清的灯火的过程中就沉没了。所以，这一带海底的情形真像是一所战场，战败者静默地躺在那里。有一些已经朽烂了，另有一些还崭新，它们的铁制部分和铜质船底反映出我们探照灯的光辉。

5月25号，"鹦鹉螺号"距爱尔兰只有150公里了。我以为尼摩船长是要上溯到不列颠群岛靠陆，然而他很快又向南回到欧洲海中来。这天，我正在思索航线问题的时候，尼摩船长来了，他没有像往常一样寒暄，而是直接说起了一件事情：

"先生，今天是1868年6月1日。74年前，在相同的这个地点，北纬47度2分，西经17度28分，装有74门大炮，身经百战的'马赛人号'跟英国舰队遭遇，经过英勇的战斗后，三支桅杆被打断，船舱进水，三分之一的船员失去战斗力，可他们宁死不降，把旗帜钉在船尾，在'法兰西共和国万岁！'的欢呼声中，与战舰一起，沉没海中。"

"复仇号！"我喊道，"我听说过这艘船！"

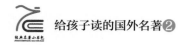

"是的！先生。复仇号！多美的名号！"尼摩船长交叉着两手，低声说。

虽然，尼摩船长只是讲述一艘船的经历，但当他说到最后的时候，情绪简直激动到不能自已。我顿时觉得，神秘的尼摩船长与那艘"复仇号"战舰之间一定有着极深的渊源，也许把尼摩船长和他的同伴们留在"鹦鹉螺号"上的，并不是一种普通的愤世情绪，而是一种时间所不能磨灭的、非常深刻的仇恨。这种仇恨还要报复吗？我不知道。

这时候，有一种轻微的爆炸声发出。我看着船长，船长并没有解答我的疑惑。我走出船舱，来到平台上，康赛尔和尼德·兰已经在外边了。

"是炮弹。"尼德·兰说。

这时我也看到了远处的那艘船，距我们只有6海里的样子。很明显，它加大锅炉的压力，迅速开过来了。

尼德·兰接着说道："我敢打赌那是一艘战舰，它想要攻打'鹦鹉螺号'。"

这时，尼德·兰突然靠近我和康赛尔，低声说道，如果这艘战舰能够靠近到一海里之内，我们就跳船吧！机会不等人，错过了可能就再也没有了！

我瞬间明白了他的意思，顿时紧张起来，紧紧盯着那艘战舰。这时又一颗炮弹落下来，我们身上都被打湿了。那一刻我忽然想到了一件事情！在我们掉入海中的时候，"林肯号"上的法拉古司令一定发现了真相！他认出这条独角鲸实际是一只潜水船，我们困在"鹦鹉螺号"上的这几个月以来，人们一定出动了更多的战舰在搜寻它！

我忽然想到那个被葬在珊瑚墓地的人，船上所说的"事故"，

很可能是一次海战呢，反正我们当时在船舱中酣睡，根本不知道外边发生了什么。尼摩船长的神秘形象在我脑海中渐渐浮现出来。这时尼德·兰忽然脱下外衣，准备冲那艘战舰挥舞，然而，尼摩船长不知道什么时候来到了甲板上，他一把将尼德·兰推倒在地，愤怒地吼道："你这混蛋要干什么！"

"你先告诉我们你要干什么！"尼德·兰吼道。

船长不再理睬他，他转过身冲着那艘战舰大声喊道：

"你知道我是谁，你这被诅咒的国家的船！我不需要你的旗就认得你！你看！我给你看我的旗！"

尼摩船长在平台前头展开一面旗，这旗跟他在南极插下的相同。

他喊道："我是权力！我是正义！我是被压迫的，瞧，那就是压迫者！由于他，所有一切我热爱过的，亲热过的，尊敬过的，祖国、爱人、子女、我的父亲、我的母亲，他们全死亡了！所有我仇恨的一切，就在那里！"

这时船员们命令我们三人回到船舱，船长和他的副手留在平台上。我感觉到"鹦鹉螺号"开始高速前进，尼摩船长的疯狂举动已经让我坚定了逃走的主意，尼德·兰提议等到夜里行动，我和康赛尔同意了。

不过从夜里到早晨，"鹦鹉螺号"一直在不停地高速前进，仿佛在带着那追逐它的战舰溜圈，当然也可能是在等待某种机会。上午的时候，船舱盖板突然关闭了，我听到熟悉的储水仓进水的声音，我知道，时刻到了，"鹦鹉螺号"要从水底下发起进攻了。

紧接着，"鹦鹉螺号"的速度显然增大了，一声巨响，冲撞发生了，我感到那钢铁冲角的穿透力量。鹦鹉螺号在推进器的强力推动下，带着恐怖的摩擦声，从这艘战舰身上横冲过去。它要把这战舰生生撞断！我又惊又怕，冲到客厅，尼摩船长站在舷窗前，沉默、忧郁、冷酷，他注视着水中一个庞大的、正在下沉的物体，我看见这只船壳裂开，海水像雷鸣一般涌进去，甲板上满是往来乱动的黑影，那些受难的不幸的人在水中挣扎，肢体扭曲痉挛，那场面无比惊悚，令我浑身战栗……

当一切结束，尼摩船长向他的房门走去，打开门后，他走进房中。在他房间里面的墙上，他的那些英雄人物的肖像下面，我看到一个年纪还轻的妇人和两个小孩的肖像。尼摩船长盯着这肖像，向画中的人伸出双臂，跪倒在地，哭了起来。

我失魂落魄地回到房中。舱房里，尼德·兰和康赛尔两人默不作声，我突然对于尼摩船长产生一种极端厌恶的心情。虽然他显然遭遇过极大的不幸和痛苦，但他没有权利来做这样残酷的报复。我无意中做了他复仇的见证人，这经历足以让我的余生在噩梦中度过，我再次坚定了要逃走的决心。

我问尼德·兰："我们什么时候逃？"

"就在今夜，趁他们忙于攻击和搜索的时候。我今天早上在浓雾中看到东边大概20海里就是陆地。不管是什么陆地，我们只管逃走就是。"

第22章 逃离"鹦鹉螺号"

时间到了晚上9点30分，我隐约听到大风琴的声音，那是一种不可形容的忧愁的乐声，是一个要斩断自己对人世关系的人的真正哀歌。可是我不能被这琴声扰乱了心神，10点钟是我们约定逃走的时间，他们两人可能已经分头出发了。我小心地把房门打开，沿着"鹦鹉螺号"的黑暗过道，一步一步地摸索着前进，走一步停一下，抑制住心脏的跳动。

客厅中一片黑暗，大风琴的声音微弱地响着，尼摩船长一个人坐在那里，仿佛已经沉醉在这梦幻的乐声里。我在地毯上慢慢地挪动，十分小心地不和任何东西相碰，以免发出声响，用了足足5分钟才走到客厅那边通到图书室的门前。

我正要开门的时候，突然听到尼摩船长的一声叹息，我听到他声音很低地说："上帝啊！够了！够了！"

这是我听到的尼摩船长最后的声音。我上了中央楼梯，沿着上层的过道前行，到了小艇边，我的两个同伴已经在这里边。

"我们走！我们走！"我喊道。

尼德·兰正用一把钳子弄松固定小艇的螺钉。这时船内忽然有人喊起来，发生了什么事？是人们发觉了我们逃走吗？

尼德·兰拿了一把短刀放在我手中。他说："我们不能回头了，非走不可。"

不过我很快就听清了船员在喊些什么——北冰洋大风暴！

　　无数个念头在我脑中飞速闪过：北冰洋！我们是在挪威沿岸一带的危险海域了！不要说我们，"鹦鹉螺号"都未必能够应付这恐怖的北冰洋大风暴！

　　人们知道，当潮涨的时候，夹在费罗哀群岛和罗夫丹群岛中间的海水，会形成翻滚沸腾的漩涡，滔天大浪从四面八方冲到那里，形成了被称为"海洋肚脐眼"的大漩涡。50海里之内，不但船只，就连鲸鱼和北极熊，都不能例外地被一齐吸进去。

　　我们的逃跑计划竟然要遭遇如此恐怖的风暴吗？我六神无主，深知此行凶多吉少，命运的巨浪在我眼前掀起，我们三人如同大海中的蚂蚁，微不足道，随波逐流，只能听天由命……这时，只听到"咔"的一声，尼德·兰终于弄开了螺栓，小艇像一块大石头一般坠入海中，我的脑袋碰在一根铁条上，顿时失去了知觉……

　　那个恐怖的夜里，小艇怎样逃出北冰洋大风暴的可怕漩涡，尼德·兰、康赛尔和我怎样脱离这个无底深渊，我可不能说。但当我醒过来的时候，我躺在罗夫丹群岛上一个渔人的木头房子里面。我的两个同伴安全无事，在我身边用双手紧紧抱着我。我们热情地互相拥抱，互相

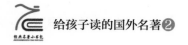

庆祝这劫后余生。

后来，因为挪威北部和南部的交通工具很稀少，所以我只能等待半个月一次的汽船经过这边才能走。这期间，我把这次的神奇经历重新整理了一遍，没有漏记一件事实，也没有夸张一处细节。我在想，总有一天，人类可以轻易而举地像"鹦鹉螺号"一样在海底自由穿行。

可是总有一个问题在我脑中挥之不去，"鹦鹉螺号"怎样了？它经受住了北冰洋大风暴的压力吗？尼摩船长还活着吗？他仍在海洋底下继续执行他的可怕报复吗？还是在上一次的大屠杀后，就停止了报复？他的真实名字和身份是什么？我还能再见到他吗……

这一连串的问题，可能我永远都不会找到答案了。不过我还是发自内心地希望尼摩船长能够早日熄灭心中复仇的怒火，希望他能以学者的身份继续探索这神秘、美丽而又富饶的大海。